THE MOON

AND HOW TO OBSERVE IT

观测月球

Peter Grego

〔英国〕彼得·格雷戈 著

刘晨迪 译

上海三联书店

致我的女儿杰西和妻子蒂娜

目　录

第一章

月球的起源

月球是地球唯一的一颗极为古老的天然卫星，它以独立星体的形式存在了大约 46 亿年之久。天文学界最恒久的谜团之一便是地球是如何演变成被如此巨大卫星环绕的状态。在卫星占其绕行行星的大小比例排行中，月球在太阳系中排名第二。月球的直径为 3476 千米，约为地球直径（12,756 千米）的 1/4；冥王星的卫星卡戎与其绕行行星大小的比例相对更大一些，直径（1172千米）超过冥王星直径（2320 千米）的一半以上。根据其卫星的大小，地月系统和冥王星-卡戎系统有时被称为"双行星系统"。有几颗比月球更大的卫星，分别是土星的卫星泰坦（土卫六，直径 5150 千米），木星的卫星艾奥（木卫一，直径 3630 千米）、盖尼米得（木卫三，直径 5268 千米）和卡利斯托（木卫四，直径4806 千米）——但它们与自己绕行的巨行星相比显得非常小。

　　起初，人们希望通过在实验室中研究月球物质样本能清楚地了解月球是如何诞生的。尽管确定月球岩石的矿物组成相对容易，但现有的月球岩石让科学家们更多地了解了它们当时形成的环境条件——在大多数情况下，它们揭示了极其复杂的熔融和结晶历史，而不是展现出月球基岩原始的样子。

　　目前关于月球起源的理论面临着许多因素的困扰。这些理论必须说明月球有相对较大尺寸的原因，并解释为什么月球有一个与地球轨道平面（黄道面）倾斜 5 度的近圆形轨道。地月系统拥有太阳系中最大的角动量（动量是物体质量和速度的乘积，角动量反映的是物体在旋转方向上的动量），有什么力学理论可以解释这一现象呢？此外，任何合理的理论都不能忽视这样一个事实，即月核占月球的比例远小于地核占地球的比例——月核占月球质量不到 3%，而地核则占地球质量的 30%。事实上，月球的密度与地幔大致相同，但地球整体的密度是月球的 1.6 倍。为什么地球和月球之间的密度差异很大呢？总体上来说，月球的铁含量比地球少得多；它的岩块不含水，它们被其他挥发物（在相对较低的温度下即可蒸发的物质）消耗殆尽。月球形成理论还必须解释这样一个事实，即月球和地球岩石中的非放射性、稳定的氧同位素（^{16}O, ^{17}O, ^{18}O）具有相同的相对丰度，这意味着地球和月球形成于太阳星云内与太阳距离相同的位置。

目前，主要有 4 种科学理论试图解释月球的起源：

1. 分裂说。月球是从快速旋转的地球中分离出来的一大块物质。

2. 同源说（也被称为"姐妹行星"理论）。月球是由围绕初生地球运行的轨道上的一团碎片形成的。

3. 俘获说。月球最初是一颗独立的行星，但被地球引力俘获。

4. 撞击说（也被称为大撞击理论）。月球是由行星碰撞后从地球上抛出的物质形成的。

1.1 分裂说

分裂说指出，46 亿年前月球和地球的物质曾在一颗由太阳星云内的物质积聚而成的原始行星中共存。由于物质的快速积累和放射性衰变，它们迅速变成一个炽热的内部熔融球体，之后，较重的金属元素通过原行星地幔的外层下沉，形成一个富含铁的内核。由于原行星的内部区域变得更重，其轴向自转速度逐渐增加，离心力使赤道产生了明显的隆起。原行星快速旋转的熔融体内部的不稳定性（主要是由太阳引力造成）导致其不断伸长，最终，一个结节脱落，这就是月球的雏形。

分裂说最初是根据月球逐渐远离地球这一事实发展起来的（目前远离的速度为 4 厘米 / 年）。当月球升起时，地球上的海洋会出现潮汐隆起，海水和地壳之间的摩擦力就像刹车一样，逐渐降低地球的自转速度。摩擦力导致潮汐隆起向前移动到地球中心和月球中心的连线，而移动的潮汐隆起被朝向月球的引力拉扯着，从而产生额外的角速度；这反过来又会导致月球轨道逐渐螺旋式脱离。潮汐力的净效应是每一百年将地球的自转速度减慢千分之一秒，而在同一时期，月球与地球的距离会远离几米。时光倒流，可以推断出，数十亿年前，月球在距离地球只有数万千米的轨道

图 1.1　月球形成的分裂说最早是在 19 世纪提出的。它认为地球和月球曾经结合在一个炽热的旋转体中，该旋转体的快速旋转产生了足够强大的离心力，足以甩掉构成月球的物质。

上绕行，地球上的一天与月亮周期的"一个月"相当，都只有几个小时；月球在地球的一个半球上静止不动地出现，它是一个巨大而炽热的天体，每隔几个小时就会发生日食和月食。在这种看法之前，分裂说认为地球和月球在物理上是连接在一起的。

分裂说有一些有趣的发展，其中包括将火星纳入最初旋转原行星物质的理论。一种理论认为，月球仅仅是地球 – 火星离心分离的副产品，即出现在这两颗主要行星之间较小的物质"液滴"。另一种地球、月球和火星同时形成的理论设想了一颗快速旋转的双叶原行星，巨大的中心部分变成了地球，而旁瓣则被甩出形成了月球和火星。不用说，对这些理论的研究必然会遇到极其复杂的动力学问题。

虽然分裂说可以解释为什么月核没有地核那么大，以及它们的氧同位素相似的问题，但行星科学家几乎不再支持这一理论了。对该理论的一种阐述认为，太平洋大致呈圆形的盆地代表了月球猛烈诞生后的伤疤，大西洋是薄薄的陆地地壳中的一条裂缝，以容纳从另一侧撕裂的大量物质，因此非洲和南美洲的大西洋海岸线才会相匹配。目前的地球物理理论不支持这种说法——大西洋盆地本身具有非常年轻的特点，只有 1.3 亿年的历史。分裂说还无法解释为什么月球的轨道向黄道倾斜 5 度。如果月球从地球的赤道隆起处被甩出，那么它最初可能会在地球赤道上方运行，逐渐受到太阳引力的牵引，呈现出与黄道一致的轨迹。原行星必须以 16,000 千米 / 时的速度旋转，才能甩出大量物质，这使得该系统的角动量达到目前状态的两倍，天文学家认为这是非常不合情理的。

1.2 | 同源说

　　根据同源说，大约 46 亿年前，月球由环绕地球轨道的包含气体、尘埃和各种碎片的原始星云凝结而成。在短短一亿年的时间内，月球的大部分物质可能积聚成一个单体。如果地球和月球是姐妹行星，那么铁等元素的相对丰度应该是相似的，它们的总密度也应该相似。有人认为，地球可能是先吸积了更密集的物质，留下月球来扫除剩余较轻的物质。虽然同源说很好地解释了月球和陆地岩石中氧同位素相同的问题，但它无法解释月球岩石中缺乏水和其他挥发物的原因：太阳系中最干燥的星体是如何与太阳系中最富水的星体一起形成的？此外，地月系统的轨道动力学与同源说中并不一致——如果月球是在离地球很近的地方形成的，那么它的轨道最初应该是在赤道平面的，后来受太阳的引力牵引而与黄道面一致。

图 1.2　月球从围绕原始地球轨道的碎片星云中逐渐形成的同源说模型。

1.3 ┃俘获说

火星的小卫星和围绕着四颗气态巨行星运行的众多小卫星无疑是被俘获的小行星。那些围绕着各自的主星并具有高度倾斜和逆行轨道的卫星曾是形成独立行星的主要候选者。月球本身是否曾经也是一颗被地球引力俘获的独立行星？

在俘获场景中，引力扰动导致内侧行星的轨道过度偏离轴心，以至于它进入地球俘获的范围内。有人认为，这颗行星的原始轨

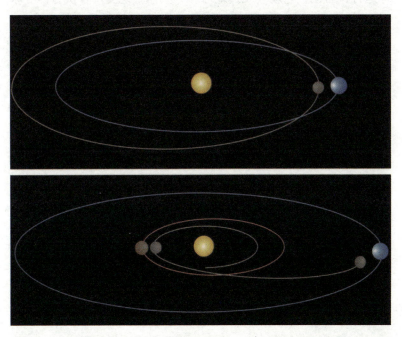

图 1.3　月球曾经是绕太阳公转的独立行星，后来被地球引力俘获。一种理论假设原始月球的轨道与太阳倾斜 5 度，并在它相距地球 64,000 千米时被俘获。另一种俘获理论假设月球曾经比水星更接近太阳，并且在水星和月球极近距离接触之后被抛向地球。

道靠近地球，与地球轨道平面倾斜角约为 5 度。其中一个模型将俘获时间定在大约 25 亿年前，当时月球在距地球 64,000 千米的范围内。另一个模型提出，月球最初在一个距太阳约 5000 万千米的圆形轨道上，正好位于水星的轨道内。水星和月球之间异常近距离的相遇可能足以使水星进入其目前的偏心轨道，并将月球推过空间中的海湾，进入地球的引力怀抱。该理论可以解释月球和水星相似的撞击坑雕刻面，这是由于两个星球都在太阳系内部遇到小行星碎片的划擦造成的。

无论月球起源于何处，如果它曾经是一颗独立的行星，它遇到地球时的动量就必须以某种剧烈的方式减小，以使其被迫绕地球运行；否则，它就会飞过地球。一些俘获说支持者认为，月球撞进了地球轨道上密集的大型流星体和小行星群，很大一部分的月球轨道能量被吸收，导致其运行速度变慢。这些碎片可能已经在月球上留下了一些巨大的撞击伤痕——当然，一些古老撞击盆地的年代与月球被设想的俘获年代相吻合。

俘获说可以解释为什么月球现在以与黄道成 5 度的倾角绕地球运行，此外还可以解释地球和月球在密度和组成上的显著差异。然而，该理论并不能解释地球和月球岩石中相同的氧同位素问题，而这个问题意味着地球和月球是在早期太阳系的同一邻近区域内形成的。

1.4 撞击说

这个灾难性的假设有时被称为"大撞击":一颗相当大的行星被抛向远古的地球,引发剧烈的碰撞,巨大的碎片构成的云溅入地球轨道,这些碎片中的大部分最终结合形成月球。"大撞击"是目前最受青睐的月球起源理论,因为它能解释的问题比任何其他理论都多。

计算机计算研究表明,一颗火星大小的行星(直径大约是地球的一半)曾猛烈地撞击年轻的地球,使得它和撞击地点处的地幔解体。撞击体沉重而富含铁的核心大部分被地核吸收,地球上混合地幔的汽化流和撞击体溅入近地轨道。这就解释了为什么月球的密度与地幔的密度相等,以及为什么月球缺乏较大的铁核。这个临时出现物质环的外部区域(位于洛希极限的引力破坏范围之外)迅速凝结成月球,可能存在于距离地球 60,000 千米左右的地方。

如果发生大规模撞击,产生的极高温度足以将大部分水和挥发性物质蒸发到太空中,这就是这些物质在月球岩石中的含量并不丰富的原因。从月球轨道进行的矿物学调查支持"大撞击"理论。整个月球中的铁含量非常低。如果月球是简单的离心裂变的产物,或者是由共同吸积作用形成的,那么它的铁含量必然更接近地幔和地壳中铁的含量。

宇宙撞击力现在被认为是太阳系演化的主要推动力。除了偶尔有彗星来客外,我们所在的宇宙小角落被视为永恒宁静之地的日子已经一去不复返了。早期太阳系经历了无数次大撞击,在类地行星和卫星的撞击痕中可以很容易地观察到相应的证据。比地球大得多的行星被宇宙中的撞击撞歪了。原始时期的水星和金星之间的碰撞可能解释了它们不同寻常的特性——水星巨大的铁核和金星缓慢、逆向的轴向旋转。气态巨行星天王星在太空中侧卧，可以这么说，它的轴与黄道倾斜了 98 度，可能是因为一个巨大的物体撞击了天王星并将其撞向了一侧。因此，一场小得多的行星碰撞导致了月球的诞生，这一观点现在在行星科学家阵营中获得了极大的推崇。

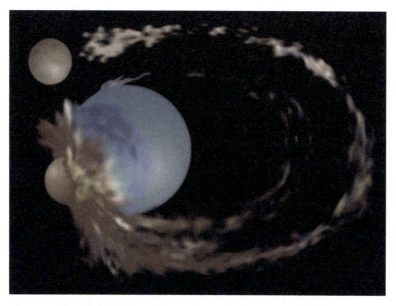

图 1.4　现在人们普遍认为月球的形成是火星大小的行星与胚胎期的地球发生巨大撞击的结果。撞击体的核心并入了地球的主体，而两者的地幔混合并飞溅到太空中，其中的一些物质返回了地球，但很大一部分仍残留在轨道上并逐渐吸积形成月球。

1.5 月球的演化历程

　　人们认为，在月球发展史的早期，一层很深的炽热熔岩层就已经覆盖了它。有利于这颗炽热而年轻的月球生长的条件很可能在"大撞击"之后立刻就存在了，当时生长中的月球物质迅速增加，产生并保持了大量的热量。今天，我们在月球的高地地壳中发现了大量的斜长岩——一种仅能在热熔岩浆中形成的矿物。像斜长岩这样的矿物的密度会低于岩浆熔融体的密度，它们会在上升的岩浆对流的帮助下漂浮到月表，并在月球表面形成巨大的"岩山"。这些斜长质（富含长石）材料的"筏子"成为月球上第一个实质

 月幔对流

更轻的物质上升

更重的物质下降

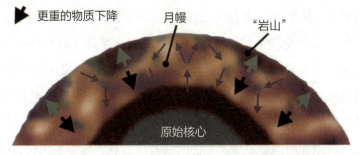

月幔

"岩山"

原始核心

图 1.5　在月球历史的早期，一层很深的炽热熔岩覆盖了月球。在上升对流的帮助下，像斜长岩这样较轻、密度较低的矿物会漂浮到岩浆熔融体的表面，并在巨大的"岩山"中堆积，从而成为月球的第一个实质性的月壳。更密集的（富含铁和镁）矿物质沉入岩浆深处，后来成为月球的月幔，月海的熔岩就是从这里衍生出来的。月球分化出的月壳和月幔可能是在月球形成后几亿年才形成的。

性月壳。密度更大（富含铁和镁）的矿物在熔体中结晶，沉入岩浆深处。这种物质后来成为月球的月幔，月海中相对富含铁和镁的熔岩就是从中衍生出来的。人们认为，月球分化的月壳和月幔可能形成于大约44亿年前，也就是月球形成之后的几亿年。

在接下来的几亿年里，月幔深处的进一步熔化导致小块的热岩浆上升并侵入月壳物质，其中一些岩浆迸裂到月表，填充了许多形成不久的小行星撞击盆地。很多月球岩石的组成成分被称为KREEP［钾元素（K）、稀土元素（REE）、磷元素（P）］，代表了月壳下岩浆海洋的最后遗迹，它形成于月壳和月幔的边界。KREEP被带到月表，混合到岩浆侵入体中，并在熔岩流中扩散，通过撞击在月球周围重新分布。KREEP独特的化学成分使其能够用作化学示踪剂，以绘制月球火山活动和小行星撞击的复杂历史。

为了弄清月球表面的历史，月球地质学家使用了一种基于几个主要撞击事件的相对时间尺度——酒海纪（始于39亿年前）、雨海纪（始于38亿年前）、爱拉托逊纪（始于32亿年前）和哥白尼纪（始于10亿年前）。前酒海时期跨越了月球形成期间的时间段，即39亿至46亿年前。在此期间发生了几次重大的小行星撞击，其中包括大约42亿年前在月球背面形成南极－艾特肯盆地的撞击，该盆地受到严重侵蚀，以至于今天几乎看不到了。紧随其后的撞击产生了南海、静海、丰富海、云海、史密斯海、席勒－祖基盆地和阿波罗盆地。在前酒海时期，总共发生了大约30次重大的小行星撞击。

38亿至39亿年前的酒海纪，形成了酒海、莫斯科海、科罗廖夫环形山、洪堡海、湿海、危海和澄海。32亿至38亿年前的雨海纪，是月球撞击的最后阶段，包括三个主要事件：雨海盆地、薛定谔盆地和东海盆地的形成。熔岩流遍布雨海盆地广阔的环形区域，摧毁了其内部结构，但东海盆地的熔岩流仅限于其中心和少数边远地区。东海盆地在月球撞击的主要阶段结束时出现，并且没有熔岩流，因此它是太阳系保存最完好的主要撞击地点之一。

图1.6　月球形成后，受到小行星和流星的广泛撞击。第一幅，40亿年前，一些重大的撞击形成了月海。第二幅，38亿年前，月球被熔岩流淹没。第三幅，33亿年前，自该时期以来，月球的表面看起来基本没什么变化，除了一些小行星撞击形成的撞击坑。第四幅，1亿年前的月球。

　　火山活动改变了所有近地端月海盆地的外观，而远地端仅有部分充满了熔岩流。月海熔岩流成分为玄武岩，具有机油般的黏度、延展性和快速流动性。肉眼可见，黑色的海是由一层一层这种流淌的物质形成的。近地端30%以上被月海物质覆盖，而远地端被覆盖部分则不到3%。这种差异可以用以下事实来解释：月球的远地端月壳平均厚度是近地端月壳的两倍，而且由于月球从最早的时候就被锁定在同步轨道上，其围绕地球转动的半球一直处于最大的引力之下。东半球的静海、危海和丰富海大约在35亿年前被挤压形成，比西半球的雨海和风暴洋的出现早了数亿年。月海熔岩被认为是在一个热的放射性衰变熔化层中形成的，该熔岩层厚100千米，位于月球表面以下200千米处。

从大约 32 亿年前的爱拉托逊撞击开始，爱拉托逊纪见证了大规模月球火山活动的减少和重大撞击事件发生率的急剧下降。哥白尼纪始于 10 亿年前，月球上最大撞击坑之一的哥白尼环形山形成了。大多数具有明亮射线系统①的撞击坑都是在月球地质历史的最后一个时期形成的，最著名的是分别在大约 1 亿到 3 亿年前形成的阿里斯塔克撞击坑和第谷环形山②。现在，哥白尼纪显示了无数流星和微流星体对月表侵蚀的影响——这种不间断的撞击使月球的山丘逐渐变圆，并形成了一层细颗粒的土壤。

地质学家认为月球本质上是一个死寂的世界，在未来的数十亿年中，唯一可能发生的主要月表变化将是小行星撞击或人类活动造成的结果。

① 射线系统指月表形成的呈放射状的地形系统，下文中的射线均指放射状地形。——译者注
② crater 在本书中主要译为"撞击坑""环形山"，在本书中两者基本同义，具体翻译视上下文内容而定，其中"撞击坑"偏向于在视野中呈现较小的坑，"环形山"偏向于在视野中呈现较大且较为人熟知的坑。——译者注

1.6 月球内部

　　月壳上部最开始几千米的地质被称为"巨石风化层"，它由一层破碎的岩石组成，产生于32亿到42亿年前的剧烈的小行星撞击时代。平均而言，月球的近地端月壳厚60千米，远地端厚度可达100千米。在月壳之下是一个800千米厚的固体月幔（在月表之下600千米到900千米），它是产生月震的震源。月震平均强度低于里氏2级，研究表明它是由月壳中的应力产生的，当月球离地球最近时，这种应力更为普遍。月球每年平均发生3000次月震——地球上每年发生的类似规模的地震次数是其300倍。月震扰动也是流星随机撞击的结果。由于除了自然原因之外，月球上没有其他类型的月震活动，因此在月球上运行的月震仪可以测量比地球上能探测到的干扰弱几个数量级的干扰。在月球上可以测量百万分之一厘米的月震振幅。月震测量为我们研究月球的内部构造提供了重要的线索。探测到的月震波类型包括压力波和剪切弹性波，它们无法穿过流体，证明这些波已经穿过了固体月幔。月震波到达的长时间延迟也表明月壳是高度断裂而且是呈断层状的结构。

　　有迹象表明，在月球表面下方约1200千米处，有一个不完全的熔融区，高压下的月幔可以在此处流动。在这一层之下，月核的某些成分在1000摄氏度的温度下很可能以熔融状态存在。对月核直径的估计是无法确定的，其范围覆盖从500千米的大密度富铁核到1500千米的密度较低的核。月核的组成目前未知，但是，如果它像地核一样由铁和镍组成，那么就很奇怪了，它竟然没有全球偶极磁场（dipole magnetic field，一种有两极的磁场）的痕迹，这是一种由发电机效应（dynamo effects）产生的实体。

平均而言，月球磁场的测量值约为 38 纳特斯拉（nano Tesla，缩写为 nT，是一种电磁力测量值），赤道处的地球磁场测

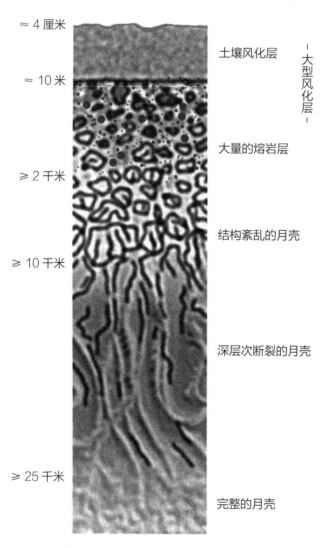

≈ 4 厘米

≈ 10 米   土壤风化层

            大量的熔岩层

≥ 2 千米

            结构紊乱的月壳

≥ 10 千米

            深层次断裂的月壳

≥ 25 千米

            完整的月壳

—大型风化层—

图 1.7 月球大型风化层和上层月壳的横截面（未按比例）

量值是它的 1500 倍，约为 60,000 纳特斯拉。对凝结在古月球岩石中的残余磁性的研究表明，过去的月球磁场强度至少为 3000 纳特斯拉，很可能是由热熔融结构内部的发电机效应产生的，类似于产生地球磁场的发电机效应。目前在月球上发现的唯一可探测的磁场存在于月球表面的局部凹坑中，特别是在赖纳尔 γ 等神秘的"漩涡"附近（可能是彗星撞击的地点），以及在范围较小的月海的某些地区。

月球的引力地图显示，某些界线清楚的区域的引力比周围区域要强得多。这些高密度物质的斑块被称为质量瘤（mascons，即质量聚集体），它们中的大多数都位于被熔岩淹没的大型撞击盆地中心。月球近地端有十几个著名的质量瘤，其中最大的位于雨海、澄海、危海、云海和丰富海。质量瘤是在近地端撞击盆地开掘期间形成的，当时大量的月壳物质被移除，随即导致月幔中密度更大的岩石隆起。这一过程，还有其后更密集的熔岩流对月海盆地的淹没，导致月表附近出现了更大的质量集中区域。质量瘤的出现，说明自盆地开掘时代以来，月球内部一定是相当坚硬的；炽热、韧性的内部不可能有足够的强度在如此长的时间内承受额外的月壳物质，因此才会造成月壳均衡（isostatic equilibrium）。月球远地端的一些区域也显示出正向的引力异常现象，但它们不像近地端那么明显，也没那么确切。东海是西半球的一个大盆地，它横跨月球的近地端和远地端，显示出最不寻常的引力分布：它的中心是正向的，但内环和外环之间的区域则是负向的。月球远地端的赫茨普龙环形山、门捷列夫环形山和齐奥尔科夫斯基环形山也发现了负向异常。它们的存在表明，月球远地端月壳的厚度更大，阻挡了在碰撞之后密度更大的月幔物质的抬升，并导致未曾出现明显的熔岩淹没。

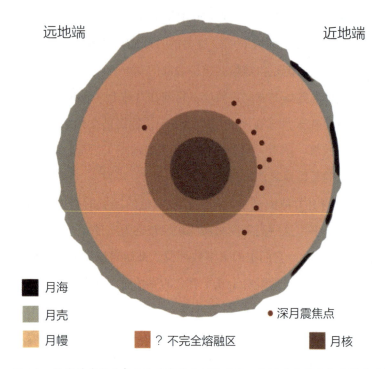

图 1.8　月球横截面（表面地形未按比例绘制）。月海（几乎完全在近地端）的平均深度为几千米，覆盖在几十千米厚的月壳上。高地月壳相当厚，平均厚度为 70 千米，而在远地端的一些地方，其厚度超过 100 千米。月壳下面是固体月幔，厚约 800 千米。月幔下方可能存在不完全熔融区，位于月表下方约 1200 千米处。月幔和熔融区之间的边界是大多数月震的源头。月球的内核可能富含铁，直径小于 500 千米。

1.7 月球岩石的类型

月球从来没有过明显的大气层，它的表面也没有经历过在地球上发现的任何一种侵蚀过程。月表到处都是没有受到过空气和水影响的极其古老的岩石。最年轻的月球岩石是填充近地端撞击盆地的玄武质熔岩，可以追溯到大约30亿年前，这使得它们与地球上发现的最古老的岩石年龄相仿。

所有覆盖在月球坚固岩石外壳上的松散物质都被称为"风化层"，其中包括最大的巨石，也包括最细的土壤颗粒。风化层主要由被大气冲碎的当地的岩石碎片组成，另外还要加上一小部分来自更远处的大撞击后的物质。风化层之上覆盖着几厘米厚的月球土壤。月球土壤由当地的岩石碎片、各种矿物碎片、金属和玻璃状胶结物组成，它们通过撞击熔融结合在一起。在一些地方，土壤中含有微小的玻璃球，它们是高黏度的熔岩从火山中喷射到表面时形成的。这种玻璃由来自月表下400千米处的物质组成，岩浆在地下的月幔和月壳通道中以相对较快的速度上升。月球火山玻璃与周围固体岩石的化学反应相对较少，它代表了来自月球深处物质的最佳样本。

典型的月海风化层由2到8米深的粉状巨石、岩石和碎石层组成，上面覆盖着几厘米厚的月壤。高地风化层往往更厚，深度在20米到30米，不过一些最近形成的大撞击坑底部的风化层可能只有几厘米深。大的月震和撞击事件会震动月球表面，导致月球土壤沿着斜坡向下堆积在较低的地面上。较大的巨石也会不时地移位，当它们滚下山坡时，会在土壤中留下清晰的痕迹。

因为从来没有任何实质意义上的月球大气层，月表也从来没有被任何大面积的水覆盖过，甚至连最原始的生命形式都没有在月球上形成过，因此，很多地球上常见的岩石——大气、水和生命在地质进程中结合的产物——在月球上没有对应的实物。月球上没有砾岩或砂岩等碎屑沉积岩，也没有煤或白垩等生物成因沉积岩。由于月球没有构造活动，也没有大规模的月壳运动，所以在月球上没有发现片岩和片麻岩等在月壳压力和热作用下缓慢形成的变质岩。月球上所有的岩石都是在高温过程中形成的，其中包括在月壳深处的高压下形成的火成岩，在月球表面凝固的火山岩，以及在高温高压撞击下形成的各种冲击变质岩和角砾岩。

虽然地球和月球是两个截然不同的世界，但月球上的许多岩石在地球上都有岩石的对应物质，并且，当地质学家通过显微镜观察月球岩石样本时，识别它们的结构和矿物组成几乎没有问题。一个显著的区别是月球岩石中完全没有水，而所有的地球岩石，甚至火成岩，都含有少量的水。月球岩石的极度干燥性是月球起源的主要线索，因为月球形成过程中的高温蒸发了水和其他挥发性化学物质。

玄武岩、斜长岩和角砾岩是月球岩石的三种主要类型。玄武岩是一种深色的火山岩，曾经以熔岩的形式流动，充满了近地端的所有月海盆地和远地端的一些地区。近地端大约30%的表面是玄武岩，而远地端只有2%的表面由这种岩石类型组成。玄武质熔岩并不都起源于月幔的同一水平面——假定随着时间的推移不同深度的岩浆团的化学成分会发生变化。一般来说，月球上大约50%的玄武岩由矿物辉石组成，这是一种钙－镁－铁硅酸盐岩，其平均粒径小于1毫米，表明它经历挤压后快速冷却。月球玄武岩与构成地球海洋地壳的玄武岩物质成分非常相似——

月球玄武岩是在 30 多亿年前被挤压到月球表面的，而地球上最古老的海洋地壳只有不到 2 亿年的历史。

月球明亮的高地地区（原始月壳破碎的、遭受频繁撞击的残余物）由富含矿物长石的岩石组成，这种岩石通常被称为"斜长岩"。斜长岩由 90% 或更多的矿物斜长石组成。斜长石是一种颜色很浅的矿物长石，大约在 45 亿年前从月球早期的岩浆"海"中结晶出来，形成了第一代月壳。其他富含斜长石的岩石组成了一组称为"镁质岩套"（Mg-suite）的岩石，其中辉石和橄榄石矿物富含金属元素镁（Mg）。镁质岩套以绿辉石（斜长石 - 辉石岩）和闪长岩（斜长石 - 橄榄石岩）最为丰富。镁质岩套的形成时间约为 42 亿到 45 亿年前，是在大量岩浆侵入到斜长岩月壳的同化过程中形成的。镁质岩套可能是月表下月壳的主要组成部分，因为它们大量存在于主要撞击盆地的喷出物中——撞击之剧烈足以从月壳的深处掘出物质。

角砾岩是一种复合岩石，由流星和小行星撞击时释放的高能岩石在破碎、混合、熔化和再结晶过程中产生的碎片组成。典型的角砾岩含有粗碎屑，嵌在细颗粒度的晶体基质中。如果角砾岩仅包含一种岩石类型的碎片，则将其描述为单矿碎屑岩；大多数角砾岩为复矿碎屑岩，由多种岩石组成。

所有三种岩石类型——月海玄武岩、斜长岩和角砾岩——都可以在月球上的任何位置找到，尽管比例会有所不同，这取决于该地点是位于高地还是月海。月球上任何一个地点收集到的物质中，平均有 90% 都是底层基岩，尽管它在多次撞击事件中被混合、变形和熔化。在任何地点发现的物质中，都有一小部分来自更远的地方，即数百千米以外的遥远撞击体所产生的碎片。

1.8 塑造月球表面

撞　击

　　月球的大部分地区都受到了流星和小行星撞击的强烈影响。所有类地行星——水星、金星、火星和地球——都被认为曾遭受过类似程度的撞击，但只有水星的表面与月球相似。千百年来，金星、地球和火星充足的大气层起到了有效的缓冲作用，只允许少数最大的外来天体所造成的大规模破坏。没有大气层的水星和月球完全暴露在太空的真空中，除了 X 射线、伽马射线和宇宙射线外，还受到来自行星际尘埃、流星、小行星和彗星的轰击。

　　月球表面见证了亿万年以来的撞击。据估计，月表大约有 3 万亿个直径超过 1 米的撞击坑，月球近地端有大约 30 万个直径超过 1 千米的撞击坑，其中有不少于 234 个撞击坑的直径超过 100 千米。月表的大片区域受到火山活动和包括断层作用在内的其他地质作用的影响。月壳从未经历过任何明显的构造活动，那些可以清楚地追溯到数十亿年前大碰撞的地形特征，其中一些在地球出现生命之前就已经形成了。月球上绝大多数的撞击坑都显示出撞击形成的特征。撇开月球岩石本身的证据不提，从最小的微流星撞击坑到巨大的小行星撞击盆地，月球上有一个涵盖所有大小范围的清晰的撞击坑形态模式。除了在实验室进行的弹道撞击实验和对地球撞击坑（包括自然撞击特征和人造爆炸撞击坑）的实地研究之外，观察到的月球撞击坑的形态与计算机研究的撞击完全吻合。许多月球岩石本身可能是撞击事件中突然产生的高

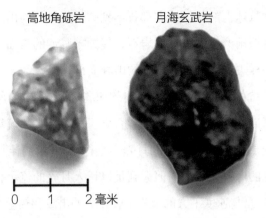

高地角砾岩　　　　月海玄武岩

0　1　2毫米

图 1.9　目前已知地球上发现的少量的起源于月球物质的陨石（只有几十颗），是被撞击的爆发力从月表抛射出来的。在有编目的陨石中只有 0.08% 是月球陨石。这种罕见的物质可能是在过去 1000 万年里发生的大约 20 次单独撞击事件中产生的。这些月球高地角砾岩和月海玄武岩的微小碎片，是有编目的月球陨石，属于作者所有。

温和高压作用下的结果。没有任何证据支持哪个较大的撞击坑是古月球火山这种观点，也没有任何证据表明哪个主要的撞击坑是由剧烈的月壳爆炸或岩浆沉降后的月壳塌陷形成的。如果某些撞击坑的起源碰巧是火山，那么在不同形成阶段固定的许多地形特征可能会存在，但尚未被观察到。

　　月表不断被微流星雨（直径小于 1 毫米的流星）撞击，平均每周每平方米就遭受一次微流星的撞击。微流星虽然很小，但撞击速度很快，从最小 2.4 千米 / 秒（月球的逃逸速度）到 40 千米 / 秒不等。由于月球上没有大气层来减缓这些物体下落到月表的速度，撞击体以超过 70,000 千米 / 时的星际速度不受阻碍地撞击上来。一个在地球大气层中完全可以燃烧殆尽的微流星在撞击月表时会产生一个微小的撞击坑。在显微镜下观察到的月岩表面布满了无数微小的撞击凹点，其中许多周围都具有熔化物质的飞溅图案。在月球上的任何地方都找不到高低起伏的高山地貌。持续不断的流星雨磨损着坚硬的岩石，侵蚀着月球的表面，使曾经像地球上一样尖锐而又参差不齐的山峰变得光滑。

撞击坑的直径可以是撞击体的 50 多倍，撞击体所掘出的物质体积可以达到撞击体体积的数百倍。只有最大的流星才有能力穿透风化层进入其下坚硬的月壳。直径约 10 米的流星足以穿透高地常见的厚风化层。任何大到足以切入月壳的流星，当其动能（流星体质量与速度平方的乘积）转化为冲击波和热量，并传递给周围的月壳时，都会产生巨大的压力和很高的温度。于是撞击体下方的月壳被压缩，周围的物质被向下和向外推。当撞击体和周围的岩石几乎在瞬间蒸发时，会形成一个温度高达数百万度的由熔融物质组成的膨胀过热气泡。撞击坑的边缘变形并被抬升，这是由蒸发的岩石和较大的岩石碎片组成的挖掘物质从撞击地点向外爆炸形成的。随着月壳的压力减小，反弹效应（rebound effects）使较大的撞击坑中产生了中心隆起，从而在撞击坑的碗状区域中聚积了一层坚固的熔融岩石。

掘出的物质在撞击坑周围形成了一簇喷射覆盖物。一些较大的碎片可能被急速熔解成角砾岩，而较小的物质液滴可能在飞行过程中冷却凝固，形成微小的玻璃珠或更大的"炸弹"。喷射物本身以有序的方式沉积下来。第一波被喷射出的物质是由接近表面撞击中心的物质组成的，这种高速的物质在表面上方急剧喷射，沉积在距离撞击坑很远的地方。随着撞击的推进，更深的物质被掘出，但撞击的总能量消散了。随着速度逐渐变慢，喷出物分布在越来越靠近撞击坑的地方，最深掘出的基岩几乎不会覆盖到远离撞击坑的边缘上。这使得喷出覆盖物的地质分层与撞击点原始的分层相反；在撞击地点，曾经位于顶层的物质被最初位于其下

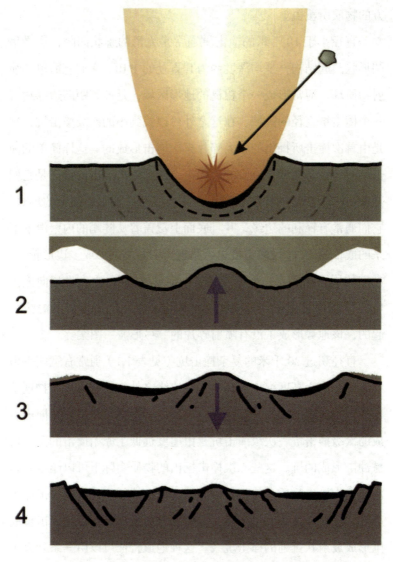

图 1.10　大撞击坑形成的阶段。1. 小行星撞击，爆炸的中点在大型风化层的深处。月壳被压缩，冲击波向外传播，导致月壳破裂。随着爆炸空腔边缘的变形和隆起，从月表抛出一股喷射物。2. 撞击之后，被压缩的月壳立即反弹，形成一个中心高地。当喷射物被抛过撞击坑周围时，撞击坑就会扩大。原本靠近月表的物质被喷射得最远，而较深的基岩被抛到离边缘较近的地方。3. 隆起崩塌，撞击熔融岩和角砾岩聚集在撞击坑。4. 该地貌沿月壳薄弱点沉降和塌陷，导致墙体坍塌并形成内部梯状结构。

方的物质所覆盖。

　　直径小于 10 千米的撞击坑通常是光滑的碗状凹陷，边缘呈圆形状凸起结构，平均深度约为其直径的 1/10。它们有简单的喷射物质环，通常形成一个粗糙的地形区域，延伸到距离边缘约有一个撞击坑直径的区域，在这之外可以找到小的次级撞击坑，这是由首次撞击所掘出的较大碎片再次撞击形成的。这样简单的撞击坑遍布在月海和被淹没的大撞击坑底部。大撞击的特征是它们通常有一个较小的深度直径比，并且逐渐呈现出更复杂的形式。它们通常有锋利的边缘，并且底面上覆盖着从陡峭的内壁滑落下来的成堆的碎片，使撞击坑边缘呈现出明显的扇形或多边形轮廓。它们的周围点缀着一种特殊的"人字形纹理"，由大量指向撞击坑的 V 形小丘组成。其中一些结构可能是由周围地势的海拔引起的，该地势形成了没有喷射碎片的"弓形波"图案。

　　直径超过 20 千米的复杂撞击坑（见表 1.1）通常有宽阔平坦的底面，中心高度突出。在撞击坑边缘之外，还有大量的物理结构，包括突出的径向脊和沟槽，以及由大量掘出的基岩块撞击造成的次级撞击坑。次级撞击坑是由速度远低于原始撞击的简单机械冲击形成的坑。这些二次撞击掘出的物质实际上可以超过原始高速撞击抛出物质的体积，因为低速撞击体往往比高速撞击体更高效，后者会产生大量余热。抛射物碎屑流可以在源头撞击坑周围形成放射状排列的撞击坑线。这种地形特征可以由一系列大小大致相似的互不相连的撞击坑组成（通常小于源头撞击坑直径的 1/20），也可以由一系列相互连接的撞击坑组成（其中一些非常细长），这些撞击坑在月球表面绵延相当长的距离。一些次级撞击坑链紧密相连，类似于月溪，以至于乍一看可能会被误认为是月溪。这就是撞击的动力学，这些放射状结构并不是完全遵循

表 1.1 一些大型复杂的月球撞击坑（从最年轻到最古老）

名称	直径（千米）	深度（米）	中心隆起	壁墙	底面	外部结构	射线系统	年龄
阿里斯塔克	40	3630	单体小山	宽阔，陡峭，阶梯状，有黑色的径向条带	小（20千米），有撞击熔融物	多边形轮廓。放射状的脊和沟。深色的撞击熔融环状结构	突出的射线延伸到300千米	3000万年
第谷	85	4850	两个主峰，最高有1000米	高度阶梯状	宽阔，有轻微球状突起，有撞击熔融物	一些同心结构，加上放射状的脊和沟，深色的撞击熔融环状结构	次级撞击坑系统。拥有最突出的月球射线系统，射线长达1300千米	1亿年
哥白尼	93	3760	海拔高达1200米的群山	宽阔，高度阶梯状	宽阔，南部通常更粗糙，有撞击熔融物	大的同心结构环绕边缘，有突出的放射状脊和沟，大量的次级撞击坑和突出的撞击坑链	大型"星暴"射线系统，组成部分长达800千米	9亿年
阿里斯基尔	55	3650	十几座小型中央山峰	宽阔，高度阶梯状	宽阔，有光滑的撞击熔融物	突出的放射状脊和沟，一些次级撞击坑	非常微弱的可追踪射线	约20亿年
韦达	87	2000	无	被侵蚀，有一些撞击坑	宽阔，披侵蚀且多坑	撞击坑大部分都消失了	无	约35亿年

直线分布——次级的链状撞击坑在月球表面可以沿着相当弯曲，甚至是曲折的路径延伸。观测整个次级撞击结构的最佳地点是巨大的哥白尼环形山周围，因为这些结构是在相对比较接近的月球地质条件下用通常相当平坦的月海岩石材料"雕刻"而成的。

许多年轻的大撞击坑都被明亮的射线系统包围着。射线发生在风化层被二次撞击搅动的地方，在表面暴露出了新的物质。实际上，有些射线的成分与它们所覆盖的风化层明显不同。就像指纹一样，没有两个月球射线系统看起来是完全相同的。一些射线，比如在澄海的林奈撞击坑周围的射线，形成了接近圆形的光晕。其他的，比如在风暴洋中开普勒环形山周围的射线，形成了一个整齐的水花图案，到处都一样明亮。其他射线系统是由明亮的独立射线网络组成的，它们在射线的整体长度上保持相同的宽度；位于南部高地的第谷环形山就展示了这样的一个系统。一些明亮的月球溅射束只向一个方向传播，要么是形成一大片扇形的物质区域，要么是形成多条如探照灯一样的线，比如从丰富海的梅西耶 A 撞击坑发出的像双束探照灯一样的溅射束。实验表明，这种不对称溅射线是由高速撞击体以小于 7 度的角度撞击月球表面产生的。许多大型撞击坑的射线系统似乎开始于距离撞击坑边缘不远的地方，撞击坑本身被一圈暗色的物质包围着。这些暗色的物质是由暗状玻璃物质组成的低速撞击熔融物溅射到紧挨着撞击坑周围的地方形成的。流星体的侵蚀逐渐搅动了月表的溅射线物质分布，使得它们随着时间的推移逐渐褪色。射线在与周围环境融合之前可能会持续数十亿年。

直径大于 100 千米的撞击坑被称为环形盆地。那些直径从 140 千米到 175 千米的月球环形盆地有一个相当大的中央地块，这是由月壳反弹和隆起造成的，周围环绕着分散的山脉。较大的盆地（直径达 400 千米）有一个很发达的内部环形山，但缺少中心的高地。在月球上发现的最大的撞击结构是多环状的盆地。这些巨大的小行星撞击痕直径超过 400 千米，包含多个同心环形山。这些环状结构可能代表原始的中央隆起在撞击后立即崩塌引起的月壳物质冻结波，并且多环撞击盆地的外环可能远大于原始小行星的撞击坑。不同大小撞击特征形态变化的例子可以在远地端看到，那里几乎没有明显的火山活动和熔岩泛滥来改变它们的外观（见表 1.2）。

表 1.2　一些主要的月球撞击盆地（最年轻到最古老）

盆地	外环（千米）	内环（千米）	明显淹没	年代
东海	930	620/480/320	内圈	雨海纪
薛定谔	320	150	局部	雨海纪
雨海	**1200**	**670**	**全部**	**雨海纪**
巴伊	**300**	**150**	**无**	**酒海纪**
赫茨普龙	570	410/265	内圈	酒海纪
澄海	**740**	**420**	**全部**	**酒海纪**
危海	**1000**	**635/500/380**	**全部**	**酒海纪**
湿海	**820**	**440/325**	**内圈**	**酒海纪**
洪堡海	**600**	**275**	**内圈**	**酒海纪**
门捷列夫	330	140	无	酒海纪
科罗廖夫	440	220	无	酒海纪
莫斯科海	445	210	局部	酒海纪
酒海	**860**	**600/450/350**	**内圈**	**酒海纪**
阿波罗	500	250	局部	前酒海纪
格里马尔迪	**430**	**230**	**内圈**	**前酒海纪**
伯克霍夫	330	150	无	前酒海纪
普朗克	325	175	无	前酒海纪
席勒-祖基	**325**	**165**	**局部**	**前酒海纪**
洛伦兹	360	185	无	前酒海纪
史密斯海	**840**	**360**	**内圈**	**前酒海纪**
庞加莱	340	175	局部	前酒海纪
智海	560	325	内圈	前酒海纪

盆地	外环（千米）	内环（千米）	明显淹没	年代
云海	*650*		全部	前酒海纪
丰富海	*650*		全部	前酒海纪
静海	*775*		全部	前酒海纪
南海	*880*	*550*	局部	前酒海纪
南极–艾特肯	*2500*		无	前酒海纪

a. 粗体字表示位于近地端的盆地特征。

b. 斜体数字表示被掩埋的、被侵蚀的、不规则的或部分可见的地形特征。

盆地的形成将极其强烈的月震波传递到月壳中，这些月震波绕着月球行进，汇聚在另一侧，就在撞击点的对面。月震波的聚集导致了局部区域杂乱无章地形的形成，在那里原有的结构被震动到了它们的基础上，产生了一种多节的、有纹理的景观。这种奇特的地形可以在远地端的范德格拉夫撞击坑及其周围找到。这是一个233千米宽的大型盆地，它的盆地壁被38亿年前雨海盆地形成时所产生的月震波变成了一堆碎石。东海的撞击刚刚经过月球的西南边缘，似乎给月球东北边缘附近哈勃撞击坑以南的地区造成了类似可见的地形扰动。

盆地熔岩流

从地幔中涌出并通过月壳薄弱点的岩浆侵入物，会随着玄武质熔岩流挤压到月表。这些物质淹没了大部分近地端的环形盆地，形成"月海"，这种突出的深色平原覆盖了月球近地端总共约30%的面积。虽然它们占据了近地端的大部分区域，但玄武质熔岩实际上占月壳的总体积不到1%。月海熔岩大约在30亿到40亿年前喷发。在实验室中熔化的月海玄武岩样品呈现出机油般的黏稠度，这是一种极易延展的物质，能够在冷却停止之前大面积扩散。月海不是一次就被淹没了——每个月海都由许多不同的熔岩流层组成，在月海的很多撞击坑壁墙上可以看到不同的地层。不同阶段的熔岩泛滥在望远镜中非常明显，因为许多月海呈现出拼凑状的外观，这表明火山活动的多个阶段喷发出了大批化学成分略有不同的熔岩。大多数月海熔岩流是从散布在环形盆地和较大撞击坑底部延展的火山口喷出的巨大喷流。大量的熔岩物质呈片状的形式迅速流过表面，延伸了数百千米。

隐月海

月球表面似乎包括两种基本景观：深色的熔岩平原和色调偏亮的布满撞击坑的高地。若深入挖掘我们将会揭示关于月球表面更复杂的故事。月球高地平原周围散布着一些相对较晚形成的小型撞击坑，周围环绕着暗色的喷射物。光谱分析表明这些暗色环是由月海玄武岩组成的，暗色环形撞击坑提供了古代被埋藏的熔岩平原的证据，这些平原被称为隐月海。暗色环形坑抛掘出的月海物质在月球历史的早期就被挤压到月球表面，远在目前可见的月海玄武岩形成之前。古老的隐月海玄武岩熔岩流广泛分布在月球表面的大片区域，但被随后在重大撞击事件中被抛出的数十米厚的大量尘埃完全遮盖住了。曾经被隐月海占据的总面积可能高达可见月海总面积的一半。危海、界海和史密斯海周围的区域，一直延伸到东侧的罗蒙诺索夫－弗莱明地区，散布着数十个小型暗色环形撞击坑，表明地下暗熔岩流的存在。隐月海也位于被洪流淹没的施卡德盆地及其周围，靠近月球的西南边缘，以及湿海的西部。

月球火山

随着大规模火山活动的减少，较小的火山口产生了各种不同的地形特征。被称为"穹隆"的低矮圆形山丘——通常高几百米，底部有几千米宽——是古代月球火山的遗迹，它们顶部的小洞代表火山喷发口。即使有这样的液态月球熔岩流，当喷发的熔岩量和挤压物质的冷却速度之间达到平衡时，穹隆就会形成。哥白尼环形山以西地区是找到月球上火山穹隆的最佳位置：有一组 6 个穹隆位于霍尔登修撞击坑以北；另一组大约有 12 个，位于米利奇乌斯撞击坑以北。火山灰和火山碎屑沉积物的间歇性喷发产生了更陡峭的火山锥。低黏度的熔岩，通过非常狭窄的火山口挤压，可以产生喷火状的喷泉，喷出大量微小的液滴——连续的喷发能够形成非常陡峭的火山锥。很可能是大块的物质被从岩浆通道的岩壁上撕下，形成了火山喷口，并在火山喷涌时喷了出来——这种"捕房岩"（xenolith，其中 xeno 为陌生人，lith 为岩石）的例子可以在月球火山灰锥周围的沉积物中发现。风暴洋中的马利厄斯山创造了月球上最壮观的火山景观之一：那里有不

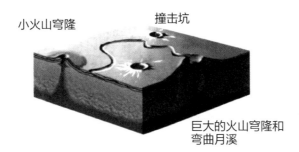

图 1.11　由快速流动的熔岩形成的月球穹隆，弯曲月溪起源于火山口，蜿蜒向下。月球穹隆是由火山活动时熔岩和火山灰沉积而成的低矮结构。许多穹隆陈列在山顶撞击坑（火山口）。

少于 100 个火山锥和穹隆，占地约 4 万平方千米。

皱 脊

所有的月海都显示出特殊的低弯曲的脊结构，它们被称为"皱脊"。这些地形特征在专业术语上被称为"山脊"（dorsa），平均只有几十米高，几千米宽，因此只有在很低的太阳照射角度下，当它们将阴影投射到周围环境时，才能看到它们。山脊与周围的地形颜色相同，在烈日下无法辨别。山脊有两种基本类型：较宽的脊边缘呈圆形，坡度较浅，与月海平面的平均角度约为 3 度；较窄的脊坡度约为 15 度，通常与宽脊平行，甚至叠加在宽脊上。许多主山脊似乎沿着月海盆地的轮廓排布，其中一些，例如在雨海里的山脊，似乎显示了盆地内环的位置，被埋在数百米的熔岩流下。在某些地域（特别是在雨海里）原始内环结构的最高点实际上通过皱脊突出，作为孤立的山峰傲然矗立在表面之上。一些月海皱脊似乎表明存在着古老的、完全被掩埋的撞击坑，比如静海的拉蒙特撞击坑。其他皱脊位于月海边缘附近，似乎从半圆形的海湾延伸出来，标志着撞击坑淹没壁的存在，在某些地域

月海皱脊的三种形成方式

孤立的峰

盆地边缘　　收缩脊　　　底层地形塑造脊　　火山山脊

图 1.12　某个月海和它山脉边界的横截面图。皱脊的形成方式有多种可能，包括月海收缩、底层特征的地形塑造和火山作用。

（例如在风暴洋边缘的勒特罗纳）也标识出它的中心高地。当新形成的月海的表面收缩和压缩造成表面弯曲时，这些地形特征很可能已经形成了。许多月海皱脊是古代熔岩流的遗迹，在雨海中可以看到许多这样的例子。它们通常具有广泛的、不明确的起源，轮廓边缘非常低，并且它们的边缘通常延伸到多个明确的旁支中。

弯曲月溪

一些活跃的火山喷口是形成弯曲月溪的动力源，月溪是一种狭窄蜿蜒的山谷，表面上类似于干涸的地球河谷。从火山口喷出的快速流动的熔岩迅速穿过最近沉积的月海熔岩流。这些喷口通常是圆形的，像火山口一样有平坦的地形，没有任何明显凸起的边缘。月溪本身也同样沉入地形景观中，横截面呈 U 形，内墙倾斜约 20 度到 30 度。由于是由非常易流动的熔岩形成的，这些河道总是向下坡方向延伸，在深度和宽度上逐渐变小，尽管地形的整体坡度并不总是很明显。一些弯弯曲曲的月溪似乎穿过了地势较高的地方，这显然是无视月心引力的。然而，这个高地很可能是在弯曲的月溪被切断后，因月壳弯曲或拱起一段时间之后才形成的。一些狭窄、较浅的弯曲月溪最初很可能是被覆盖着的，那时熔岩在月表下的隧道或"熔岩管"中流动。这是在地球上很多位置都能观测到的火山特征，但地球上的规模要比月球上的小很多。到后来，当脆弱的月溪隧道顶部坍塌时，它们的路径便暴露出来了。在月溪的底面上可以看到原始的顶部残余，一些如房子般大小的碎片在坠落中完好无损。与地球河谷不同，弯曲月溪并没有任何冲刷平原。在近地端的月海里和一些充满熔岩的撞击坑中可以找到许多弯曲月溪的完美例子。施洛特尔月谷是月球上最大的弯曲月溪，位于风暴洋中的阿里斯塔克高地上。施洛特尔月谷超过150千米长，平均4千米到6千米宽，在某些地方的深度可达1000米。施洛特尔月谷特别有趣，因为一个较小的弯曲月溪实际上沿着主谷底的长度方向蜿蜒而行，形成于熔岩源减少的时期。阿里斯塔克月溪的十几个组成部分构成了附近最优美的弯曲月溪群之一。

断层和线性月溪

大约30亿年前，月海洪流过后，月球地质构造活动停止了一段时间。月震研究表明，月壳目前没有经历任何可观的运动。有很多证据表明，月壳区域曾存在相当可观的构造变形，张力和压力使岩石产生了断裂或者"断层"。除了构造活动之外，部分月壳因产生于自身的难以承受的载荷而破裂和坍塌，因此月球在主要撞击结构的内部和周围也发生了断层。

标准断层是月球上最常见的断层类型，这是由月壳张力造成的：当月壳受到拉力时，岩石可能会发生变形，达到一定程度时，月壳就会断裂。断层面通常是倾斜的，很少是垂直的。断层的一

图1.13 月球标准断层的最好例子是云海的直壁。月壳张力导致月壳开裂，西部的块体下滑，留下一个约110千米长的突出悬崖。

边相对于另一边向下滑动，产生了一个新的露出岩石面，被称为断层崖。月球上标准断层的最好例子就是位于云海东南部的直壁（通常被称为"直墙"）。乍一看，直壁似乎是一堵令人印象深刻的陡峭的墙，分割了 126 千米长的月海区域，但实际上，这个悬崖面有一个 7 度到 30 度的平缓坡度，高度约 500 米。其他清晰可见的标准断层的例子都可以在月海中找到，它们在低角度的光照下可以很好地显现出来。在月球高地产生的断层往往不具有直壁那样轮廓清晰的结构形式。阿尔泰峭壁是一条位于直壁正东几百千米处的标准断层，有 480 千米长，在绝大部分长度上略呈弯曲状。阿尔泰峭壁与酒海的西南边界平行，实际上代表着酒海盆地外圈的一部分。

当位于两个平行的标准断层之间的月壳块体下沉时，就会产生一种被称为地堑沟的地形特征。这种山谷在月球上很常见。由于它们的起源位置较深，地堑沟可以干净利落地穿过预先存在的山丘、山脉和火山口，而不会改变它的路线。到目前为止，最大的月球地堑沟（它太大了，以至于不能被称为月溪）是阿尔卑斯大峡谷。这是一个壮观的裂谷，整齐地穿过月球上的阿尔卑斯山脉。阿尔卑斯大峡谷长 180 千米，平均宽 10 千米，内墙陡峭。它平坦的地面被熔岩淹没，下沉到周围高地以下约 1000 米，中间有一条被熔岩切断的弯曲月溪。许多突出的地堑沟横贯月海，平行于月海边界。这些被称为弓形月溪，因为它们的路径呈弧状。突出的弓形月溪位于静海的西南边界，以及湿海的西部和东南部边界附近。在一些月海区和很多较大的撞击坑中，可以发现相互连接的线性月溪复杂系统。典型的例子包括中央湾地区特里斯纳凯尔以东的一组美丽的月溪、死湖地面上的月溪，还有伽桑狄和波西多尼撞击坑内的月溪。在月球的月溪中，最不寻常的一条是

图 1.14　阿尔卑斯大峡谷。在月球的阿尔卑斯山脉上有一个巨大的裂谷，它是由月壳张力引起的两条平行断层横跨山脉出现而形成的，断层之间的月壳随后下降。这种地形特征被称为地堑沟，月球上许多较小的线性和弧状月溪也是以同样的方式形成的。

位于中央湾的希金努斯月溪，它是一个长达 220 千米的山谷，被包括希金努斯自身在内的一系列小撞击坑所打断。这可能是混合月溪的一个罕见例子，它最初是由于月壳张力形成的，但后来在其沿线部分经历了火山活动。

暗色环形撞击坑也在一些线性月溪上被发现。与揭示月球隐月海的暗色环形撞击坑不同，这些地形特征无疑是沿着深层的月溪发展并喷出火山碎屑云（在低黏度熔岩、火山灰烬层和火山碎屑沉积物中形成的玻璃珠）的火山喷口。这些火山暗色环形撞击坑最好的例子可以在靠近月球近地端中心的阿方索大撞击坑底部观察到；在这里，6 个相当大的暗状斑块围绕着沿月溪分布的小撞击坑。

月球的山脉

地壳是由相对较薄的固体岩石板块拼接而成的，它们漂浮在靠对流驱动的炽热而变动的地幔上。活跃的火山脊将大洋板块推开，导致它们在边缘与大陆地壳碰撞，地幔提供了新的地壳物质。火山，比如那些位于太平洋"火环"的火山，不断在海面上沉积大量的新鲜物质。地球板块之间的碰撞也形成了巨大的山脉，地球上最大的山脉喜马拉雅山脉是大约 1500 万年前印度洋板块和亚洲大陆板块碰撞的结果。月壳可以被认为是一个单一的单位，因为它出现在月球形成后不久。月球体积小，内部缺乏动力，同时月壳厚度相对较大，排除了所有板块构造的可能性。月球上的大部分山脉是由撞击过程或重大撞击后的月壳运动产生的。虽然月球上的一些高地可能是真正的火山，但没有一座山是由构造驱动的月壳压缩形成的。

月球背面 98% 都是坑坑洼洼、多山的高地。许多较大的、通常未被淹没的远地端撞击盆地显现出中央山丘和同心撞击坑系统。东海是一个巨大的多环撞击盆地，大部分位于月球的远地端，在月球的西南边缘，它呈现出一个令人印象深刻的山脉系统。鲁克山脉是东海盆地直径 620 千米的内环。东海的外圈直径为 930千米，由科迪勒拉山脉组成。在以科迪勒拉山脉为边界的平坦平原和远处呈放射状沟槽的山地之间有一个急剧的过渡。这个被雕琢出的地形令人印象深刻，它是在东海被撞击时喷射出的成堆碎片的侵蚀和沉积作用下形成的，表面上类似于经历了冰盖侵蚀的地球山地景观。

近地端撞击盆地内的熔岩泛滥，摧毁了许多内部的山脉结构，但这里和那里的山峰确实在平坦的月海平原上突然上升，其中的一个例子就像地球的冰原岛峰，它突出在格陵兰岛的冰川中。月球的近地端有 18 座被命名的山脉和 30 座单独命名的山，但在月海中还有更多无名的小山峰和峰簇。流星的侵蚀影响了月球山脉，使它们的峰顶变得柔和而圆润。在月球的山脉中，没有参差不齐的马特洪峰式的山峰，这与它们在清晨或傍晚的太阳照射下产生的长长的阴影所造成的尖塔状山峰的错觉相反。

月球冰

月球两极附近的一些深坑从来接受不到直射的阳光，这些永远充满阴影的撞击坑可以被认为是"永久黑暗的极坑"。月球天平动（见第二章）有规律地使月球的两极略微向地球倾斜，因此，在月球的边缘或附近可以观察到一些撞击坑，尽管它们被极大地缩短了。人们认为，在这些永远充满阴影的撞击坑中，有大量近乎纯净的水冰埋藏在撞击坑底部的月球表层土壤之下。利用中子光谱（探测氢原子发射的某些类型的中子）在月球轨道上进行的观测显示，月球北极存在的水冰特征比南极更强（北极特征为4.6%，而南极为3%）。冰可能集中在许多小区域，每个极点的总面积约为1850平方千米。据估计，月球冰的总质量超过60亿吨。这些冰被认为是通过彗星核的撞击带上月球的，彗星核是非常大的"脏雪球"，是水冰（及其他挥发物）与岩石、灰尘混合而成的团块。撞击到月球表面的彗星核会瞬间蒸发，但如果撞击发生在寒冷、没有光照的半球，挥发物会迅速凝固成大片的雪花状云。一旦阳光照射到月表，表面上的冰就会再次升华并逃逸回太空，但那些落在永久阴影覆盖的撞击坑里的冰会保留下来。当本世纪晚期人类重新开始对月球进行探索时，月球两极的水冰将成为一种无价的资源——供人类消费，可用于工业目的，或许还可用于生产燃料。

在月球的南北两极地区，某些最高的山峰和很多突出的撞击坑的边缘不断被太阳照亮，被称为"永恒的光之山"。未来几十年，当人类再次造访月球时，这些地区也将变得极其重要，因为它们将是放置太阳能电池板的完美地点，它们能获得持续不间断的阳光供应——这是为月球殖民和工业提供电力的理想方式。

1.9 月球的变化

仅仅通过望远镜目镜的一瞥，就应该足以让任何人相信，月球是一个表面远不如地球般充满活力的世界。月球崎岖不平的地形特征被严格地固定在灰色岩石中，除了在为期两周的月球日中被阳光照射的角度之外，它似乎并没有太大变化。月球没有明显的大气层。阴沉沉的月球天空上从来没有乌云飘过，灰色的月球土壤从来没有被雨水浸湿，也没有一丝风吹起干燥的月球尘土。

月球瞬变现象

虽然月球看起来是一个贫瘠的、完全死寂的世界，但偶尔也有人报道月球表面的小规模瞬时变化——这被称为月球瞬变现象（TLP），对它们的观察主要来自业余的月球观察者。据报道，TLP 有三种基本形式：短暂孤立的闪光或光脉冲，红色或蓝色的辉光，以及月球表面部分区域的遮蔽或变暗。据报道，一些 TLP 会暂时伪装成独特的三维地形特征。这种短暂的异常活动似乎是在月表一些特定的小区域中偶尔发生的。据报道，最容易发生 TLP 的地区包括：风暴洋中明亮的阿里斯塔克撞击坑内部及其周围的区域，月球阿尔卑斯山上的柏拉图大型平坦撞击坑，危海、澄海和雨海的边界，以及许多具有断层的撞击坑，特别是阿方索、伽桑狄和波西多尼。

月球科学家一直不愿意接受我们的卫星偶尔会出现如此明显活动迹象的事实，而这种对 TLP 事实普遍认识的缺乏与这一事实有很大关系，即它们主要是由业余天文学家用有限的设备观测的。很少有业余爱好者能够获得 TLP 的照片记录，更不用说在这些事件发生时使用分光镜这样复杂的设备了。因此，大多数 TLP 的记录都不充分，至少对于以后深入的科学分析而言是这样的。

产生 TLP 可能的原因

月球上的地形特征似乎在为期两周的月球日期间发生了相当大的变化，因为它们被太阳照射的角度缓慢发生了变化。一个在早晨或傍晚太阳照射下可能显得醒目和显眼的地形特征可能会在月球正午时逐渐消失。相反，有些反照率特征在接近早晨或傍晚的明暗界线时是完全看不见的，但在高角度太阳照射下却很醒目。此外，观测到的反照率地形特征的亮度取决于太阳和地球上的观测者在月球表面上的高度（太阳和观测者的月面经度和纬度）。在某一月正午太阳下观察到的特征可能会在下个月的正午变得更亮（或更暗）。月球一些较亮的反照率地形特征即使不直接被太阳照射，仅仅是沐浴在地球的光芒中，也很明显。阿里斯塔克撞击坑是月球上最明亮的地形特征之一，它在月球未被照亮的一面以引人注目的方式出现，这是许多报道所称的 TLP 产生的原因。在未被照亮的月球半球上观测到的特征亮度几乎完全是由于地球反射的光，但观察者可能有明显的（可是错误的）印象，即认为月球表面是自己发光的。热释这种光现象通常是由某些晶体材料在受热时发光引起的（由于受激电子落回基态），但月球热释光的数量完全无法被业余观测者的仪器检测到，而且这一过程也肯定不能解释任何已报道的 TLP。有报道称 TLP（以局部变亮的形式）发生在太阳耀斑释放的高能太阳粒子到达的时刻。这些变亮的现象被认为是由太阳粒子撞击月球岩石时发出的荧光所造成的。同样，即使月球物质的荧光现象被认为是发生了，它也不能产生足够的能从地球上探测到的光。

最后，月球并不完全是灰色的。月球的某些地方确实带有柔和但明显的颜色，而这些颜色的强度随着它们亮度的变化而变化。当满月高悬在空中时，我们有机会扫描月球并观察其大范围的颜色分布，建议使用色差相对较小的望远镜（牛顿式望远镜、复消色差折射镜或马克苏托夫反射式望远镜）上的中低倍目镜（不带滤镜）。消色差折射镜引入一定程度的假色，当观测者单独研究地形时，这通常不是问题，但如果尝试 TLP 搜索则会造成干扰。最引人注目的月球景观之一是一个巨大的、呈红色色调的四边形区域（非正式名为"伍德斑"），它覆盖阿里斯塔克地区西北约1000 平方千米的范围。虽然月球南部的高地很明亮，而且通常是无色的，但是在月海中却能看到多得惊人的颜色。颜色对比最好的例子之一是相邻的淡红色澄海和明显蓝色的静海。不过即使在理想的条件下使用一台很好的望远镜，没有经验的月球观测者可能也不会期待在月球上能看到明显的紫色、棕色、红色、绿色和蓝色，通常它们的出现可能会被错误地归因于某种异常事件。

因此，定期出现的光照角度、表面亮度和特征颜色的变化会导致经验不足的观察者得出错误的结论，认为月球上发生了真正的变化。

流星撞击

只有当快速移动的物体撞击月球，将其大部分动能转化为热（和光）时，月球表面才会产生高温。在月球周围随机观察到的一些短暂的闪光可能是由流星撞击月球表面造成的。即使是相对较小的流星撞击，也足以在业余爱好者的天文望远镜中产生短暂的闪光，而这种事件如果发生在月球未被照亮的部分，则更容易被观测到。月球黑暗半球上的闪光已经被摄像机直观地观察和记录下来，其中许多事件似乎发生在地表遭遇流星雨的期间，例如11月的狮子座流星雨。没有人会怀疑月球不时受到大型流星的撞击，并产生了足以用望远镜观测到的明亮撞击闪光，但认为流星流中包含了大到足以在月球上产生可观测撞击闪光的单个流星的说法，则存在争议。人们普遍认为，流星群几乎完全是由彗星核飘出的脆弱的尘埃颗粒组成的，不包含任何大到足以对月球产生任何可观测影响的物质，不管这种影响有多短暂。在地球上发现的陨石已经被证明来自小行星，其中的一些已被探知是从月球和火星而来的。在流星雨的高峰时期，只有少数几个地球陨石坠落的例子，但这些都是巧合事件：对这些陨石的研究表明，它们与产生流星雨的母体完全没有联系。

任何大到一定程度的流星撞击月球时抛出的物质都会形成一个不断膨胀的物质外壳，其本身可能会在几分钟内保持可见，特别是如果撞击的焦点恰好在晨昏线之外，并且喷出的云雾爬升到月球表面上方，足以直接被太阳照射。然而，目前还没有报道称TLP闪烁地点出现了可在地球上发现的新的撞击坑。许多短暂的闪光实际上可能是由地球自身大气层中的流星沿着观察者的视线靠近时造成的。

内部机制

造成 TLP 的原因可以排除火山活动。月球的月壳寒冷、坚硬，且非常厚，月球表面已经有几十亿年没有经历过真正的火山活动了。TLP 不太可能是传统火山活动的产物，因为温度远远超过 1000 摄氏度才能充分加热当地的岩石（甚至熔化它），使其产生视觉上的光亮。据计算，月球上 1 平方千米的新喷发熔岩（温度为 1000 摄氏度）会呈现出一个橙色的 5.5 星等的星形点。

在日出的几个小时内，月球表面从寒冷的零下 170 摄氏度升到酷热的 130 摄氏度（两周后的月球日落则相反），升温范围为 300 摄氏度。这种突然的温度变化——在早晨的阳光下，月球会变暖；在黄昏时，月球则变冷——每一个月发生两次。人们认为，由于月球岩石在加热时膨胀（冷却时收缩）而产生的热冲击可能是产生 TLP 的一个原因。虽然大多数 TLP 都是在当地日出或日落的几天内出现的，但这可能更多地说明了观察者更倾向于关注更美观的接近晨昏线的区域，而不是 TLP 的真实发生。此外，月表的风化层在一米深的地方保持着零下 35 摄氏度的恒定温度。热冲击的过程仅限于风化层最表层的物质，不可能产生从地球上可以观察到的任何影响。

大多数 TLP 活动发生在遭受巨大月壳应力并显示出广泛、深层次断层的区域——围绕着月海边缘和一些撞击坑的断裂底部，这可能并非巧合。近地点附近的月壳应力较大，此时月球受到的地球引力比在轨道上其他点的时候更大；人们发现月震在这些时候更加普遍。事实上，地球对月球产生的潮汐引力是月球对地球产生潮汐引力的 32.5 倍。任何被困在月壳深处的气体都可能被触发，通过断层和裂缝逃逸到近月空间的真空中。尽管在光谱上可以被探测到，但气体逸出本身可能不会引起任何能即刻观察到的效应。高能气体的喷发可能会导致疏松月壤上部几厘米处的大量小颗粒飘到月球上空，造成从地球上看月表局部的暂时模糊。一大片月球尘埃云可能会在几分钟内呈现出小山状的样子，它能够挡住足够的阳光，在物质颗粒逐渐落回月表之前投下一片阴影。如果这样的事件发生在月夜的那一侧，也就是刚过清晨线或黄昏线的时刻，云层就会升得很高，足以捕捉到太阳的光线，在黑暗中创造出一个暂时的亮点。

地球上的火山喷发会产生大片的细碎屑云，它们经常会被闪电照亮。在尘埃云中，当粒子相互摩擦时，就会产生摩擦电荷，当产生摩擦放电时就会出现闪电。摩擦放电只发生在高压环境中（如地球大气层）；月球上任何摩擦放电发出的光都太微弱，无法从地球上分辨出来。另外两种机制可能导致气态的月球喷射发光。当岩石晶体受到力学应变时，电势差会出现在晶体表面，当电势被释放到周围的气体中时，就会产生辉光。另外，太阳风中的质子和紫外线辐射能够激发排出气体中的原子，使它们发生电离从而产生辉光放电。

月球物理变化

除了难以捉摸的短暂 TLP 活动之外，月球永久性的变化也被认为是存在的，这方面未经证实的例子有很多。围绕着从地球上可以看到了永久性变化的说法存在着大量的争议，而支持这些说法的证据往往是微弱和不可靠的。月球变化的倡导者试图在他们的领域建立一定程度的威望，但不幸的是，他们遭到了一些奇怪的观点和江湖骗子虚假观测结果的阻碍。摄影技术提供了最确凿的证据，然而还没有一张从地球上拍摄的可靠照片能证明月球发生了永久性的变化。

林奈撞击坑位于澄海西部海岸线 100 千米外，是一个直径

2.4 千米的小坑，周围环绕着一个直径约 10 千米的明亮圆形喷射物环。林奈撞击坑在双筒望远镜和小型望远镜中能很容易看到。当这个区域被清晨或傍晚的太阳照亮时，一台 150 毫米的望远镜应该足以分辨出这个微小的撞击坑。有人声称林奈曾经是一个大得多的撞击坑，直径达 10 千米，但不知怎的，它的尺寸缩小了。这些断言是耸人听闻的，而且基于很少的科学依据。仔细看看证明曾经庞大的林奈坑的大量证据，就会发现这种声称的基础很薄弱。旧的普通地图，在制图过程中充满了明显的错误，很难用作证据，而且其中关于林奈坑的许多历史观察也是矛盾的。林奈坑自从形成以来，也许是在几亿年前，都没有发生明显的变化。

在丰富海西岸约 150 千米处，一对小撞击坑并排坐落在月海平原上。其中较小的一个是梅西耶撞击坑，它是一个东西向延伸的撞击坑，大小为 9 千米 ×11 千米。它的邻居梅西耶 A 的大小为 13 千米 ×11 千米，有一个更扭曲的形状，原因在于它那延长了（近两倍）的西部边缘。一条又直又窄的双射束像探照灯光束一样从梅西耶 A 坑向标明月海边界的山丘延伸。梅西耶这对"双胞胎"是"异卵"而非"同卵"的，用任何望远镜都能看到它们赏心悦目的景象。它们提供了一个很好的例子，说明在一个月球日里，由于光照角度的变化，月球的外观特征会发生很大的变化，任何人在各种光照条件下观察过它们都可以证明这一点。在整个月球日，梅西耶"双胞胎"的直径可能会缩小，呈现出明显的非椭圆形状，它们的大小交替变化（梅西耶有时看起来似乎更大），有时甚至合并成一个；从梅西耶 A 发出的射线也经历了表面亮度的变化。这些都是光的把戏，会导致没有经验的观察者得出月球已发生真正变形的结论。

月球上确实会发生物理变化，但其规模通过地球上的望远镜通常是观测不到的。月球轨道上的相机拍摄的照片证据表明,月球表面并非完全静止。例如,轨道飞行器拍摄的维泰洛撞击坑中央山丘的特写照片显示有两块相当大的巨石,其中较大的直径约25米,这两个物体滚下斜坡时在月壤上留下了明显的痕迹。这些巨石一定是在一次大的月震中从它们原来的栖息地上被震下来的。这是一次月壳的剧烈震动,可能是由维泰洛撞击坑附近的一次大陨石撞击造成的。仅凭照片无法确定这些巨石进行的"短途旅行"的确切日期:它们可能在探测器拍摄照片之前滚动了片刻,也可能在几千年前就从山上滚了下来。月球上令人难以置信的缓慢侵蚀速度,主要是由稳定的、细雨般的微陨石造成的,这意味着在月壤上留下的痕迹很可能在未来几千年都保持不变。

轨道探测器拍摄的高分辨率照片已经发现了更多的例子,这些微小的、局部的物理变化是由迁移的表面碎片造成的。月壤自然蠕变(逐渐向下坡迁移)的发生是由月震和偶尔的大型流星撞击使月球的固体月壳震颤所致,导致上面覆盖的风化层沉降到一个更合适的位置。例如,雨海东部边界上的哈德利月溪底部覆盖着一层厚厚的月壤,其中嵌入了从较高斜坡上掉落下来的巨石。

尘埃转移的另一种机制可能发生在月球上。从月球轨道上观测到接近月球晨昏线的地平线上弥散的光芒,加上业余爱好者观察到的在月球晨昏线附近通常呈现为浓烈黑色阴影的"灰化"(graying),表明可能存在短暂的尘埃云悬浮在月球表面的上方。月壤的电导率很低,很容易带电,并能长时间保持带电状态。太阳风中的带电粒子可能会与紫外线辐射一起使月壤带上静电,从而导致颗粒悬浮(可能达到几千米的高度),并导致了沿着晨昏线缓慢移动的边界小尘埃粒子的传输。这种带电物质具有极强的黏性,未来可能会对人类的月球探索造成危害。

第二章

月球的测量

在赤道测量，月球的直径为 3476 千米，大致相当于美国大陆的宽度。粗略地平均一下月球全球的低地盆地和山地高地的地形，月球的形状并不是一个完美的球体——它是一个大地水准面，一个在极轴方向上扁了约 2.2 千米的球体，在朝向地球的方向上有一个几百米的轻微赤道隆起。

月球的体积不到 220 亿立方千米，只有地球体积的 2%，然而，月球的质量为 73,500 万亿吨，仅相当于地球质量的 1.2%。因此，月球的密度比地球低 40%。如果地球和月球都缩小到网球那么大，那么蓝色湿润的那颗重 550 克，灰色的那颗则重 330 克。月球表

图 2.1　地球和月球内部结构对比。地球有一个相对较薄的、可移动的地壳，其下是炽热的、动态的地幔和一个大的、热的、富含铁的地核。月球有一个相对厚重、静止的月壳和一个温暖的内部结构，它的内核很小。

面的引力强度是地球的 16.5%。在月球上，一个物体的重量只有地球重量的 1/6，当它下落到月球表面时，由于重力的作用，它的加速度是地球的 1/6。要离开月球表面并进入月球轨道（或更远），物体的逃逸速度必须达到 2.38 千米 / 秒。逃逸速度可以通过火箭发动机产生的逐渐加速来达到，也可以通过突然的方式来达到——比如在小行星撞击时，它的一些喷射物就被发射到太空中。

2.1 ┃ 月球的轨道

　　行星在椭圆轨道上围绕太阳运行，它们的卫星也在椭圆轨道上围绕它们运行。椭圆是一条闭合曲线，它的主轴上有两个焦点，地球位于月球椭圆轨道的一个焦点上。如果按比例绘制，月球绕地球的轨道看起来几乎是圆形的，并且地球的位置非常接近圆心。仔细测量会发现，这个图形实际上是一个椭圆，平均离心率为 0.055（长短轴之差与长短轴之和的比值），地球略偏于中心的一边，位于椭圆的一个焦点上。与其他恒星相比，月球绕地球公转一周需要 27 天 7 时 43 分，这个周期被称为恒星轨道周期。

　　说月球绕地球转是不完全正确的。事实上，地球和月球都围绕着它们共同的引力中心旋转，这个点被称为重心。如果地球和月球在所有方面都是相等的，那么重心就会精确地位于地球和月球中间。但月球的质量不到地球质量的 2%，这使得二者的重心在地球方向上发生了很大的偏移，以至于共同的引力中心实际上位于地球的地幔内，距离地球中心约 4700 千米。按比例绘制，从上面的结果来看，月球绕地球的路径总是凹向太阳的方向。

　　月球与地球的平均轨道距离约为 384,401 千米，这个距离约

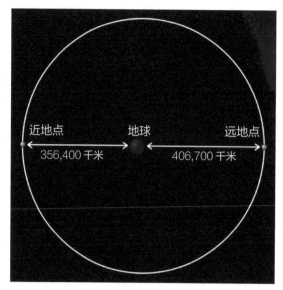

图 2.2　月球轨道

为地球直径的 30 倍。光（以及其他形式的电磁辐射）穿过月球和地球之间的空间鸿沟平均需要 1.3 秒。从月球反射回来的雷达信号可以使其距离精确到 0.5 千米以内，月球的天平动（围绕自己轴线的缓慢摆动）也能被探测到。月表反射的无线电波不像被大片坚硬的岩石覆盖时那么强烈，而且早在第一批软着陆探测器着陆月表之前，人们就已知道月球表面覆盖着一层厚厚的月壤。测量月球距离（LD）最精确的方法是将短脉冲激光对准月球表面已知位置的反射点，并准确地对返回的光信号计时。通过将激光对准阿波罗着陆点左侧的被动激光反射镜所做的测量，得出了精确到几米以内的月球距离。多年来的观测表明，月球到地球的平均距离正在缓慢地增加。

在离地球最远的地方，即远地点（apogee，其中 apo 意为"远"，ge 意为"地球"），月球离地球可达 406,700 千米；当它在近地点（perigee，其中 peri 意为"靠近"）最接近我们时，距离达到

356,400千米。从地球表面看,月球的平均角直径是31角分5角秒。在近地点它的角直径是33角分29角秒,在远地点它的角直径是29角分23角秒。月球在近地点的表观直径比远地点大12%,在近地点的表观面积比远地点大29%。连接远地点和近地点的假想直线——实际上是月球椭圆轨道的主轴——被称为"拱线"。拱线每8.85年以渐进的方式旋转(相对于恒星)。

月球绕地球的轨道平面与地球绕太阳的轨道平面(黄道平面)相差5度8角分43角秒。这两个平面相交的两个点被称为升交点和降交点。升交点是在黄道上,月球移动到黄道以北的点;降交点标志着月球移动到黄道以南的点。交点线(相对于恒星)以逆行的方式每18.61年旋转一次。在天文意义上,交点线的后退是很重要的,因为日食和月食依赖于交点相对于太阳和地球的位置。

月球轨道与黄道的倾斜,加上交点线的后退,意味着每隔18.61年,月球就会于人马座的方位到达黄道以下最南端的赤纬位置。行走半个轨道后,月亮达到最北的赤纬,在双子座和金牛座的边界。当满月位于其轨道的极南点附近时,在6月的午夜前后,从北纬温带地区看,满月到达中天时几乎没有越过南方的地平线。从纽约(北纬41度)看,极南点的月亮高度达到了南方地平线以上20度。从伦敦(北纬52度)看上升到9度的高度,仅仅是其表面直径的18倍。从设得兰群岛的勒威克(北纬60度)开始,极南的满月几乎没有从地平线升起并维持几小时,就好像在遥远的南方地平线上滚动。南半球也有类似的情况,不过情形恰恰相反。在南部温带地区,满月在12月期间出现在北部地平线上非常低的位置。在澳大利亚的艾利斯斯普林斯(南纬24度),最北的仲夏满月上升到高于北方地平线38度的高度。从墨尔本(南纬37.5度)开始,月球的最高点高度为24.5度。然而,极北的满月并不像在勒威克北纬地区那样沿着地平线滚动，因为在南纬 60 度位置附近没有大陆。月球可以直接出现在头顶的最北纬度和最南纬度分别是北纬 28 度和南纬 28 度。从伦敦的纬度来看，月球离天顶的距离永远不会近于 23 度。从纽约的纬度来看，这个距离会缩短到 12 度左右。

2.2 引力和潮汐

　　月球的引力是地球海洋产生潮汐现象的主要原因。地球海洋产生了两个潮汐隆起，一条线穿过这些隆起的顶点，指向月球的大致方向。最靠近月球的潮汐隆起被月球吸引，因为月球引力的强度在月下点最大，这就是所谓的直潮。地球的球体也受到月球的牵引力，但牵引力的程度较小，所以地球的形状也不会有明显的变形。在离月球最远的地方，也就是地球的另一边，月球的引力是最弱的，月球和地球围绕系统重心旋转产生的离心力会造成反潮隆起。

　　当地球在两个隆起的潮汐下旋转时，海平面相对于陆地的交替上升和下降就产生了。地球上的大多数海岸线每天经历两个高潮（一个直潮和一个反潮）和两个低潮（高潮之间的波谷）的潮汐循环。区域地理环境决定了不同海岸线上潮汐的大小：一些地方的高潮时间非常不均等，而另一些地方每天只有一次高潮。如果月球静止在天空中，潮汐周期将精确地持续24小时，但由于月球在其轨道上移动，每天到达天空的时间平均晚50分钟，潮汐的周期约为24小时50分钟。

　　地球上的海洋也受到太阳引力的吸引，由太阳引起的潮汐大约达到月球潮汐隆起高度的一半。当月球接近新月或满月时，地球、月球和太阳会对齐——这种现象叫作"朔望"。在朔望时刻，太阳的引力与月球的引力相辅相成，产生了最明显的潮汐隆起。最高和最低的潮汐每两周发生一次，大约在新月和满月前后，被称为朔望潮（大潮）。当月球和太阳的引力相互成直角时，潮汐的相互作用使涨潮和退潮的变化最小，被称为小潮，发生在月相的第一个阶段和最后一个阶段。

地球和月球拥有可观的角动量（一个系统内质量和速度的乘积）。角动量守恒定律表明，在像地球和月球那样的系统中，总动量保持不变。海洋潮汐和地球陆地物质块之间的摩擦导致地球失去角动量，随着自转速度的减慢，地球上一天的长度逐渐增加。地球自转的变化速度实际上相当于每世纪慢 2.3 毫秒（每百万年 23 秒），精确程度大到可以用原子钟来测量。地壳和海洋之间摩擦的另一个后果是潮汐隆起在朝向月球的方向略微向前移动。这个位移的潮汐隆起所产生的额外引力实际上拖着月球，并赋予它角动量。随着月球角速度的增加，它与地球的距离也在增加。月球正以每年 3.8 厘米的速度远离地球（每百万年远离 38 千米），这一数字是通过精确测量放置在月球表面仪器上的激光束反射所需的时间而得到证实的。

2.3 长期和周期扰动

　　月球轨道的椭圆形状不是静止的，也不是固定在空间中的结构。它经历过扭曲，这主要是由太阳的引力造成的，在某种程度上是由地球的形状（甚至比月球更扁平的球体）和其他行星的引力造成的。太阳引力的扰动迫使月球的椭圆轨道在太空中缓慢旋转。拱线（椭圆的长轴）每月向东移大约3.3度，这意味着从一个近地点到下一个近地点的周期比月球的恒星周期长5.5小时以上。一个完整的（渐进的）旋转周期需要8.85年的时间。除了拱线的缓慢推进之外，另一个主要的长期扰动是交点线（如上所述，是连接升交点和降交点的线）的衰退，它每个月沿着黄道向西移动1.6度。绕黄道一圈完全逆行需要18.61年。交点线的衰退对日食和月食的时间有重要的影响。

　　当月球轨道椭圆的长轴指向太阳时——这种情况每4.4年发生一次，那时月球要么是满月，要么是新月，在远地点或近地点附近——太阳的引力会拉伸椭圆形状，使其略微偏心。两年后，椭圆的长轴已经旋转到垂直于太阳的方向，远地点或近地点会与第一个1/4轨道或最后一个1/4轨道重合，这时椭圆轨道会逐渐被拉回一个不那么偏心的形状。这种周期性的引力牵引是一种被称为"出差"的现象，它会导致月球轨道的偏心率在0.0432到0.0666之间变化，每87.1年出现一个完整的周期。这种月球出差的结果是，月球在经度上的位移可以达到其直径的2.5倍。这种位移如此之大，以至于在古代就被观测到，并被依巴谷发现。

　　二均差是月球轨道第二重要的周期性扰动。它导致月球的视经度在天空中发生周期性的位移，达到 39.5 角分（比月球的视角直径略大），这是地球和太阳引力相互作用的结果。有时，当地球和太阳的吸引力结合在一起（在新月或满月时），变化的影响不能被检测到。在月相的上弦月阶段或下弦月阶段的变化并不明显，因为地球和太阳的引力是垂直的，相互抵消了。只有当月球朝向或者远离新月或满月变化时，由二均差引起的位移才能被观测到，因为月球的运动受到了地球和太阳共同引力的帮助或阻碍。

2.4 天平动

　　锁定在一个同步旋转的状态，当月球绕地球运行时始终保持同一面朝向地球。那种被称为"天平动"的现象——这一术语描述的是月球体的摇摆运动太慢，无法在目镜上实时观测到——意味着在一段时间内，从地球上可以观测到月球表面的59%，月球表面剩下的41%是地球观测者永远看不到的一面。

　　这种振动有两种基本模式：光学天平动和物理天平动。光学天平动是由月球呈现给地面观测者的不断变化（在严格的限制内），以及月球可被看到的位置导致的。物理天平动是月球围绕自身重心的实际摆动，它是一种真实的、非常微小的摆动，而不是表面上的摆动。

光学天平动

　　光学天平动对月面及其周围地物的视位置影响最为明显，主要分为三种：经度天平动、纬度天平动和周日天平动。

　　在经度上的振动源自月球轨道的椭圆形，椭圆形轨道导致月球角速度的变化。月球向近地点加速，然后向远地点减速，但在任何时候，它都始终保持着或多或少恒定的自转速度。这就导致月球在太阴月中看上去左右摇晃。最大的经度天平动发生在经过近地点和远地点大约一周后，在近地点和远地点是没有经度天平动的。以月球在近地点后完成"快速的"1/4的公转为例：它绕完这1/4所需的时间比绕轴自转1/4圈所用的时间还要短。此时月球的轴向自转滞后，月球圆盘的平均中心将出现向西边缘的偏移。因此，月球远地端的特征将被带到面向地球半球的东部边缘，如果光照合适，它们就可以被观测到。半个轨道之后，当月球以较慢的速度远离远地点时，就会发生相反的情况。在这种情况下，月球在绕地球公转 1/4 圈之前已经绕轴自转了 1/4 圈，月球表面特征的视位移将朝向东方，位于月球远地端的特征将出现在月球的西边缘。每个近点月（太阴月中从近地点到近地点），经度天平动在月球边缘的相对两侧产生最大的东西向位移。由于太阳在月球轨道上引起的引力扰动，月球的位移在 4.5 度到 8.1 度之间变化。

如果月球的旋转轴垂直于环绕地球的轨道面，事情就会简单得多。但月球两极实际上与轨道面倾斜 6.4 度，轴向倾斜在空间中保持不变。每个月，观测者都能观测到月球的平均北缘上方一点，两周后又能观测到月亮的平均南缘下方一点。这种现象被称为纬度天平动，它使月球的平均中心南北偏移 6.5 度到 6.9 度。观察者对月球的观看也会发生变化，因为地球本身也在旋转，带着观察者到处旋转。第三种天平动，即周日天平动的程度取决于观测者在地球上的实际位置，并受到从月球上看地球的视直径约为 2 度的限制。周日天平动可以出现类似于从 10 米外左右眼交替看网球所产生的视差效应。在月升和月落时，最大的周日天平动刚好低于月球经度的 1 度。

位于经度东经 90 度和西经 90 度月盘边缘附近的月球天平动区域内的地形特征容易受到振动的影响。随着时间的推移，振动带内的所有特征最终会在月球边缘出现。每当观察月球时，月球背面的狭窄新月形（即比东经 90 度或西经 90 度更远）很可能在一定程度上呈现给观察者，尽管该区域并不总是可见，因为它可

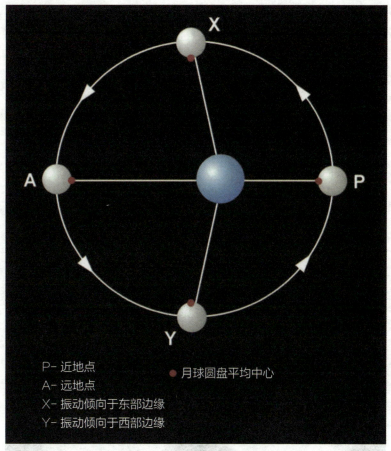

P- 近地点
A- 远地点
X- 振动倾向于东部边缘
Y- 振动倾向于西部边缘

● 月球圆盘平均中心

图 2.3　经度天平动是由这样一个事实引起的：虽然月球绕自己的轴旋转是恒定的，但月球绕地球的轨道是椭圆的，地球位于这个椭圆的一个焦点上。在近地点（P），经度上没有振动。在经过其轨道的 1/4（X）之后，月球在其轨道上的移动速度比其平均速度略快，结果是月球圆盘的平均中心移向西方，月球的振动有利于月球的东边缘。当月球向远地点（A）减速时，它的轴向旋转赶上了它的公转，纬度上没有振动。在它的轨道（Y）的 1/4 之后，月球的轴向旋转超过了公转，月球盘的平均中心移向了东方，导致了西部边缘地形特征的良好振动。

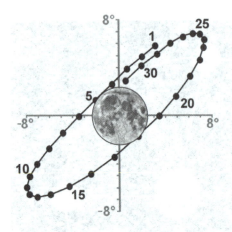

图 2.4　一个月的典型天平动图
（本例为 2003 年 4 月），显示
了月球边缘最受青睐的天平动
点如何逐渐绕月盘逆时针移动。

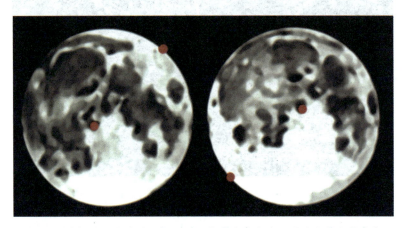

图 2.5　两种极端天平动的比较，显示出最受青睐的天平动方向和月盘中心
的偏移。在左侧，天平动倾向于东北边缘，而洪堡海处于非常有利的位置。
右边有一个有利的西南天平动，展示出了东海。

能位于未被照亮的半球的边缘。"平月亮"（mean moon）——满月的东经 90 度和西经 90 度恰好位于月球边缘，正如大多数月球图和地图集所描绘的那样——很少被观测到。

光学天平动和月球的相位决定了月球边缘特征的实际可见性。例如，东海位于月球西南边缘附近的西经 90 度线的地方。当月球的天平动偏向于月球的东侧边缘时，这种特征是完全不可见的，甚至当月球的天平动偏向于月球的西南边缘时，当月亮过了满月阶段，为了看到整个东海在月亮的边缘附近呈现出的薄的、暗色的银条，一个大约 7 度的天平动是必需的。在近地端，当接近边缘的地形特征处在一个有利的天平动时，它们是最好观察的。像高斯这样的大撞击坑，在靠近东北边缘的地方，会显得非常短，在不利的天平动下很难观察到它的底部，但在有利的天平动下，它会很好地展开。洪堡海位于近地端的东北边缘附近，当有一个倾向于西南边缘的强烈天平动时，试图观察洪堡海底部的特征是没有意义的。尽管天平动会影响靠近月盘中心的地形特征在晨昏线出现的时间，但其外观形状不太受到天平动的影响。例如，靠近月球中央子午线圆盘中心的托勒密环形山，当没有经度天平动时（在远地点和近地点附近），它会恰好出现在上弦月阶段的月球晨昏线上。然而，天平动可以使托勒密环形山出现在明显的新月晨昏线上，出现在一个相当凸出的月球上。

从月球上看，地球似乎永远挂在天空的同一部位，作为背景星的黄道星座似乎每个月都会滑到地球后面一次。但地球并不是完全静止的，因为它在一个小椭圆中缓慢地运行，以响应月球在经度和纬度的天平动。从天平动区域内的一个区域观察，会发现每逢近点月，地球就会升到地平线之上，然后又滑到地平线之下。

物理天平动

在月球的坐标中，月球围绕自己重心的物理天平动永远不会超过 2 角分，而在月球圆盘中心的角位移不到 1 角秒。由于它们的量级非常小，物理天平动对月球特征的可观测性没有任何明显的影响。

2.5 光照效果

在黑暗的背景下,月亮在晚上看起来是银色的、明亮的,因为它只有在反射太阳光的情况下才能发光。实际上,月球表面相当黑暗。月球是整个太阳系反射性最低的星球之一,近地端的平均反照率(反射率的一种衡量指标)只有 0.07,这意味着每 100个光子中只有 7 个在击中月球表面后会反弹回太空。从地球上看,满月的光强只有 0.25 勒克斯(lux,1 勒克斯是一根蜡烛在 1米外燃烧的亮度)。满月的亮度为 –12.7 星等,太阳比其亮 40 万倍。由于月球是球形的,所以从靠近月球中心指向观测者的方向,反射的光线比例最大。如果月球是一个非常光滑的球体,那么它的平均亮度就会大大提高。然而,粗糙和不规则的月球表面会产生阴影,这导致上弦月或下弦月的半个月亮的亮度只有满月的 1/10。

从月球近地端的表面看,整个地球看起来是一个明亮的蓝白色球体,其表观面积是满月的 13 倍以上。由于地球的反照率平均为 0.39,是月球亮度的 5 倍多,所以从月球上看到的整个地球比从地球上看到的满月要亮近 70 倍。从月球上看,地球经历的完整的相位周期与月球的相位周期相同。两个星球相互观察到的相位是相反的。例如,当从月球上看地球是满圆时,从地球上看月球则是新月;当月亮是眉月时,地球就处于亏凸的阶段。

地球反照

　　一个径直指向没有生命的月表的分光镜如何能探测到水、分子氧以及叶绿素这些可以表明地球植物存在的东西呢？这些物质实际上可以通过分析太阳光从地球反射到月球再反射回地球的光谱来检测。这种两次反射的光线发出的灰白色光芒被称为"地球反照"，这是月球未被照亮的部分发出的微弱光芒，通常可以用肉眼看到，也可以通过双筒望远镜观察。当月亮在相当黑暗的天空中是一个薄薄的眉月或残月时，地球反照最为明显。这一奇观——不借助光学辅助就能看到的最美丽的景象之一——有时被称为"老月亮依偎在年轻的月亮的怀里"。在这个阶段，从月球的近地端看，地球看起来会像一个明亮的、接近完整的圆盘。地球反照可以用肉眼观测到好几天，直到上弦月阶段消失；到了下弦月阶段，随着月亮逐渐变成一弯细细的新月，地球反照又恢复了。当月亮位于相对黑暗的天空中，而太阳位于地平线下方时，地球反照最为明显。对北半球的观测者来说，春季的傍晚和秋季的早晨是最好的观测时间。

　　观测到的地球反照强度取决于月球和地球的相位以及地球的反射率。后一个因素是可变的，取决于云层的覆盖量，以及地球反射阳光到月球的那一边明亮的地球极地、大陆和海洋的排列方式。经常观察月球的人会注意到，即使考虑到月球的月相和当地条件，地球反照强度有时也会显得特别明显。这并不是一种错觉，因为光度测量已经表明，地球反照的亮度有一个随地球季节变化的周期分量。据测量，地球的反射率在 10 月至次年 7 月间增加了约 20%。

月 相

月球绕地球公转时，会经历一系列完整的相位。月球仅靠反射的太阳光发光，它的相位是由地球、月球和太阳形成的角度产生的。相位循环从新月开始（当月亮与太阳和地球在一条线上），通过新月、眉月，上弦月（当月亮与地球和太阳构成直角时）从盈凸月到满月（当月亮与太阳在地球两侧时）；满月后，月亮会经过亏凸月、下弦月、残月再次回到新月。从一个新月到下一个新月的这段时间被称为"朔望月"，平均时长为 29 天 12 时 44 分。实际上，由于太阳的引力扰动，它在 29 天 6 时 35 分到 29 天 19 时 55 分之间变化。恒星月的长度（27.32 天）和朔望月的长度之间的差异是由于地球绕太阳公转，而月球必须在每个恒星月后进一步在公转轨道上运行一小部分，以便赶上太阳相对于背景恒星的明显位置变化。

月相的观测

月球每小时按自己的直径在天空中由西向东移动，每天大约移动 13 度。每 29.5 天它就会经历一个完整的月相周期，从新月到满月，然后再一次到新月，这就是朔望月。月球的运行轨迹接近黄道，太阳全年都在黄道带上运行。在太阳 3 个月后会在的地方出现了上弦月。当月亮满月时，它位于天空与太阳相反的一侧（即 6 个月后太阳的大致位置）。当月球经过地球的阴影时，太阳、地球和月球的精确排列会产生月食，但大多数时候，月球经过地球阴影的上方或下方时不会发生月食。冬至时分，当太阳经过上中天，离地平线最低时，满月会于午夜左右达到金牛座或双子座的高度。在夏至，正午的太阳在南部地平线上达到最高点，而满月在午夜出现在显得非常低的南部地平线附近。下弦月出现在 3 个月前太阳所在的位置。这对观测月球有一定的意义，尤其是在温带地区：月球在黑暗的天空中越高，通过望远镜看到的效果就越好，因为增加了对比度，也减少了大气对月球图像退化的困扰。

　　每个夜晚连续的月亮升起时间之间的间隔被称为迟滞，间隔平均不到一个小时，月亮每天晚升起约 50 分钟。如果月球的轨道是圆形的，并且平面恰好与天赤道重合，那么所有的迟滞程度都是相同的。然而，在整个太阴月中，迟滞长度却是不同的，对于给定的相位，迟滞的长度随观测月球的时间而变化。观测者的纬度也在月球迟滞与正常值差异方面起着重要的作用。

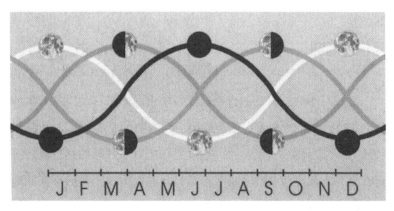

图 2.6　每个月，月球都沿着一个接近黄道平面的轨道运行，它在地平线上的高度是变化的，就像太阳在一年中的高度变化一样。这张图代表了月球在其四个主要月相中，在北温带地区南上中天的不同高度变化。例如，冬天的满月在高空，而夏天的满月出现在几乎不超过午夜时分南方地平线的位置。

影子变化

　　太阳系中每一个固体物都有一面被太阳直接照射，另一面则处于黑暗之中。晨昏线是将物体有阳光照射的一面与没有阳光照射的一面分开的线，也就是阳光照射的终点线。当然，当一颗卫星陷入它的主星的阴影中并发生食的现象时，晨昏线就消失了，因为没有阳光直射到被遮掩天体。此外，许多卫星的暗面往往不是真正暗，它可以被主星上从太阳反射的光照亮（例如月球的地球反照）。有些行星的晨昏线并不清晰，比如气态巨行星木星或被云层覆盖的金星，而是从一个半球逐渐融合到另一个半球。由于月球没有大气层，它总是显示出一个清晰的明暗界线，照亮和未被照亮的月球半球之间的分界线是清晰的。由于月球上朝向太阳的环形山和山脉的边缘向我们反射强烈的光线，起伏而多变的地形有最清晰的边界。与太阳呈平滑浅角度的较平坦的地区，如月海，在晨昏线上没有如此鲜明的明暗对比。虽然这些区域的晨昏线可以通过望远镜目镜在低倍率下追踪，但高倍率下将显示出从白天半球到黑夜半球的渐变。这种影响在摄影中表现得最为明显，为了防止在阳光下月球表面较亮的区域曝光过度，可能会造成晨昏线曝光不足。由于太阳是一个半度宽的扩展光源，晨昏线处的褪色要比假设太阳是一个点光源时更加明显。在月球的赤道，太阳大约需要一个小时的时间落山，这在晨昏线处产生了一个亮度梯度。在月的赤道，晨昏线——可以看到日出或日落的地方——大约有15千米宽（经度的半度），而太阳从第一次接触地平线到日落需要一个小时。由此可见，在赤道上月球晨昏线的运动速度平均约为15千米/时（相当于慢跑的速度），从一次日出/日落到下一次日出/日落，绕月球一圈需要29.5天，周长为

10,920 千米。

　　沿着月球晨昏线可以看到大多数地形细节，因为低角度的照明会从所有地形特征上投射出阴影。观测者可以看到几十米高的地势投下的阴影。我们可以花上无数的时间沿着月球晨昏线观看月球景观，包括从月球南部高地无数壮观的撞击坑到北部广阔的月海熔岩平原，再到更微小的细节，如穹隆、皱脊和月溪等。

2.6 迟 滞

　　在地球的赤道地区，黄道（和附近的月球轨道面）与东方地平线的夹角变化最小，月亮相连的两次升起间隔大约在 30 分钟到 1 小时。对于温带地区的观测者来说，月球迟滞要大得多，从几分钟到多达一个半小时不等。这是因为黄道同当地地平线的夹角与温带地区的纬度相差很大。在秋季满月前后，黄道与东方地平线的夹角很小，导致月亮每天晚上升起的时间只晚 15 到 20 分钟。收获月是最接近 9 月 23 日秋分的满月，之所以这样命名，是因为农民们可以在每天晚上较晚出现的明月的帮助下，从黄昏到黎明继续他们的农忙作业。在春季，黄道与东方地平线成陡峭的角度，这意味着满月前后迟滞期最大，月亮连续在傍晚上升的时间间隔最长。

2.7 大气现象

　　月球上的彩虹与太阳在地球造成的彩虹是在相同的环境下产生的：一个半径为 42 度的彩色圆弧直接位于光源的正对面。月球上的彩虹的最大亮度仅为地球上白天彩虹的四十万分之一，而且很暗，颜色较浅，被观测到的机会较少。在月球周围经常可以看到一个明亮的珍珠般的白色区域，即月华。与太阳日冕不同，日冕是太阳大气的一部分，而月华是月光经地球较低云层水滴时的反射和衍射引起的。有时观测到一到两个（很少有三个）彩色的光环环绕月球，这是由地球上层大气中冰晶对月光衍射造成的。有时，月晕可能是近幻月现象（月亮在其两侧 22 度处的漫反射图像），由月光在地球上层大气的冰晶之间的折射而形成。

2.8 ┃ 日食与月食

     太阳系中所有被太阳照射的固体物都在太空中投下阴影。由于太阳是一个扩展光源，从月球上看，太阳的直径约为半度。阴影由两个部分组成——本影和半影。本影是阴影中最暗的部分，是由太阳和物体的外部公切线形成的一个深阴影锥。半影是一种阴影锥，它的直径随着距离投射阴影的物体的远近而变化。半影围绕着本影，由太阳和物体的内部公切线形成。从半影的阴影内部看，只有部分太阳会被该物体所覆盖。半影的黑暗强度从半影外缘接近零逐渐上升到接近本影外缘的几乎全部阴影。

     地球投射出一个 130 万千米长的本影锥，到达月球的位置，穿过地球本影的部分直径超过 9000 千米，半影的直径约为 17,000 千米。月球本身投射出的阴影有时甚至几乎不超过地月的距离。

     月球不时地从太阳前面经过，便产生了日食。有时月球进入地球的阴影而产生月食。由于月球的轨道平面与黄道大约倾斜 5 度，太阳、地球和月球的精确排列不是每个月都发生的，只有当月球的轨道位于黄道面上时，食的现象才会发生。轨道几何学表明，地球在任何一年里最多可以经历 5 次日食和 2 次月食，或者 4 次日食和 3 次月食。

日　食

     只有在新月时，太阳中心距其中一个月轨交点（lunar nodes,

月球轨道平面与黄道相交的点）小于 18.5 度时，才会发生日食。太阳系最大的巧合之一便是，从地球表面看，太阳和月球的视角直径都在半度左右。月球的视角直径在近地点的 33 角分 29 角秒和远地点的 29 角分 23 角秒之间变化，太阳的视角直径在近日点的 32 角分 36 角秒和远日点的 31 角分 32 角秒之间变化。事实上，月球的视角直径可能比太阳的略小，这就意味着并不是所有的日食都包含一个日全食。当月球被观测到直接通过太阳前面，但由于太小而不能产生日全食时，就会发生日环食。此时月亮在中间，看起来像一个被明亮的太阳光环包围的黑色圆圈。

　　日全食是自然界最壮观的景象之一。有那么一会儿，太阳的

图 2.7　日食、月食及其相位动态的说明

圆盘完全被月亮遮住了。随着气温下降,观测的地点被黑暗吞没,短暂的沉默很快被观察者惊愕的喘息声打破。在日全食期间,明亮的恒星和行星变得更容易被看到,即便是那些位于太阳附近的恒星和行星。月球的边缘不时被太阳色球层的深红色日珥所点缀,其外层大气日冕上精致的珍珠状流光由太阳向外扩散。另一个日食奇观是"贝利珠"(Baily's Beads),这一现象是由太阳光穿过月球边缘的月谷而引起的,它给人一种镶满钻石的项链的印象。由于月球的本影几乎够不到地球(它在地球表面的直径通常是 100 英里①宽),因此日全食只能在地球表面的一小部分可见,而且日全食持续的时间永远不会超过 7 分 40 秒。

月 食

只有在满月与月球的一个轨道焦点之间的距离小于 12.5 度时才会发生月食。月食有三种类型:半影月食、月偏食和月全食。如果月球穿过地球的外半影阴影,避开本影,就会发生半影月食。半影阴影没有可察觉的颜色,呈灰色,外缘是肉眼无法察觉的。一般情况下,半影月食不会使满月变黑至非常明显的程度。月偏食的观测比半影食更令人满意:月球先是完全进入半影,然后部分进入本影。本影的外观通常是明确无误的。用 0 到 1 的等级表示月偏食的最大相位。例如,如果星等为 0.5,那么在最大月食时,月球直径的一半被本影覆盖。

每次发生月食时,本影边缘的清晰度略有不同。有时,本影逐渐消失为半影,但在其他时候,它可能显得尖锐和不模糊。本

---

① 英里是英制单位,换算成公制单位,1 英里约为 1.6 千米。——译者注

影可能会有明显的颜色，但如果月食是局部的，而且是较小的星等，月球未被遮挡部分的眩光会使估算本影的色相和色调变得困难。许多月偏食的照片显示在本影中几乎看不到细节或颜色，因为曝光时间短到足以防止月球未被遮挡部分的眩光，但又不够长，不能记录到被遮掩部分的细节。

在月全食期间，整个月球进入了本影阴影。月全食的最大可能等级为1.888，这意味着在月食时，月球最远处的边缘与本影边缘的距离为1.888个月球直径。月食会持续近2个小时，在这段时间里，你可以尽情欣赏这一天文学上最美丽的奇观。太阳光被地球大气层折射后会渗入本影阴影，因此月球很少会完全从我们的视野中消失。从月球完全被遮蔽的部分来看，地球看起来就像一个巨大的黑色圆圈，周围环绕着一圈明亮的折射阳光，其颜色主要是红色的。

月食不是完全可以预测的，本影的色调、颜色分布和强度总是变化的。这在很大程度上取决于月食的等级，此外，我们大气层中的云和高空尘埃也会影响反射到月球表面的阳光强度。太阳活动极小期与本影的强度和红色之间似乎有一种模糊的联系，但造成这种联系的原因尚不清楚。月食的黑暗程度与火山释放到地球大气中的尘埃数量之间存在着更明确和可预测的关系。1883年8月喀拉喀托火山爆发时，大量的灰尘被抛向大气层，似乎造成了1884年10月和1888年9月月食的黑暗。1992年12月月食的黑暗很可能是由1991年6月菲律宾皮纳图博火山爆发释放到高层大气的大量火山灰造成的。20世纪第二大火山爆发产生的尘埃迅速扩散到世界各地，从英国到澳大利亚看到的颜色多样的日落都归因于此。

2.9 月掩星

当一个遥远的天体，无论是恒星、行星还是深空天体，被月球暂时遮住时，就会发生月掩星。月球上没有明显的大气层，而星星又离我们很远，看起来就像点光源；当一颗恒星靠近月球边缘时，不会观察到衰减效应，这就是说当通过望远镜观察到月亮边缘的恒星时，它们的消失和重现几乎是同时发生的。行星在靠近黄道的轨道上运行，它们偶尔会被月球遮住。与恒星不同的是，行星有可观的直径，它们只有很短的时间被掩星，木星在月球前缘的平均掩星时间约 1 分 30 秒。

月球的视角直径约为半度，并以每天约 13 度的速度在星空背景下移动，每个太阴月占据大约 191.8 平方度的天空总面积，不到天球总面积的 1/100。因为月球轨道与黄道的倾角约为 5 度，所以容易被月盘遮挡的天空区域只位于黄道两侧 5 度的范围内。在 18.61 年的时间里，月亮遮蔽了黄道带 10 度宽的所有恒星，这相当于天空中所有恒星的 1/10。在这些恒星中，只有大约 100 颗足够近、足够大，可以通过掩星研究测量它们的实际直径。其中最亮的是金牛座的毕宿五，距离我们 65 光年，它是一颗不规则的变星，星等从 0.78 到 0.93 不等。掩星研究精确地测量了掩星时光线的下降，发现毕宿五的弧直径为 20 毫秒——相当于 50 千米外一颗恒星的视直径。

恒星掩星研究很重要，因为它们是确定月球相对于背景恒星运动的精确手段。掩星时间是监测地球动态时间（TDT）的参数之一，TDT 是计算天体事件星历的时间尺度。精确的掩星计时可以揭示地球轴向自转速率的微小变化。掩星计时可能导致恒星在天球上的公认位置出现光误差，或者导致恒星在天空中正确运动的修正。掩蔽恒星光线的褪色或交错效果可能表明该恒星存在一个或多个先前未被怀疑的伴星。这样的观测最好是在掠食掩星期间进行，当月亮的边缘刚好在最大掩星时接触到恒星，而恒星似乎沿着与月盘相切的方向掠食。月球的边缘是相当不规则的，当掠食的恒星消失在山丘和山脉后面，然后在月球的山谷中重新出现时，它们可能会断断续续地闪烁。

2.10 寻找其他天然卫星

月球轨道沿线的某些区域能够被一个小物体（或一组小物体）占据，而不用担心引力会迅速破坏到其他轨道。这些特殊的点被称为拉格朗日点，从地球上测量，它们存在于月球前后60度的位置。拉格朗日点并非月球所独有，所有行星大小的大型天体都有拉格朗日点。例如，木星的拉格朗日点被特洛伊小行星群占据，这些小行星群以与木星相同的距离和平面围绕太阳运行，但在这颗巨行星之前和之后各60度的范围内。

通过望远镜搜索可能位于月球拉格朗日点内的物体，迄今为止未能发现存在任何单个小卫星的迹象。如果它们确实存在，那么直径为20米、反照率与月球相同的小卫星在照片和CCD图像上的亮度将达到12等（完全照明时）。也有可能存在比这小得多的小卫星，但它们必须是篮球一般大小或者更小，才能在这么长时间内躲过探测。另一种说法是，在月球的拉格朗日点附近，可能存在由数十亿个直径从一厘米到小于一微米的微小粒子组成的大型弥散云，这些云所占空间的体积可能是月球本身的50倍。多年来，偶尔有人声称在照片和视觉上发现了类似幽灵的月球同伴，但这些说法都经不起严格的检验。在理想条件下，用大型广角望远镜进行的高级搜索一直未能发现这种幽灵云的任何痕迹。此外，我们知道，即使这些无形的特征存在，它们也不会存在很长时间——物质会像积累时一样迅速地分散到空间中。

对月球附近空间的摄影测量也排除了月球本身有任何明显的天然卫星的可能性。搜索是基于对照相底片的微观观察，也采用了大型专业望远镜进行了专门的搜索。一颗绕月轨道为 46,700 千米的卫星，将以每小时 1150 千米的平均速度，在 11 天多的时间内绕月一周。任何月球卫星的实际能见度取决于物体的大小、它的反射特性（反照率）以及它与月球强光的接近程度。如果在月全食期间进行搜索，那么当月球被地球的本影笼罩时，上述最后一个因素的影响可能会大大减少。在这种情况下进行的搜索也没有发现任何相关的东西，我们可以相当肯定地说，在绕月轨道上不存在大于 30 米的物体（这个相当大的尺寸假设了反照率与月球的反照率一样低）。近月空间无疑充满了数十亿个微小的小卫星，从微小的尘埃颗粒到相当大的流星体，每颗都沿着自己那注定的小轨道巡转。随着月球的重力扫掠物质，这些天体的供应不断得到补充，其中大部分是彗星尾迹中留下的微流星体碎片。

第三章

对比之下的世界

我们已经看到，我们的卫星并不总是一个平静的球体，它的一些地形特征的名称就暗示了这一点，如静海、欢乐湖和梦沼。亿万年来，无数的流星体、小行星和彗星核与月球发生了碰撞，再加上火山的共同作用，这些随机的撞击极力雕刻出宏伟的月球表面，我们现在通过望远镜观察而对此惊叹不已。

图 3.1　按大小比例划分的月球和类地行星

太阳系中的其他固体世界也受到过这样巨大的塑形力的影响，其中一些天体成了小行星撞击威力明目张胆的"广告"，而其他天体则显示出大量证据，表明它们从内部广泛地模拟了火成岩活动或者其他热相关活动。许多行星和行星的卫星以不同的程度见证了这两个过程。太阳系的少数固体世界拥有厚厚的大气层，能够通过风剥蚀、水蚀和沉积作用为其表面地形增加新的塑造维度。据我们所知，只有一个世界——我们自己的地球——拥有动态的生物圈。生命已经对我们星球的外观产生了巨大的影响，而人类活动现在有可能引发更剧烈，甚至可能是灾难性的变化。

水星、金星、地球和火星这四颗类地行星上的许多特征与月球特征惊人地相似。然而，月球上没有明显的类似地球大洋中央的脊、金星绵延的山地高原和火星极地附近的阶梯状特征。太阳系的四大行星——木星、土星、天王星和海王星——被排除在我们的讨论范围之外，因为这些都是气体巨星，没有可识别的固体表面。

3.1 水 星

有着 4880 千米的直径，处在太阳系最里面的行星水星比月球还要大一些。最大的时候，水星视直径达到 12.9 角秒，相当于月球上门纳劳斯撞击坑的大小。水星表面布满了撞击坑，与月球的高地地区有着惊人的相似之处。仔细观察会发现水星上有十几种不同的地形，最古老的由高度侵蚀的古老撞击坑和盆地组成，其间点缀着较年轻的撞击坑区域、平坦的平原、丘陵平原、山脊、悬崖和裂缝。所有这些类型的特征都可以在月球上找到。水星撞击坑的大小、范围和它们的不同类型与月球非常相似。这里有碗状的小撞击坑，有具备中心山峰的大撞击坑，有阶梯状地形和射线系统，还有许多深色的底面平原。这些撞击坑大多是在30亿到45亿年前由陨石撞击形成的。由于水星的引力是月球的两倍多，相对于月球上的撞击坑，射线系统和喷出物覆盖层往往覆盖的面积更小。水星和月球之间最重要的区别是没有明显大片的平原。水星最大的单体地形特征是卡路里平原，一个直径长达1300千米的盆地，比月球的雨海略大。卡路里平原是一个小行星撞击盆地，它因为位于水星上最热的地区而得名（卡路里平原的拉丁语名称为 Caloris，"热"的意思）。撞击产生的冲击波形成了同心的地壳断层，随着地壳调整以适应应力，这些断层变成了陡峭的陡坡和山脊。辐射到卡路里周围的有绵延数百千米的山脊和山谷。撞击发生后，盆地部分被熔岩填充。卡路里平原和月球远地端东海的视觉对比相当惊人。水星的故事还有很多。它的金属内核比月球的大得多，可能超过了行星本身直径的70%。水星形成后，随着核心冷却，它的体积缩小了，随后的地壳调整和数千米长的地壳收缩导致了奇怪褶皱的形成。虽然在地形上相似，但月球上的皱脊（山脊）比水星上的要小得多，也不那么明显，而且它们只出现在月海中。月球的脊很大程度上是月海收缩的产物。

作为离太阳最近的行星，水星被阳光照射的表面变得非常热，人们一直认为水星不可能有冰沉积物。但在1991年8月，加州理工学院的一组天文学家利用加州喷气推进实验室的戈德斯通天线发射的高功率波束，拍摄了一系列出色的水星表面雷达图像。在新墨西哥州的超大阵列射电望远镜接收到雷达反射后，数据被汇编成一张地图。研究者不仅发现了水星表面凹凸不平、坑坑洼洼的地形，而且还探测到了来自水星北极地区的强烈雷达回波，在观测之时，该地区恰好极度朝向地球倾斜。这张清晰的雷达图像显示出一个直径约 400 千米的亮点，被解释为存在大型水冰沉积的证据，就像雷达（来自月球轨道）为月球极地的冰沉积提供的证据一样。如同月球上的冰沉积物一样，水星的极地冰（如果存在的话）可能是在冰冷的彗星核撞击中到达那里的，并被困在深深的、永久充满阴影的撞击坑中。

3.2 ╿金 星

由于金星的云层很厚，它的表面永远隐藏在肉眼看不到的地方。幸运的是，雷达（来自地球和环绕金星的探测器）提供了一种极好的手段来辨别金星表面的细节。早期的雷达地图显示出的更亮、更容易被雷达反射的区域被认为是丘陵或山区，而较暗的区域则被认为是平坦的平原。有一件事是显而易见的——金星没有像月球那样的圆形月海盆地。

金星有两种不同的地形。金星的大部分被低起伏地貌所覆盖，这种单调的地形约占地表的90%。有三个主要的高地高原，其中最大的"阿佛洛狄忒台地"的面积大约相当于整个月球的面积。这片巨大的山区位于赤道以南，绵延近大半个星球，有时它的海拔会超过7千米。黛安娜深谷巨大的沟壑将高原一分为二，这条沟宽280千米，深4千米。相比之下，月球的阿尔卑斯大峡谷只是一个小裂谷。伊什塔尔台地位于金星的北纬地区，比阿佛洛狄忒台地略小，它拥有该星球上最高的山，即11千米高的麦克斯韦山脉，比月球上最高的山高出大约3千米。

金星上绵延不断的山地大陆似乎是在没有板块构造和板块边缘活动的情况下，经历了数亿年密集火山活动的结果。地幔中的热点刺穿了星球相对静止的地壳，使得大量的物质聚集到地表，并蔓延到局部地形。

金星上一些较小的地形特征类似于月球的某些部分。金星上到处都是撞击坑，中央山峰、阶梯状壁墙和碎片系统围绕着它们。

有些撞击坑位于高海拔的地方,包括金星地壳上明显的圆形隆起,很像月球穹隆顶部的小撞击坑。但有几个例子显示,这些圆形隆起似乎已经坍塌,形成了大量的凹坑,而且没有凸起的边缘,在月球上没有可比较的对象。金星的一部分被平行的线性沟纹划过,类似于在月球许多地方发现的月溪。

3.3 地 球

从远处把地球和月球进行比较，就会发现没有两个天体在历史、组成、形态和外观上是如此完全不同。不过表面现象可能会造成误导，通过近距离研究发现，地球的许多特征在地形和结构上都与月球相似，其形成模式与月球几乎相同。

地球在其历史上曾无数次受到陨石和小行星的撞击。由于它是一个更大的目标，因此地球早期历史上受到的撞击一定比月球更强烈。据估计，在过去的 6 亿年里，地球上发生了大约 2000 次重大的撞击事件。然而，与数十亿年前的宇宙大灾难相比，即使是这个阶段也必须被视作静止的。古代撞击的地形证据在很大程度上已被板块构造和火山作用的强大力量，以及动态的大气、水圈和生物圈所抹杀。不足为奇的是，今天只有少数撞击留下的痕迹可以确定。

古代的撞击一定对地球的发展产生了重大的影响。如果地球躲过了宇宙里的多次撞击，全球地图将会大不相同。大约 30 亿年前，与掘出月球雨海盆地的撞击强度相同的撞击，能够很容易粉碎年轻的地球薄地壳，激发大规模的火山活动。这样的事件足以触发一个构造活动阶段，并影响地壳动力学，足以改变整个板块的最终形态。

我们对 40 亿年前的地球几乎一无所知，我们永远不会发现地球表面是如何在更早的时间内被外力塑造的。我们清醒地认识到，在我们对地球历史的初步了解开始之前，很多通过望远镜可以看到的月球特征已经被完整地保存了下来。

看一看地球地图，我们不难辨认出一些撞击坑高度侵蚀边缘的轮廓，其中最大、最突出的一个位于加拿大哈德逊湾的东岸。这里留有一个直径约 450 千米的古老撞击坑的边缘痕迹，这一地貌的中央山脉以贝尔彻群岛为明显标志。还有许多其他的海湾，虽然看起来像是撞击地点，但实际上是由完全合理的陆地过程形成的。例如，有人认为墨西哥湾标志着一个主要的古代撞击坑的北部边缘，这个撞击坑和月球南极的艾特肯盆地一样大。然而，确凿的地质证据并不支持这一观点。

第一个被发现的地球陆地撞击坑，也是迄今为止最著名的撞击坑，是亚利桑那州的巴林杰流星陨石坑。巴林杰陨石坑直径 1.3 千米，深 175 米，边缘高出周围地貌 40 米以上，以月球的标准来看，它并不大。如果移植到月球上，它将是一个较小的撞击坑，需要至少 300 毫米的望远镜才能从地球上识别出来。据估计，它是在大约 2.7 万年前由一个直径约 70 米、重达 200 万吨的铁镍体撞击形成的。世界各地的人类无疑都经受了这次撞击的影响。

在地球的另一边，在澳大利亚西部的沃尔夫溪，坐落着另一个由石油勘探者于 1947 年发现的比例非常漂亮的撞击坑。沃尔夫溪陨石坑比巴林杰陨石坑略小，直径只有 859 米，底面深 30 米。虽然它比巴林杰陨石坑形成早了至少两万年，但和巴林杰陨石坑一样，在遗址周围发现了原始撞击星的碎片。

澳大利亚还有许多其他的撞击坑。著名的亨伯里陨石坑群，就在艾丽斯斯普林斯的南部，包含一个面积约 1.25 平方千米的椭圆形区域。其中最大的一个撞击坑形状像月球上的梅西耶撞击坑，但要小得多，大小为 220 米 × 110 米，底面深度达 15 米。因为这些撞击坑离得很近，撞击体一定是在低空解体的，然后从西南方向撞向地面。撞击可能发生在过去 5000 年内。如果是这样，它会给该地区的早期居民留下深刻的印象。土著的传说告诉我们，亨伯里陨石坑被称为"太阳走火魔岩"。

　　大约6500万年前，白垩纪晚期的恐龙可能目睹了一次重大的小行星撞击，摧毁了（现在的）尤卡坦半岛地区。在地下数百米深处，人们首次在一系列航空磁测中发现了一个长达200千米的巨大撞击坑。目前关于许多恐龙物种灭绝的理论认为，这个撞击坑的年龄、大小和位置都恰好与造成这场灾难的原因相符。这个撞击坑被命名为希克苏鲁伯撞击坑，得名于位于该地点之上的一个墨西哥小镇，它的大小与月球上的克拉维斯环形山相当。

　　随着地质调查方法的日益成熟，发现的地球撞击坑数量不断增加，有已知的超过100个撞击点分布在地球表面的各处。毫无疑问，未来几年还会有更多的撞击地点被发现。

3.4 ┃ 火 星

　　这颗红色行星的直径为 6790 千米，是月球直径的两倍多。它的望远镜表观尺寸在 3.5 角秒到 25.7 角秒之间变化，与月球上的班廷环形山和中等规模的莱因霍尔德撞击坑的表观尺寸相当。

　　和月球一样，火星也有两个截然不同的半球。火星的南北半球在外观上有明显的不同。南半球覆盖着许多月球型的陨石撞击坑，比北半球平均高出 3 千米。北半球经历了广泛的火山活动，平滑的熔岩平原覆盖在古老的地壳上，许多巨大的盾形火山高出周围地面。火星的黑暗区域主要位于南半球，在一个几乎连续的区域上环绕着火星。许多较暗的区域直指北方。大瑟提斯区是这些特征中最突出的。太阳湖，所谓的"火星之眼"，是一个有趣的暗斑，位于一个更加明亮的圆形区域内，由一条昏暗的新月形地带勾勒出轮廓。阿西达利亚平原是北半球最突出的暗带。火星上有许多更明亮的地形特征，包括希腊平原、阿耳古瑞平原和埃律西昂山。火星上黑暗、斑驳的区域并不总是符合表面地形——就连大瑟提斯的形状也不符合陆地的地形。形成许多深色区域的深色物质通常来自小型撞击坑，它们是被火星风吹到局部表面的。色调和形状的变化与季节风的变化相对应。某些地区的轮廓确实反映了下面的地形。希腊平原和阿耳古瑞平原的明亮区域保留着古代撞击盆地的圆形遗址，其大小与月球的雨海和东海相同。这些明显的火星区域的内部已经被风积沙填满了。

　　大多数大型火星撞击坑都是由小行星撞击产生的，数百万年之后的风化改变了它们的外观。陡峭的内部斜坡通常有明显的沟壑，类似于地球上的巴林杰陨石坑，可能是被流水切割的。位于阿西达利亚平原上的阿兰达斯撞击坑看起来非常像月球上的阿尔佩特拉吉斯撞击坑，其中央也有类似的巨大地块。阿兰达斯撞击坑和许多其他火星撞击坑的有趣之处在于周围地形中存在奇特的"泥溅"（mud-splash）图案，这表明它对潮湿或冻结的地面产生了影响。另一个独有的特征是撞击坑和其他明显地形周围的景观呈流线型，这表明火星历史上有大量的水流动。不用说，像这样独特的构造在月球上是找不到的。

塔尔西斯地区是火星上最壮观的撞击区域，有四个主要的盾形火山，遍布整个地貌。其中最大的是奥林帕斯山，这是一座基底宽 500 千米、高 24 千米的巨山。为了说明它的巨大，如果把它移植到月球上，这座火山将很容易覆盖湿海，其峰顶将在当地日出前 14 小时左右接收到阳光。

水手号峡谷群位于塔尔西斯东南方，是由地壳裂谷作用形成的巨大峡谷，几乎有 5000 千米长。如果放在月球上，它将从月球的一个极点延伸到另一个极点。相比之下，类似的月球山谷，如阿尔卑斯大峡谷和施洛特尔月谷都相形见绌。火星和月球的其他相似之处还包括线状裂缝和弯曲的通道，尽管后者的大部分可能是被流水切断的，这种现象在月球上从未发生过。

3.5 火星的卫星

　　火星的两颗卫星火卫一和火卫二都是微小的天体。两者都是由岩石构成，形状不规则，布满撞击坑。火卫一大小为 27 千米 × 23 千米 × 19 千米，火卫二大小为 16 千米 × 11 千米 × 10 千米。两者的表面都像柏油路一样暗，只反射 4% 的阳光。火卫一主要由斯蒂克尼撞击坑组成，这是一个又大又深的撞击坑，直径不少于卫星平均直径的 1/3，与月球上云海的德雷伯撞击坑差不多大。火卫一的表面布满了平行的沟槽。仔细观察就会发现，这些沟槽是由直径达几百米的环形山链相互连接而成的。这些奇怪标记的起源无疑与斯蒂克尼撞击坑的形成有关。它们有可能是在撞击之后，火卫一内部的水冰过热，从而爆炸到表面，由瞬间爆发的小型气体喷发出来的。月球上确实存在类似的撞击坑链，但在大多数情况下，这些撞击坑链是由重大撞击喷出的物质冲撞形成的。

　　火卫二和火卫一一样，表面有很多坑洼。它的表面比它的姐妹卫星要光滑得多，表面似乎覆盖着细粒土和几十米深的大卵石。虽然月球表面有一些区域被类似纹理的碎片覆盖，但这种覆盖在月球上的程度似乎并不大。有人认为火卫二躲过了火卫一的巨大打击，因此有足够的时间积累流星状的"喷砂"（sandblasted）表土。

3.6 ┃ 小行星和彗星

近距离研究每一颗小行星，发现它们都布满了撞击坑，其中一些撞击坑的直径相当于小行星本身的直径。小行星 951 加斯普拉是一个规格为 16 千米 × 14 千米 × 12 千米的岩石天体（大约与火星卫星火卫一大小相同），它的体积大约等于月球哥白尼撞击坑的内部大小。加斯普拉布满了小型撞击坑，有些显示出微小的射线系统。横穿小行星表面的凹槽可能是过去一次大的撞击造成的。有趣的是，这个微小的星体被认为具有比月球表面任何星体都强的明显磁场。小行星 243 艾达有一个长 52 千米的撞击坑，显示了流星撞击的悠久历史，许多时代的撞击坑都能在上面看到。像加斯普拉一样，艾达显示出的凹槽表明它曾经是一个经历了灾难性分裂的更大物体的一部分。近地小行星 4179 托塔蒂斯是一个直径约 7 千米的双叶天体。它的表面布满了撞击坑，最大的撞击坑长约 1 千米。253 号小行星玛蒂尔德是一颗微小的行星，其暗度是月球平原的两倍多。玛蒂尔德直径为 59 千米 × 47 千米，表面有大量的撞击坑。这颗漆黑的小行星上有 5 个直径超过 20 千米的撞击坑，其中最大的撞击坑超过了小行星直径的 3/4，深约 10 千米！按比例计算，这个撞击坑是太阳系中所有星体上最大的撞击特征，甚至比火星的卫星火卫一上的斯蒂克尼撞击坑或月球南极 - 艾特肯盆地上的撞击坑还要大。玛蒂尔德是如何在遭受如此重创后完好无损地存活下来的仍然是一个谜，无论如何，它早就应该被砸成碎片了。小行星灶神星直径 480 千米，表面有暗有亮，但还没有近距离被拍摄过。据认为，灶神星的表面是由撞击和火山作用形成的，很像我们的月球。

　　哈雷彗星的彗核是一个不规则的梨形脏冰团，大小 16 千米 ×8 千米。它的表面覆盖着浅洼地、撞击坑、丘陵、山脉、山脊和阶梯状结构。有一个位于两个明亮的活跃区域之间的撞击坑，通过观察发现它有一个尖锐的边缘和明显的中心山峰。哈雷彗星冰核的实际大小和形状可以与丰富海上细长的梅西耶环形山进行很好的比较。巧合的是，梅西耶和梅西耶 A 撞击坑因其细长的射线而被称为"彗星"双胞胎，向西延伸超过 100 千米。

3.7 木星的卫星

　　已知的木星卫星有 16 颗，其中的 4 颗伽利略卫星（木卫一、木卫二、木卫三、木卫四）非常大。木卫三和木卫四的直径分别为 5216 千米和 4890 千米，比水星还要大。木卫一的直径为 3636 千米，比我们的月球还要大。木卫二是最小的伽利略卫星，直径为 3130 千米。其他的木星卫星相对较小，从不规则的木卫五（270 千米 × 171 千米 × 150 千米）到直径只有 15 千米的极小的木卫十三。

　　木卫三没有可感知到的大气。这是一个主要由冰和碳质化合物组成的世界，它的反射率比月球表面高几倍。木卫三有许多布满撞击坑的古老地壳区域，其间夹杂着被内部活动加热和改造的区域。和月球一样，木卫三也一直是许多流星体和小行星的目标。木卫三表面的冰冻性质意味着古老的撞击留下的痕迹无法保存下来，月球也没有把这些特征保存下来。一些对木卫三较大的撞击痕迹被明亮的同心地壳沟和山脉清晰地勾勒出来，类似于围绕着月海盆地的断层系统。木卫三较小的特征包括具有中心高地的撞击坑和像月球上类似那样的射线系统。

　　木卫四的外观与木卫三相似，总体成分相同，但更轻的冰和更少的岩石物质占有更大的比例。木卫四的表面点缀着明亮的撞击坑、喷出物系统和同心的断层环。由于木卫四是一个冰冷的世界，在上面一定程度的物质流动已经发生，这使得大型撞击盆地变得平坦。大的撞击坑已经被填满，形成了一种相当平坦的地形。在木卫四的发展历史上，内部加热和表面变形活动是可以忽视的，

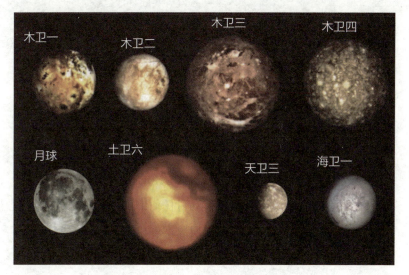

图 3.2　月球与其他大型卫星的比较

而且肯定也没有火山活动。

　　木卫一是一个充满岩石的世界，由硅酸盐和硫组成。它是目前唯一处于活火山活动状态的行星卫星，它的表面特征是整个太阳系中最新的。木卫一上的活火山在卫星表面 300 千米的高空以巨大的羽流喷射物质。潮泵效应是木卫一火山活动的原因。由木星、木卫二和木卫三的共同引力引起的巨大内部潮汐导致木卫一的地幔周期性摩擦加热。据估计，木卫一的地壳会出现 100 米的潮汐隆起——是月球在地球作用下的 100 倍。

　　乍一看，木卫一的表面与月球完全不同。在过去，大型小行星无疑曾多次撞击木卫一，但撞击留下的伤痕早已被抹去。木卫一的撞击坑边缘口大致是圆形的，在它们的末端有喷射物质形成的彩色环。木卫一上没有射线系统、山脉或链状撞击坑，因为它的表面一直处于动荡之中。

　　木卫二是一个冰雪世界，表面冰与硅酸盐的比例大于木卫三或木卫四。木卫二的平均密度表明，它的冰面只延伸到地表以下100千米，其余部分都是由硅酸盐组成的。木卫二是太阳系中最光滑、地形最平淡无奇的卫星，它的特征就像台球上的铅笔标记。木卫二上面覆盖着几千米宽、几百米深的薄裂缝，有点像月球上的月溪。有些裂缝，如阿斯特留斯线，在木卫二表面绵延数百千米。在木卫二的表面上没有大型的撞击坑状突起，目前已知的超过20千米的陨石坑只有3个。这种奇怪的单调景象表明木卫二的冰表面是新的，冰已经快速移动过任何旧的撞击特征，在扩展时吞没并侵蚀它们。在木卫二外层冰层和内部岩石核之间可能有一层液态水，地球海冰的裂缝和木卫二地壳的裂缝有很大的相似性。有观点认为，木卫二有冰冻的地壳板块，带有特殊的"冰火山"，由内部加热提供燃料，喷出的是温暖的泥浆流，而不是热熔岩。因为木卫二内部温暖，地壳下有液态水组成的海洋，所以从外部来看，在木卫二这个孤独的前哨有可能发展出了某种形式的原始海洋生物。

木星的其他卫星都是不规则的，上面布满了撞击坑。这些天体不太可能像伽利略卫星那样是在木星附近形成的；相反，它们是被木星的引力从各自独立的小行星轨道上拉过来的。"伽利略号"探测器从1995年开始对这颗巨行星进行调查，在它坠毁前获取了一些天体的高分辨率图像。

3.8 土星的卫星

土星有 17 颗相当大的卫星。土卫六是目前为止最大的，直径为 5150 千米。这颗卫星的表面从远处看不见任何东西，因为它被一层厚厚的黄色的氮和甲烷包裹着。大气带产生赤道带和极环。土卫六厚厚的大气层很大程度上可能是由彗星和星子的撞击形成的。在土星的其他卫星中，土卫五、土卫八、土卫四、土卫三、土卫二和土卫一是球形天体，它们都主要由水冰组成。土卫五的直径为 1500 千米，略小于月球直径的一半。土卫五具有非常高的反射率，其表面在很长一段时间内经历了沉重的轰击。一些撞击坑是古老的、受过侵蚀的，而另一些撞击坑看起来相对年轻，边缘明亮、尖锐。土卫五有几个超过 50 千米的大撞击坑，大部分都有突出的中央高地系统。土卫五的大部分地区类似杂乱的月球南部高地，表面的一些地方布满淡淡的、纤细的条纹，表面上看起来像月球射线，但它们的起源可能来自内部，是由冰沿着地壳裂缝的侵入造成的。土卫八是土星的第三大卫星，直径 1400 千米。由于其表面的一半比另一半有更好的反射率，因此其视亮度在延伸到任一侧时变化 1.7 个数量级。土卫八的正面只反射了 5% 的入射阳光，而另一个半球则反射了 50% 之多。暗半球可能是暗物质被挤压到其表面的结果。土卫八上的许多撞击坑都有深色的底面，造成它们的撞击一定在冰冷的地幔中暴露并熔化了冰冷地幔中较暗的物质。一些喷射系统也比周围环境更暗。

土卫四的直径为 1100 千米，比土卫五小，但这两颗卫星在外观上相似，表面有许多撞击坑和光条纹。土卫四和土卫五具有相似的历史和构造。土卫三的表面很有趣，到处都是撞击坑和巨大的裂缝，其中一个裂缝的长度超过了土卫三的直径（1040千米）。这个被命名为伊萨卡峡谷的地貌可能是由地壳张力形成的，就像许多月球月溪一样。新生土卫三的地壳在其内部提前凝固，当内部开始冻结时，它膨胀了，地壳出现了巨大的裂缝。土卫二的表面起伏是土星卫星中变化最大的；土卫六可能是个例外，因为土卫六的表面还不为人知。土卫二上有许多独特的地形，其中最引人注目的是大片没有撞击坑痕迹的区域。因此，土卫三可能遭受过相当大的加热，直接熔化了所有覆盖在上面的旧伤疤。也许这些平滑的区域形成于2亿年以前。土卫一直径390千米，布满了密集的陨石坑，其中一个亚瑟撞击坑直径达150千米，超过了这颗卫星直径的1/3。产生亚瑟坑的撞击几乎完全摧毁了该卫星。在亚瑟撞击坑的一些地方，深度达10千米，还有一个陡峭的内壁墙和4千米高突出的中央山峰。

3.9 ┃ 天王星的卫星

天王星有 15 颗大型卫星。天卫三，直径 1590 千米，是天王星最大的卫星，它经历了相当大的地壳张力和断层影响。巨大的陡坡在该卫星的冰面上蜿蜒而过，许多陡坡与月球上的阿尔泰峭壁相似。断裂可能发生在天卫三形成后，由于当时内部无法支撑，引起固结的地壳塌陷。天卫三上面直径达 50 千米的撞击坑比比皆是。这颗卫星非常粗糙的表面结构表明，最近不太可能发生地壳加热和熔融。天卫四直径 1530 千米，由冰和岩石组成，其斑驳的表面整体反射率约为 20%，其中夹杂着一些颜色较深的物质。它上面布满了撞击坑，周围环绕着明亮的光晕和射线。其中一些撞击坑有深色的底面，就像土卫八上的一些撞击坑一样。天王星的主要卫星中最暗的是天卫二，反射率只有 15%。它的表面布满了巨大的撞击坑。一个直径 150 千米的明亮环的反射率是天卫二平均反射率的两倍，其亮度与阿里斯塔克撞击坑的内壁相当。天卫一直径为 1160 千米，只有月球的 1/3 大，最亮的区域反射多达 50% 的阳光，而最暗的区域仅反射 20%。它的表面经历了比天卫三、天卫四和天卫二更动态的变化。这颗卫星的早期历史可以从其表面许多被侵蚀和变形的撞击中得知。它的形成，伴随着一个复杂的历史，包括撞击、地壳熔融和冰层运动，以及广泛的断层的形成。天卫一的许多特征，比如地壳熔融和冰川流动，与月球表面上看到的任何东西都不相似。

在天王星的所有卫星中——事实上是在整个太阳系中所有近距离能观测到的卫星中——最奇怪的卫星一定是天卫五。这个奇怪的小世界，直径只有 480 千米，有着复杂的历史，包括活跃的构造、地壳熔融和运动、冰川作用和小行星撞击。在一些地区存在着非常古老的圆形撞击伤痕。其他地区有大量的条状断层和线性沟纹。冰壳的一些部分被巨大的棱角分明的悬崖一分为二，其中最陡峭的悬崖比周围环境高出 18 千米。天卫五有一种有趣的地形，叫作"最大马戏场"，是由同心沟槽和山脊大致呈圆形的结构组成的。月球上根本没有类似的东西。

3.10 ┃海王星的卫星

　　海卫一直径 2700 千米，大小相当于月球的 75%。海卫一的地形变化很大。这里有非常平坦、毫无特色的平原，有一种被称为"哈密瓜"地形的奇特地貌，还有经历过冰川作用的古老山谷。有趣的是，海卫一上没有非常大的陨石坑。而黑斑似乎是当地地壳熔融的地方，这一点令人感到奇怪。活跃的间歇泉向海卫一表面上方 20 千米处喷射物质，并被高空的风吹歪。

　　海卫一可能曾经是一颗被海王星引力俘获的独立行星。像许多其他天体一样，海卫一也遭受了相当大的潮泵效应和内部加热，这改变了它原来的地形。人们认为这颗卫星有一个被冰层包围的巨大岩石内核。

　　最靠近海王星的卫星海卫八是一个土豆形状的天体，长度为 400 千米。它暗淡的灰色表面（反照率只有 6%）布满了大量的撞击坑，其中一个非常大的撞击盆地在大小和侵蚀程度上都与月球上的德朗达尔撞击坑相似。该卫星上面有许多线性结构，这些结构可能是由重大撞击造成的地壳断裂塑造的。

　　我们通过这次太阳系的比较之旅发现，许多存在于其他星球上的地形特征与月球表面的某些部分有很大的相似之处。在某些情况下，相似之处只是基于一般的外观比较，但也有直接的地质比较，即使是在表面是冰的卫星上也如此。尽管塑造太阳系每个星体世界的过程有限，但最令人惊讶的事实是，它们中的每一个都明显不同，但很少有像我们的姐妹星球月球那样多样而又宏伟的。

第四章

观测和记录月球

如今，月球上发生的巨大变化并不频繁，上一次活跃的火山活动发生在十几亿年前。在月球表面 600 多千米以下温暖而坚实的月幔区域，厚厚的月壳底部会发出奇怪的隆隆声，这是月球内部活动的唯一迹象。长期以来，月壳屈服于所有被压抑的应力，因此产生了变形和断层。虽然小行星对月球的撞击确实不时发生，但最后一次重大撞击事件可能发生在人类文明出现很久之前，撞击产生了一个大到可以通过放在家庭后院的望远镜就能看到的撞击坑。自从望远镜发明以来，很可能还没有发现通过后院望远镜就可以看到的月球特征。确切地说，17 世纪早期伽利略通过微型折射望远镜观察到的月球与 21 世纪望远镜目镜观察到的月球可能完全没有区别。

直到 19 世纪摄影技术出现之前，在目镜下绘图是记录月球特征的唯一手段。一个多世纪以来，对研究月球感兴趣的专业天文学家通过望远镜进行观测时不再需要带着铅笔和画板。现在，月球表面的地形——包括近地端、远地端和极区——已经被绘制成非常详细的地图，月球表面的组成也很清楚了。如今，除了为了给新学生的观测留下深刻印象或测试新设备外，很少有专业天文台会将大型望远镜对准月球。对昏暗深空天体的观察者，无论是专业的还是业余的，都认为月球是一个令人讨厌的东西，是一个很不方便的光污染源，因为它的强光会淹没来自遥远星云和星系的微弱光芒。

观察月球几乎完全是业余天文学家的工作。任何带着目的观察月球的人都可以被称为月球观测者。其目的可能是试图用一个简单的裸眼十字杆来测量月球在运行过程中表观直径的变化；或者可能是进行艰苦的研究，例如，在一个非常大的望远镜目镜上，对湿海低皱脊的外观变化进行研究。这两项活动位于月球观测光谱的两端，它们的目的在于回答科学问题。但为了纯粹的视觉享受而观察月球也是一种同样合理的追求。凡是用望远镜观察过月球的人，几乎都为它的宏伟壮观所折服，观测月球表面不断变化的景色就像欣赏印象派画作一样令人兴奋。许多月球观测者会坦率地承认（当然包括我），他们经常把自己的望远镜目镜想象成自己的航天器在月球表面盘旋时的舷窗。仅仅通过望远镜看到月球表面，就能够定位和识别月球的主要特征，这足以让许多月球观测者满意了。但是，许多月球观测者想要让他们在月球表面的探险留下永久的记录，从而能使他们在月球观测上的乐趣更进一步。

4.1 绘制月球

数码相机、摄像机、网络摄像机和专用的天文电荷耦合器件（CCD）相机能够获得月球的详细图像，记录视觉观察者无法以任何程度的准确性绘制出的特征。那么，还有什么可能的原因令观测者绘制月球的特征呢？这似乎属于一项过去遥远的活动。可以肯定的是，即使是通过小型望远镜，月球表面看起来也非常精细，以至于只有专业的观测艺术家才有希望准确地画出哪怕其中的一小部分。可 CCD 相机可以在很短的时间内毫不费力地完成这一切，那么上述绘制究竟还有什么意义呢？此外，当整个月球表面都已经被精确地绘制出来的时候，为什么还要费劲地通过后院的望远镜来绘制甚至成像呢？

如今，这样的论点被用来无视那些描绘月球特征的观测者所做的努力，或者就此而言，对任何其他天体的观测绘画都是如此。这些争论完全忽略了这么多月球观测者选择绘制月球表面的意图。学习如何绘制月球的地形特征是一项可以潜在提高业余天文学家所有观测技能的活动。

月球表面有数百个撞击坑、山脉和广阔的灰色平原，新手可能会对它感到非常困惑，但随着时间的推移，会越来越熟悉它。新手经常惊讶于光照的效果是如何随着距离晨昏线的距离而变化的——在晨昏线附近的撞击坑看起来非常深，但离晨昏线稍远一点，它们看起来可能就没有那么深了。起初，观测者拿着地图，可能很难把从望远镜看到的景象与地图上标记的主要地形特征联系起来。但是，当这些主要的地标被注意到，它们可以用作朝其他更微妙的地形特征跨越的垫脚石，而这些地形特征最初可能被忽视了。毫无例外，观测者辨别月球细节的能力将随着他通过望远镜目镜研究月球表面所花费时间的增加而提高。

仅仅通过望远镜，并借助地图、照片或书面描述来研究月球，既磨炼了观察的技巧，也持续不断提高了学习经验。不过还有一种方法也可以提高一个人的观察能力，而且这种能力与了解环绕月球的路径有关，那就是花时间画出个别的地形特征或一小组地形特征。将全部注意力集中在月球上的一小块区域，而不是让眼睛在月球表面漫游，大脑就会开始从明暗交错中寻找有意义的点，因而可以从地面上最初看起来像一个普通黑洞的地方提取到细微的地形细节。当观察者试图尽可能准确地画出一个小特征时，他就可以识别出更多的细节。

对自己的绘画能力有信心是很重要的。绘画应该是一种享受追求的过程，但许多人在学校艺术课上获得的体验往往是消极的，这点令人惊讶。如果是这样，我允许你无视美术老师告诉你的一切！月球观测者并不是什么奇怪的夜行艺术学生——没有人会为一幅观察画的艺术天赋或美学吸引力而打分。重要的是观察者在观察过程中所付出的努力，观察的诚实性和准确度是最重要的。练习的目的是为了了解月球的地形，注意观察通过目镜所看到的细微细节，并尽可能将它们记录下来，而绝不是创作一幅艺术杰作。最终的成果将是观测者努力的结晶，也是绕月飞行的永久记录。请观测者不要扔掉它们，把所有的月球观测资料都放在一个文件夹里，随着时间的推移，也许会惊喜地发现自己的进步。

色调草图

在目镜上，可以通过一幅相当详细的月球地图来找到观测者的方位，这在望远镜上很容易操作。这本书包含的月球地图的影印本可能会很有用。选择并识别观测目标，比如一个单独的撞击坑，最好是一个靠近晨昏线的撞击坑，在那里可以看到最清晰的地形细节（画出完全没有阴影的特征本身就是一项专业技能，见下文）。如果你选择观察的地形特征在你的地图上没有标记，那么请记下附近任何比较明显的地形特征，这可以帮助你以后识别该地形特征。如果可能的话，回到室内用你的地图作为指导，用铅笔画出你所选择的区域内地形特征的基本轮廓。注意标记比例并正确安排它们，这会节省时间，并让你的目镜观测占尽明显的优势。记住，靠近月球边缘的地形特征受天平动影响，从地图上复制的轮廓可能与你那个晚上选择观测的特征不一样。

要制作普通的铅笔草图，建议使用各种软铅铅笔和一小沓光滑的墨盒纸。首先要非常轻地画出月球的基本轮廓，要用软铅笔，如果有必要，你可以擦掉它们。比例是很重要的，缩略草图无法传达足够的细节，但是画一幅占据整个页面的草图将花费一个人太多的时间。我发现对于大多数观测来说，直径在75毫米到100毫米的图已经足够了。在描绘深色区域时，最好在纸上施加很小的压力。最暗的阴影区域最好是用柔软的铅笔层层涂抹，而不是用粗重的铅笔用力涂抹。

比较合理的做法是每次观察并绘画一到两个小时。耐心也是必不可少的，因为仓促而就的素描肯定会不准确。即使云层挡住了你观看月亮的视线，或者你的手指冻得麻木了，这时最好也能准确画出一半，而不是不准确地画出你观察到的整个区域。你可以在望远镜目镜前写下简短的笔记，指出你观察到的任何不寻常的或有趣的地形特征，这些特征在你的画上可能并不明显。当然，有必要注意你所观测到的地形特征的名称、观测日期、观测开始和结束的时间（要用世界时间，也就是格林尼治标准时间）、使用的仪器和放大率，还有观测条件。在观察结束后，趁着这些信息还在你的脑海里记忆犹新，尽快将观测图抄录下来。

图 4.1　此图展示了用软铅笔进行观察绘画的各个阶段。这个特写是拉孔达米纳撞击坑。

通过描摹书本和杂志上细节详细的月球照片的小片段，可以提高素描技巧。在尝试几次"纸上谈兵"绘制月亮之后，你可能会惊讶自己的进步如此之快。最重要的注意事项是要有耐心，不要着急，即使你只是在练习也要如此。

线条画

在目镜下制作阴影铅笔画的另一种选择是以轮廓形式表示地形特征。许多观察者选择在目镜下画注释线，把这种技术作为一种观察速记和强度估计的形式（见下文）。在观察结束后，要将线条画和相应的文字信息转换成用铅笔或墨水涂抹的色调画。当然，线条画不应该被认为是一种快速而简单的色调画替代品，因为线条画也应该画得一样仔细，一样注意细节。

突出撞击坑的边缘和山脉阴影的清晰轮廓等明显特征用粗线条来表示。尽量避免把月球的山描绘成倒置的 V 字形，这对漫画来说可能没问题，但却只会混淆月球观测图的外观。如果这幅画的一部分描绘的是山地地形，那么就去尝试描绘地形的边界，勾勒出主要的山峰、地形特征和主要的阴影。同样地，一个相当均匀的粗糙地形的详细区域，可能包含太多难以准确描述的细节，不应该用一堆圆点和锯齿状的曲线来绘制，只需尝试标记地形的边界，并将其标记为"粗糙地形"。更细微的地形特征，如月球穹隆和皱脊，可以用轻微的线条记录下来。虚线可以用来描绘像射线一样的地形特征，点虚线可以用来标记不同色调区域的边界。

线条画确实需要大量的描述性注释，这比精心准备的色调铅笔画要多得多，后者可以仅用最少的注释就能独立存在。尽管观测精度和色调绘制一样重要，但线描法的优点是对绘制能力要求最低。如果使用得当，这种画可以像任何色调铅笔画一样准确，并且充满信息。由习惯这种技术的人来完成的话，线条画可以比色调铅笔画更快完成。

强度的估计

一幅基本的带注释的线条画可以很详细地描述月球的特征及其地形。然而，月球表面的亮度沿着晨昏线的变化很大，从漆黑一片到各种深浅不一的灰色，再到耀眼的白色。在许多情况下，如果不是不可能的话去比较麻烦地在手绘的线条画上标出不同色调的每个区域，也将是一项相当费力的任务。为了使任务易于管理，可以使用强度估算速记法来配合线条画。这要求观测者估计图上每个不同区域的亮度，使用 0 到 10 共 11 个等级来表示，0 表示最黑的月影，10 表示最亮的区域。

强度估计规模

下面给出的色调示例，是基于正午太阳照射区域的普通双目望远镜或低功率望远镜视图。当放大倍率更高时，每个区域可分解成后面的色调等级，每个区域离晨昏线越近，颜色就越深。

0 黑色——最暗的月影。

1 非常深的灰黑色——极浅光照下的黑暗地形特征。

2 深灰色——格里马尔迪撞击坑底面的南半部。

3 中灰色——格里马尔迪撞击坑底面的北半部。

4 中度浅灰色——普罗克洛斯撞击坑以西地区的总体色调。

5 纯浅灰色——阿基米德撞击坑底面的整体色调。

6 浅白灰色——哥白尼环形山的射线系统。

7 灰白色——开普勒环形山的射线系统。

8 纯白色——哥白尼环形山的南部底面。

9 闪闪发光的白色——第谷环形山的边缘。

10 亮白色——阿里斯塔克撞击坑明亮的中央山峰。

眼睛能够区分数百种深浅不同的灰色，所以熟练的观察者可以很容易地进一步细分基本的标准。不像变星估计，这些往往是定性的视觉估计，而不是定量的。例如，接近傍晚晨昏线的个别山峰可能不会显得特别明亮，强度等级可能为 6 或 7。但是，一旦月夜的黑影笼罩在周围的景观上，山峰可能会像一个耀眼的灯塔，强度等级变为 9 级或 10 级，在晨昏线之外闪闪发光，尽管山峰实际上没有完全沐浴在阳光下时那么亮。

复 制

没人有能力在目镜上画出完全没有误差的观测图，所以最好趁着当时的场景仍在你的脑海中时，在观察结束后尽可能快地准备好一份整洁的观测图。人们希望在室内准备的新图纸会比它所基于原始望远镜的草图准确得多，因为观测者能够回忆起原始草图中可能不太正确的小细节，这需要在整洁的图纸上进行纠正。为了提高绘图的准确性，将整洁草图的总体轮廓建立在轮廓空白、已观察区地图或照片上是很有用的。这是完全合理的，只要观测者没有添加任何实际上没有观察到的细节。你的原始望远镜草图的整洁副本可以用作进一步绘图的模板，或用于电子扫描和复印。

复制的图纸可以用各种介质制作。使用印度水墨和水粉画可以达到极好的效果——水粉是一种水彩介质，可以用可控的方式涂抹得相当厚。它们都非常适合在更大的规模上再现用来展览的观测结果。这两种技巧都要求对笔法进行熟练掌握，尽管对所涉及方法的描述超出了本书的范围，但实践、实验和坚持不懈将会带来巨大的回报。

我自己喜欢的是光滑墨盒纸上的软铅笔，这是迄今为止最快、最不烦琐的介质。铅笔画一旦完成了，需要喷上定影剂，这样如果不小心被擦到了也不会弄脏。普通的色调铅笔画影印本是不够好的，不能提交给天文学会观测部门或在杂志上发表，因为这幅画的所有色调都无法被捕捉到，它们可能会显得有些暗沉，并呈现颗粒状。然而，现在大多数观察部门很乐意接受高质量的激光打印或数字扫描图。一些商业杂志可能会坚持要求原本的作品，或者至少要求用软盘或电子邮件提交高质量、高分辨率的扫描图像。

点画是再现观察绘画的一种方法。如果操作熟练，点画看起来是绝对一流的。紧密间隔的黑色墨水点用于传达阴影的错觉——阴影的暗度随着间距更近或更远的点而增加。黑色阴影的区域简单地用墨水和毛笔涂黑。由成千上万个单独应用的黑点组成的点画，即使在影印时也能很好地复制出来。点画必须使用一套具有不同笔尖尺寸的技术笔，普通的自来水笔、毡头笔或圆珠笔都不够好。点画需要大量的时间，需要耐心和极其稳定的手。一个有能力制作精彩铅笔画的人可能不一定能掌握点画。例如，我自己在掌握这项技术方面的努力就并不太成功。画点画是一个严格的过程，注意力的疏忽不可轻易原谅，而且也不要在图纸上做大量的修改。一组不小心放置得太近的点可能表明一个不存在的地形特征。以过于严格的方式画点画（例如沿着直线作画）可能会产生不受欢迎的伪影。所以，除了有一双训练有素的眼睛和手，还必须有一定的放松技巧和在头脑中总揽全局的能力。在月球观测领域，真正精通点画技术的人屈指可数。

尽管丢弃旧图纸很吸引人，但它们代表了你在目镜下的观察和辛勤工作的永久记录。至少，将以前的观察结果与最近的做一番比较，可证明你的观察和记录技巧有了多大提高。这种比较可以在旧的观察结果和最近相同地形特征的观察结果之间进行。需要牢记的是，光照和天平动的持续变化意味着月亮的地形特征在每一个小时都可能出现明显的不同，而且在每个月都会出现不同，你的画可能捕捉到某一地形特征的某个很少被观察到的方面。原始图纸可以作为你所属的任何天文学部门后续观测部分副本的基础，也可用于出版。因此请保留原始图纸，以备将来参考，比如，用文件夹或环形活页夹来保存它们，并将它们安全地保存在干燥的环境中。

4.2 观测信息

完成的观测图最好不要只包含地形特征名称、观测日期和使用仪器等基本信息。一次完整的观测可能包括以下细节的一部分或全部。

地形特征的名称

应该使用国际天文联合会（IAU）的官方名称。许多较为老旧的地图集可能包含命名错误或过时、非官方的特征命名。例如，"皮克林"这个名字曾被非正式地用来称呼丰富海的梅西耶 A 撞击坑。然而，国际天文联合会官方所称的皮克林是一个不同的撞击坑，位于月盘中心附近。如果观测到的地形特征不能用国际天文联合会的官方名称来识别，那就把它与最近几个被命名的地形特征位置联系起来，例如可以说"哈尔帕卢斯撞击坑正西方冷海的一小群小山"。

日期和时间

世界各地的业余天文学家都使用世界时间，即格林尼治标准时间。观测者需要了解自己所在时区的时差，以及当地夏令时对时间的调整，并将其转换为相应的世界时间，日期也应该调整。时间通常用 24 小时制来表示，例如，3.25 P.M. UT 可以写成15：25、1525 或 15 时 25 分 UT。

视野和标准

为了估计天文图像的质量，天文学家会参考两种视觉标准中的一种。在英国，许多观测者使用专门为月球和行星观测者设计的安东尼阿迪视宁标度。

AI：完美的视野，没有颤抖；如果需要，可以使用最大的放大倍数。

AII：好的视野，轻微的波动，有持续几秒钟的宁静时刻。

AIII：中度视野，伴有大的大气震颤。

AIV：较差的视野，经常有令人厌烦的起伏波动。

AV：非常差的视野，图像非常不稳定，此时几乎不值得去尝试观察月表特征。

在美国，视野通常是按照皮克林视宁标度从 1 到 10 来评判。这个标度是根据放大的恒星外观和它周围的艾里图案通过一个小折射器设计的。由光引起的艾里图案会根据沿其光路的大气湍流程度而扭曲。在完美的观测条件下，恒星看起来就像被一组完美的环包围着的小亮点。当然，大多数月球观测者并不是每次在观测过程中估计观测质量时都要检查恒星的艾里图案，通常根据月球图像的稳定性进行估计：

P1：糟糕的视野，星图的直径通常是第三衍射环直径的两倍（如果能看到衍射环的话）。

P2：极差的视野，图像直径有时是第三个衍射环直径的两倍。

P3：很差的视野，图像直径与第三个衍射环直径相同，中心更明亮。

P4：差的视野，中央盘常可见，有时会看到衍射环的弧线。

P5：中等视野，盘总是可见的，弧常见。

P6：适中至良好的视野，盘总是可见的，不断看到短弧线。

P7：良好的视野，盘有时可以清晰界定，环被视为长弧或完整的圆圈。

P8：很好的视野，盘始终清晰，圆弧长或完整但处在运动中。

P9：极佳的视野，内圈静止，外圈暂时静止。

P10：完美的视野，完整的衍射图案是静止的。

如果用一个简单的数字来估计视野情况，而不说明它是按照安东尼阿迪视宁标度还是皮克林视宁标度标注的，可能会造成相当大的混乱。因此，除了用字母和数字（AI 到 AV 或 P1 到 P10）来指定观看情况外，还可以用简短的文字描述观看情况，如用"AII：很好，偶尔有绝佳的视野"作标注。

环境

这些指标反映当时的天气环境，例如云量、风的大小程度和方向以及气温。

透明度

与月球观测者相比，深空观测者更关心大气清晰度的质量，这种质量被称为"透明度"。透明度的变化取决于大气中烟雾和灰尘颗粒的数量，以及云和雾霾的数量。工业和生活污染导致城市及其周边地区的透明度变差。根据肉眼可探测到的最微弱恒星的星等，通常使用 1 至 6 的透明度等级。为了完整起见，有些月球观测者会选择只包含一种透明度的衡量标准。

年龄和月相

　　一个农历月，或称月历，从一个新月到下一个新月平均持续 29 天 12 时 44 分。许多观测者选择记录从新月到观测时间的天数和小时。月球的年龄可以用来估计月球在观测时的大致相位。月相也可以用一个简短的标识来表示，比如"上凸月"或"残月"。用来衡量月相的一个更精确的数字是近地端被照亮部分的百分比。例如，在上弦月阶段，月亮被照亮了 50%（渐盈），下弦月阶段有 50% 被照亮（渐亏）。

天平动

　　综合起来，天平动对纬度和经度的影响会导致月球平均中心的位移。月球平均远地端的地形特征便被带到绕地球转动的半面的边缘，即地形特征朝背向地球的半球的相反边缘移动。在极端情况下，纬度天平动可达 ±6.5 度，而经度天平动可达 ±7.5 度。引用这些数字是有用的，特别是观测位于天平动地区接近边缘的地形特征时。

月面坐标

　　月球上的坐标被称为"月面坐标"。月盘平均中心的月面纬度为 0 度，月面经度也是 0 度。月面纬度向北为正，向南为负。月球北极位于月面纬度 90 度，南极则位于 -90 度。从月亮的平均中央子午线向东，月面经度增加。月球的平均东部边缘位于 90 度，围绕远地端向东增加至与圆盘平均中心相对的点为 180 度；平均西部边缘为 270 度，圆盘的平均中心为 360 度（0 度）。在地图上，经度 0 度的两侧通常被标记为正（东度）或负（西度）。位于 +45 度（东经 45 度）的地形特征对应月面经度 45 度。位于 −45 度（西经 45 度）的特征对应月面经度 315 度。地形特征的月面坐标可以在观测图上标明。

月面余经度和月球晨昏线

如果月球围绕地球保持完美的圆形轨道，不发生天平动，它将以相同的面朝向地球：它的早晚终止点会在每个月的同一点交叉掠过相同的地形特征。但事实并非如此，天平动对地形特征相对于晨昏线的表观位置有相当大的影响。例如，大撞击坑托勒密的东部位于月球的平均中央子午线上，在月面的经度为 0 度。因此，当发生平均天平动（mean libration）时，托勒密环形山恰好在上弦月阶段出现在日出的终点上。然而，在天平动极端情况下，托勒密环形山可能位于月球平均中心以东或以西的 3 度以上，它在晨昏线上的出现时间可能提前于上弦月 12 小时以上，也可能延迟于下弦月 12 小时以上。

为了精确地计算出月亮的早晚明暗界线在哪里，我们使用了一个被称为太阳月面余经度的数字表格（见表 4.1）。太阳的月面余经度在数值上等于晨昏线的月面经度；这张表发表在天文星历表上，可以在很多月球计算机程序上显示。在新月时，太阳的月面余经度等于 270 度，上弦月为 90 度，满月为 180 度，下弦月为 180 度。要准确计算出近地端的晨昏线与月球赤道的实际月面经度的关系，请参阅表 4.1。

太阳的月面余经度大约每小时增加 0.5 度，即每天增加 12 度。

表 4.1　计算月球的晨昏线的位置

月相	晨昏线	太阳月面余经度（S）	晨昏线经度
新月到上弦月	早晨	270度至360度	360度-S（东）
上弦月到满月	早晨	0度至 90度	S（西）
满月到下弦月	晚上	90度至180度	180度-S（东）
下弦月到新月	晚上	180度至 270度	S-180度（西）

太阳的月面纬度

许多月球观测者在他们的观测中注意到的另一个数字是太阳的月面纬度。这相当于太阳在月球赤道正下方的月面纬度，在大约 6 个月的时间里于 +1.5 度和 −1.5 度之间变化。

太阴月

1923 年 1 月 16 日，月球的太阴月正式从太阴月 1 开始编号。太阴月 1000 开始于 2003 年 10 月 25 日。许多月球观测者在他们的观测报告中都包含了太阴月编号。

月球数据

有关月球的许多必要信息都刊载在每年出版的天文历表上，例如《英国天文协会手册》（*Handbook of the British Astronomical Association*）、《天文年历》（*Astronomical Almanac*，美国天文年鉴局办公室和英国皇家天文年鉴局联合出版的刊物）和多年来的交互式计算机年历（MICA，由美国海军天文台出版）。个人电脑的程序正变得越来越复杂，能够给用户提供的不仅仅是几个干巴巴的数字。许多更先进的月球程序都能够显示高分辨率的月表图像或地图，并充分调整了相位和天平动。用不了多久，个人电脑就能运行高级程序，显示详细的月球表面三维地形模型，并根据光线和天平动进行调整，以显示通过小型望远镜可以识别的所有地形特征。这样的程序能鼓励业余天文学家拿出望远镜，用自己的眼睛来欣赏月球的壮观景象。

4.3 | 月球成像

传统的摄影

即使是一台小型望远镜也能将月表美丽、清晰的图像送到观察者的眼中，因此似乎可以合理地假设，这些东西可以毫不费力地用胶片捕捉到。作为一个如此巨大而明亮的物体，几乎任何通过望远镜目镜拍摄的胶片相机都能记录下月球，而大多数业余天文学家已经通过这种做法尝试了基本的月球摄影，他们不停地点击按键，希望能捕捉到某种月球图像。然而，使用普通胶卷相机——无论是简单的袖珍相机还是35毫米单反相机——成功进行月球摄影的过程比许多人想象的要复杂得多。

通过非驱动望远镜观察，当月球在视野中漂移时，观察者可以很容易地锁定对象。经验丰富的观测者能够利用能见度良好的

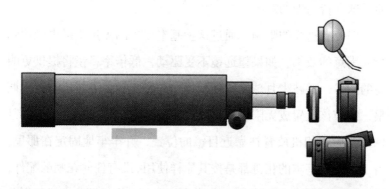

图4.2　可以用CCD/网络摄像头（上）、数码相机/袖珍固定镜头相机、单反相机（中）和摄像机（下）来拍摄月球图像。

时刻，欣赏可以看到的细节，这样即使在恶劣的观测条件下也可以进行月球观测。相机没有这些优点。无论拍摄月球时采用何种曝光方式，在非驱动望远镜中图像漂移的影响都会在一定程度上模糊所得到的图像。手持相机对准望远镜目镜也会产生模糊效果。相机需要牢牢地固定在驱动望远镜上，以保持月球在视野中央的稳定。

无焦摄影

无焦摄影——通过望远镜目镜拍摄物体，同时相机的镜头也在原位——既可以使用传统的胶片相机，也可以使用带固定镜头的数码相机。最基本的袖珍相机和数码相机都有固定镜头，预设镜头可以聚焦几米到无穷远的物体，这个焦点不能改变。此外，曝光可在日光下预置标准摄影。基本相机的取景器可以是带有小镜头的简单矩形光圈。这对于无焦摄影当然完全无影响，因为它不会显示被投影到相机里放大后的图像。如果在摄影过程中，通过相机的视图不可见，则必须通过精确对齐的观察器十字准线使月球保持精确的对准。

即使有这样的限制，通过这种基本相机的无焦摄影也能达到令人满意的效果。如果望远镜不受驱动，低倍率目镜将提供更明亮的图像，并减少月球漂移在视场中的影响。如果相机有对焦调整，它应该设置成无限远。首先要用眼睛通过望远镜目镜聚焦月球，然后将相机放置在靠近目镜的位置，并牢牢地固定在那里。由于大多数基本的相机都是按其原样使用，没有任何花哨的配件，所以可能需要做一些简单的临时适配器；有些相机非常轻，用蓝丁胶和电子胶带就足以将它们暂时固定在望远镜上。

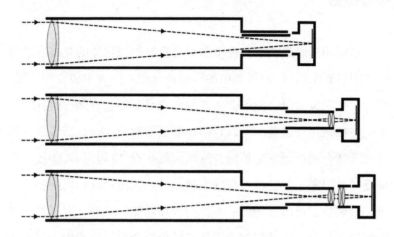

图4.3 用望远镜拍摄月球的三种方法：主对焦（上）、目镜投影（中）和
无焦摄影（下）。

目镜可以给观测者提供一个大的可视视野，视野的黑暗边缘
在视觉上相当不显眼。但无焦图像特别容易出现晕影，月球被一
个黑暗的圆形边界包围，看起来像是通过航天器的舷窗拍摄的照
片。事实上，在许多专业拍摄的月球图像中，一些晕影是很明显的，
甚至出现在著名的《月球综合图集》(*Consolidated Lunar Atlas*)
上的一些照片中。渐晕主要发生在相机镜头比目镜镜头大得多的
时候。视场狭窄的目镜令人不满意，其中包括大多数"廉价"目镜，
如惠更斯和拉姆斯登等类型。此外，对于许多固定镜头的相机来
说，具有很短眼距的目镜很难在无焦模式时使用，因为相机和目
镜的镜头都需要放置得非常近，以至于它们几乎是直接接触的。

单反摄影

单反相机通过镜子、棱镜和目镜将被拍摄物体的光线通过主镜头照射到眼睛里。取景器中的区域就是最终图像中包含的区域。当按下快门按钮时，镜子会立即脱离光路，让它直接投射到胶片上。在拍摄照片之前，可以直接观察拍摄对象，这意味着单反相机非常适合通过望远镜拍摄月球的图像。自 20 世纪 60 年代推出单反相机以来，它已经变得越来越复杂。顶级单反相机配备了电子控制装置，可以自动调节相机的各项功能。然而，对于月球摄影来说，一台以手动控制为主的基础单反相机可以拍摄出与最先进的计算机单反相机一样好的月球照片。为了尽量减少按下快门按钮时产生的振动，可以使用快门线。更好的做法是，大多数单反相机都可以调整为在定时延迟后进行曝光，从而在调整相机后让望远镜中的振动有时间衰减。在一些基本的单反相机中，快门的运动会使相机和望远镜产生振动，导致图像有点模糊，当然，这将在拍摄高倍月球图像时带来更多的问题，因为望远镜的任何移动都会加剧影响。

胶片类型

胶片的 ISO 等级表示胶片的感光速度：ISO 越高，胶片感光就越快，所需的曝光时间就越少。中速胶片是 ISO 200，廉价的通用 ISO 200 彩色打印胶片适合刚入门的月球摄影师的实践操作。胶片质量往往因品牌而异，甚至同一廉价品牌的不同批次质量也会有所不同。感光较慢的胶片有更细的颗粒，允许捕捉更多的细节，而颗粒尺寸随着胶片的 ISO 等级的增加而增加。在普通尺寸的照片打印中这一点可能不明显，但放大后将清楚地显示其中的差异。用慢速胶片拍摄的照片比用快速胶片拍摄的照片能承受更大程度的放大，但慢速胶片也有需要更多时间来曝光的缺点。使用慢速胶片拍摄月球表面的高倍照片，需要将相机连接到长焦镜头或赤道仪驱动望远镜上。

长焦镜头

　　长焦镜头最简单的形式是一种小型的折射望远镜，可以安装在单反相机的前面。长焦镜头的焦距比一般单反镜头要长。焦距越长，产生的放大倍率越高。变焦长焦镜头包含一系列光学元件，可以增加焦距和放大图像，而不需要把相机调整在一些更好的型号的焦点上。使用单反相机上的长焦镜头拍摄月球有许多优点。由于长焦透镜相对轻便，因此可以快速安装，并用于从观测地点拍摄月球，而体积更大的望远镜及其底座则无法到达这些地点。只要相机和长焦镜头保持稳定，就可以捕捉到显示月球的晨昏线沿线的大量细节照片。感光速度更快的胶片（具有更高的 ISO 评级）允许更短的曝光时间，可产生更清晰的图像。

　　虽然在肉眼看来月球相当大，但它的直径只跨越半度。一个用于日常摄影的 28 毫米照相机镜头会在胶片上拍摄出只有 1/4 毫米直径的月球图像——当照片被打印或放大时，它就显得太小了，无法显示任何细节。通过增加长焦镜头的焦距，月球的图像投射到胶片上的尺寸就会增加。安装在三脚架上的单反相机和焦距从 800 毫米到 2000 毫米的长焦镜头将提供最好的月球长焦照片。一个 800 毫米的镜头可以在胶片上拍摄 7 毫米以上的月球图像，而一个 2000 毫米的长焦镜头可以拍摄 18 毫米以上的月球图像。更大的长焦镜头需要安装在有赤道仪驱动的支架上，要么直接安装，要么搭载在驱动望远镜上。

一种叫作望远倍率镜的配件可以增加长焦镜头的焦距（见表4.2）。A×2望远倍率镜将使镜头的焦距加倍，有效地使摄影师的可用焦距范围加倍。虽然通过一个500毫米长焦镜头搭配一个A×2望远倍率镜拍摄的月球图像与通过一个普通1000毫米长焦镜头拍摄的图像大小相同，但望远倍率镜拍摄的图像可能会稍微暗一些，分辨率也不太好，这是因为当光线通过望远倍率镜的额外镜头时，会产生轻微的光学退化。然而，用望远倍率镜产生更大的月球图像要比放大较小的长焦镜头产生的图像好得多。不管底片上的图像有多清晰，放大后图像就不那么清晰了，放大到某个时刻，甚至连底片上的颗粒也变得可见了。

表 4.2　长焦摄影和在 35 毫米胶片上的月球图像尺寸

镜头焦距（毫米）	胶片图像尺寸（毫米）	带有×2的望远倍率镜（毫米）
28	0.25	0.51
50	0.45	0.61
100	0.91	1.82
135	1.23	2.45
200	1.82	3.64
300	2.73	5.45
500	4.55	**9.09**
800	**7.27**	**14.55**
1000	**9.09**	**18.18**
1600	**14.55**	**29.10**
1800	**16.36**	**32.72**
2000	**18.18**	36.36

粗体数字代表了胶片上最佳月球图像尺寸，包括从显示沿晨昏线的撞击坑的详细图像（直径超过 7 毫米），到使用无驱动远摄镜头和快速胶片（直径最大 33 毫米）拍摄的最佳图像。

要计算胶片上月球图像的大小，只需将镜头的焦距（以毫米为单位）除以 110。

一种有效消除快门振动的方法是在长焦镜头前放一张暗卡，但不要碰它。当卡片放在镜头前时，按下快门线按钮，几秒钟后，迅速从镜头中取出卡片，然后再移回来，例如在一秒钟后；然后再次按下释放线，结束曝光。这似乎是一个"碰运气"的事情，但在使用赤道仪和极低速胶片（例如 ISO 25）以中等放大倍率拍摄月球时尤其有效。使用柯达 Technical Pan 2415（用于黑白照片）和柯达 Kodachrome 25（用于彩色照片）可以获得出色的效果。这两种胶片都是 ISO 25，都能产生清晰、对比度高的图像。

主焦点摄影

当相机本体（相机去除镜头）连接到望远镜（去除目镜）上时，望远镜的作用与长焦镜头完全相同。天体摄影师称之为"主焦点摄影"，因为落在胶片上的光线是在望远镜物镜（或镜子）的主焦点上。主焦点摄影在 35 毫米的胶片上拍摄到的月球图像比预期的要小得多：一个焦距小于 2000 毫米的望远镜能够在 35 毫米的胶片上投射出整个月球圆盘，表观直径为 0.5 度。即使是一个看起来非常大的望远镜——比如一个 300 毫米 f/6 牛顿式望远镜，焦距为 1800 毫米——也无法用聚焦的月球图像填满整个 35 毫米的胶片框。一个插入望远镜目镜架的巴洛镜将起到与长焦透镜使用的望远倍率镜相同的作用。巴洛镜可以有效地增加望远镜的焦距，标准的有 ×2 和 ×3 两种。

虽然通过单反取景器看到的月球图像可能看起来非常小，而且使用短焦距望远镜可能很难看清细节，但即使使用巴洛镜头，也可以使用相机的取景器并调整望远镜自身的焦距，将月球聚焦在最佳焦距上。这个过程通常是相当宽泛的，而且不像使用目镜投影聚焦图像那样严格（见下文）。主焦点也广泛用于网络摄像头和天文 CCD 相机，但由于 CCD 芯片与胶片相比非常微小，它们提供的月球放大倍率比标准胶片大得多（见下文的 CCD 摄影），精确对焦至关重要。

主焦距曝光时间必须根据望远镜的焦距、所使用胶片的 ISO 等级和月球的月相来衡量。与所有传统的月球摄影一样，可取的做法是"支架"曝光——用不同的曝光时间拍摄大量的图像。当开始天文摄影时，对精确曝光、胶片类型和月相进行书面记录也是必不可少的，这样你就可以确定一个最佳的组合，以便在未来重复使用。

目镜投影

在望远镜中插入一个目镜，然后将图像投影到相机中，去掉镜头，就可以获得高倍率的月球特写照片。要做到这一点，可以使用被广泛应用的适配器，这些适配器适合各种标准尺寸的目镜支架（直径为 1.25 英寸①和 2 英寸）和各种型号的单反机身。无畸变目镜和普罗斯尔（Plössl）目镜可提供具有平坦视野的清晰图像。目镜投影将提供比主焦点摄影月球放大倍率高得多的图像，放大程度取决于望远镜和目镜的焦距以及目镜到胶片平面的距离。短焦距目镜将提供更高的放大倍率，增加目镜与胶片平面的距离也将增加倍率。聚焦是通过相机取景器直接观察放大的月

---

① 英寸是英制单位，换算成公制单位，1 英寸等于 2.54 厘米。——译者注

球图像，并调整望远镜的聚焦旋钮，直到看到清晰的图像。与无焦摄影一样，渐晕可能出现在图像周围，这取决于使用的目镜类型和它与胶片平面的距离。如果有渐晕，会通过相机取景器很明显地凸显出来。

曝光时间

用于计算月球曝光时间的公式考虑了镜头/望远镜的光圈和焦距、相机的 f-stop 参数（如果使用长焦镜头）、胶片的 ISO 等级和月球的月相。因为月球是一个粗糙的球体，它把太阳光反射到地球的观测者那里，所以月球的表面并没有保持恒定的亮度，很多人惊讶地发现半月的亮度不及满月的一半——它的亮度只有满月的 1/9。因此，曝光时间需要根据月亮的月相来改变。月亮在地平线以上的高度也会影响它的视亮度，由于雾霾、云或大气污染的存在，低空的月亮可能比高空的月亮暗得多。考虑到所有这些变量，要想拍出好的月球照片，知识、经验和直觉都至关重要。

基于使用 100 毫米 f/10 马克苏托夫长焦镜头、×2 巴洛镜头和标准单反相机的传统月球摄影，在胶片上呈现出约 18 毫米尺寸，表 4.3 可能用于测量曝光时间的标准，以及曝光时间如何随 ISO 等级和月相的变化而变化。当然，这些数字不是一成不变的，建议摄影师把照片放在一边，并注明哪种望远镜、胶卷类型和曝光时间组合效果最好。

表 4.3 曝光时间随 ISO 等级和月相的变化

胶片ISO	窄小的新月	宽阔的新月	半月	凸月	满月
25	1	1/2	1/4	1/8	1/15
50	1/2	1/4	1/18	1/15	1/30
100	1/4	1/8	1/15	1/30	1/60
200	1/8	1/15	1/30	1/60	1/125
400	1/15	1/30	1/60	1/125	1/250
800	1/30	1/60	1/125	1/250	1/500
1600	1/60	1/125	1/250	1/500	1/1000
3200	1/125	1/250	1/300	1/1000	1/2000

数码成像

CCD 是一种小型的平面芯片，在大多数商业数码相机中只有火柴头大小的直径，由一组被称为像素（pixels）的微小感光元件组成。低端数码相机的 CCD 可能有 640×480 的像素阵列，而更昂贵的数码相机 CCD 可能有 2240×1680 的像素阵列（约400 万像素）。照射到每个像素上的光被转换成电信号，这个信号的强度与照射到它的光的亮度直接对应。这些信息可以以数字方式存储在相机的内存中，或者传输到个人电脑上，在那里它可以被处理成图像。与在照片实验室暗室里的传统照片相比，数码照片更容易增强和处理。

数码相机、数码摄像机、网络摄像机和专用的天文 CCD 相机让业余天文学家有机会用相当普通的设备获得非常详细的月球图像。事实上，几乎任何人都可以用数码相机配上小型望远镜拍摄月球照片。捕捉到整个月球的图像，图像能显示出沿着晨昏线的地形特征，两者是同一回事。但要完成这样的操作需要相当多的技术和专业知识，包括实地观测和紧随其后的计算机操作，如此可产生一个高分辨率的、能让经验丰富的月球观察者印象深刻的月球特写图像。数字成像设备并不完全相同。例如，无焦数码相机成像需要不同于使用网络摄像头和巴洛镜头在主焦点拍摄月球的技术。

数码相机

大多数低端数码相机都有固定的光学系统，镜头不可拆卸，有些甚至可能没有液晶显示器（LCD）屏幕，所以通过这些相机拍摄月球的原理与使用传统的固定镜头胶片相机的无焦摄影是一样的（见上文）。

一般来说，像素等级最高的数码相机能拍出最清晰、分辨率最高的月球照片。大多数数码相机可以拍摄多种分辨率的图像。低分辨率的图像占据的相机内存更小，这样相机可以存储更多的图像。月球摄影需要尽可能高的分辨率，所以分辨率应该总是设置为最高。

大多数数码相机提供即时效果，它们存储的图像可以在相机的小 LCD 屏幕上查看。摄影师可以单独检查每张照片，以决定是否保留它，还是删除它，释放内存以获得更好的照片。薄膜晶体管（TFT）屏幕通常最小的一面，显示的情况比捕获的图像本身更粗糙。为了减少对焦时间，首先用你自己的眼睛对目镜中的月亮对焦。当数码相机固定在同一个目镜上时，焦距应该是对的。沿着月球晨昏线观看是最好的聚焦方式，在那里，太阳的低角度照射会突出大部分的细节，地形特征出现在最清晰的地方。如果数码相机有变焦，月球晨昏线可以被放大，有助于进一步聚焦。通过将数码相机连接到电视显示器或电脑屏幕上，使用相机内置的 LCD 屏幕聚焦的问题就得到了解决，因为越大的图像越容易聚焦。数码相机是为日常使用而设计的，当试图拍摄月球时，它们的自动设置可能会造成相当大的问题，所以有必要试一下数码相机的设置，以便取得最佳效果。其中一个需要解决的问题是数码相机的曝光设置，因为许多无焦月球图像往往有些过度曝光，月球明亮的部分似乎被冲淡了，缺乏任何细节。数码相机的自动曝光效果最好的情况是整个视场都有统一明亮的图像。当月亮在视野中心或拍摄特写时，数码相机可以很好地判断曝光。

用数码相机拍摄的月球彩色图像可能会显示出特别生动的色调，这是通过望远镜目镜无法看到的。虽然色彩可以提高图像的美学质量，但它也可能是不可取的。计算机处理可以很容易淡化图像中的任何颜色。以夸张或视觉逼真的方式捕捉月球的颜色可能会产生令人愉悦的图像，但同样数量的地形细节也可以用黑白色彩记录下来。如果你的相机能拍黑白照片，那就试试吧，效果会明显比彩色照片更清晰。黑白图像占据的相机内存也更小。

使用数码相机的变焦设备（如果有的话）可以消除会干扰无焦摄影照片图像渐晕的问题。变焦的调节相机内部镜头的位置——放大后的图像会逐渐变暗，望远镜的振动也会出现得更多。当数码变焦在高倍率下发挥作用时，图像的质量开始下降，变焦的优势完全被抵消了。最佳变焦并不是最大变焦，使用多大变焦取决于观测条件、CCD 芯片和望远镜分辨率以及系统的稳定性、望远镜驱动精度。

摄像机

用摄像机拍摄的月球画面给人一种通过望远镜目镜实时观察月球的震撼印象。观看者会用与真实观测相同的大脑处理过程来理解月球景观，因为大气闪烁会扭曲视野，眼睛也会盯着单个物体，试图辨认出细微的细节。当用一个高倍摄像机沿着月球的晨昏线扫掠时，在良好的观察条件下，使用一个对准精确的驱动望远镜和慢动作控制器，可以使观看者以静态照片无法传达的方式体验月球的壮丽。我们可以创造一场精彩的月球及其晨昏线之旅，在感兴趣的地形特征上花时间并放大它们。这样的镜头在任何天文学会的会议上都是极好的展示，但在向游客和亲戚展示你来之不易的所有录制的月球镜头前请三思，因为他们可能不像你一样喜欢在撞击坑拥挤的南部高地上闲逛半小时！

摄像机的镜头是固定的，而月球的影像必须通过望远镜目镜聚焦获得。影响使用传统胶片相机和数码相机聚焦成像的问题同样也影响摄像机。便携式摄像机往往比数码相机要重一些，因此，便携式摄像机与望远镜目镜的耦合要尽可能牢固。在拍摄月球聚焦图像时，一些用于固定数码相机的设备也可以用于固定轻型摄像机。

数码摄像机是最轻、功能最多的摄像机，它们的图像可以很容易地传输到计算机以便进行数字编辑，可以使用与网络摄像头获得的图像相同的技术（见下文）。一旦下载到电脑上，数字视频片段中的各个帧就可以被单独采样（低分辨率），用特殊的软件叠加产生详细的、高分辨率的图像，或者组合成可以传输到 CD-ROM、DVD 或录像带中的片段。这个过程可能很耗时——浏览视频片段和处理图像所花费的时间可能比实际拍摄视频片段所花费的时间要长得多。数字视频编辑还会消耗大量的计算机资源，包括内存和存储空间。电脑的 CPU 和显卡速度越快越好。计算机硬盘驱动器至少需要 5G 的空间才能完成短视频的基本编辑。

网络摄像头

虽然网络摄像头的设计主要是为了在家里使用，使个人之间可以通过互联网交流，但它们也可以用来拍摄月球和行星的高分辨率图像。网络摄像头的价格仅为专用天文 CCD 相机的一小部分，而且极其轻便，用途广泛。任何连接到电脑和望远镜的商业摄像头都可以用来拍摄月球和其他较亮行星的图像。电子信号噪声极大地阻碍了网络摄像头捕捉昏暗的深空物体，如星云和星系，但一些业余爱好者修改了网络摄像头内部的电子电路，以便获得较长时间的曝光，而且取得了一定的成功。月球是一个非常明亮的物体，网络摄像头可以拍摄出明亮的月球图像。

虽然网络摄像头可能没有像更昂贵的天文 CCD 相机那样敏感的 CCD 芯片，但它们能够记录由数百或数千张单独图像组成的视频片段，这使它们比单个热门的天文 CCD 相机具有明显的优势。通过拍摄视频序列，可以选择（手动或自动）剪辑其中最清晰的图像来消除不良观看条件的影响；然后，可以使用堆叠软件组合这些图像，产生高度细节的图像。这样可以显示出与使用相同仪器通过目镜看到的视觉视图一样多的细节。

用网络摄像头对月球进行聚焦拍摄是可能的，但它们通常用于望远镜的定焦处，减去网络摄像头的原始镜头。许多网络摄像头都有容易拆卸的镜头，在市场上买到的适配器可以拧入镜头的位置，便于连接到望远镜上。然而，有些网络摄像头需要拆卸才能取下镜头，适配器也需要自制。CCD 相机对红外光敏感，并且透镜组件可以包含红外光阻挡滤光片；如果没有滤光片，通过折射镜就不可能获得真正清晰的焦点，因为红外线的焦点与可见光不同。不过，在望远镜和网络摄像头之间可以安装红外阻挡滤光片，只允许可见光波通过以获得清晰的焦点。

和大多数其他数字设备的 CCD 芯片一样，网络摄像头的 CCD 非常小——飞利浦 ToUcam Pro 的尺寸为 3.6 毫米 ×2.7 毫米。用在望远镜的主焦点，网络摄像头产生的月球图像具有相当大的放大率，整个月球只能在一个焦距非常短的望远镜视场，可在 250 毫米的区域捕捉到。由于普通业余望远镜上的网络摄像头在主焦点处产生高放大率，为了捕获持续 10 秒或 20 秒的相对静态的视频剪辑，必须使用具有电动慢动控制的极向驱动赤道仪望远镜。如果图像在剪辑期间漂移太多，用于处理视频剪辑的软件可能无法形成良好的对齐。

为了计算出最适合捕捉特定望远镜和网络摄像头所能分辨的所有月球细节的光路的焦比，可以将 CCD 芯片的像素大小（单位为微米）乘以 3.55。网络摄像头的像素大小通常在随附的技术信息或制造商的网站上给出。例如，菲利普 ToUcam Pro 的像素大小为 5.6 微米，将其再乘以 3.55，最佳焦比为 19.88。对于 f/6 望远镜，可以通过将摄像头插入 ×3 的巴洛镜获得最接近的焦比，得到 f/18 的焦比。在 f/10 望远镜中，最好使用 ×2 的巴洛镜，获得略长的 f/20 的焦比。请注意，这是一个基于良好的观测条件的最佳公式——低能见度和高放大率只会产生放大的月球模糊图像。在一般的观测条件下，最好将像素大小乘以 2，以达到更合适的焦比。在 f/6 望远镜中使用 ×2 的巴洛镜比使用 ×3 的更好，以便在不太理想的观测条件下产生最好的图像，而且在 f/10

望远镜中根本没有巴洛镜。

仅使用基本的设备，对网络摄像头进行对焦是非常耗时的。为了达到粗略的对焦效果，最好在白天设置，用望远镜和网络摄像头对一个遥远的地面物体对焦，查看电脑显示器，手动调整对焦。如果你的望远镜离显示器有一段距离，这可能需要多次往返于望远镜和电脑之间。在望远镜附近的野外放置一台笔记本电脑，可以节省大量的时间，无论是在最初的拍摄过程中，还是在月球成像过程中。一旦地面物体被聚焦，就锁定焦点或用瓷器描笔在聚焦筒上做标记。

在成像过程中，利用望远镜的取景器（必须精确对准），将月球置于视野中心，月球将出现在计算机屏幕上，可能还需要进一步聚焦。最好把焦点放在月球晨昏线上，那里的地形特征最清晰。当手动调整望远镜的焦点时，必须注意不要太用力地推动仪器，因为月球可能会完全消失在小视野之外。耐心的反复实验最终会产生一个相当清晰的焦点，一旦成功，就锁定聚焦器，并标记聚焦管的位置，以便在随后的成像会话中可以快速找到一个近似清晰的焦点。

获得最佳的对焦是拍摄出好的月球图像和出色的月球图像的差别所在，而一毫米的微小差异也会使图像的质量和清晰度有所不同。手工对焦是非常耗时的，完美的对焦更可能是偶然间发现，而不是反复尝试得来的。电动对焦器可以在望远镜上远程调节焦距，它们被认为是月球成像仪的必备配件，而不是奢侈品。电动调焦器节省了大量的时间，对观测者的成像体验产生了巨大影响，但更重要的是，它们提供了对精细调焦无限多的控制。通过高速USB接口连接到电脑上的网络摄像头将提供图像的快速刷新率，实现实时精细对焦。

可以使用网络摄像头提供的软件来拍摄月球的视频序列。有必要手动操控大部分软件的自动控制功能，如对比度；增益和曝光控制需要调整，以提供一个可接受的图像。许多成像仪更喜欢使用黑白记录模式，这样可以减少信号噪声，占用更少的硬盘空间，并消除任何可能由电子或光学产生的错误颜色。

大多数网络摄像头可以使用每秒 5 到 60 帧的帧率（fps）记录图像序列。以 5fps 的速度制作的 10 秒视频剪辑将由 50 个单独的曝光组成，可能会占用大约 35 MB 的计算机内存。在 60fps 的情况下，会有 600 次曝光，所占的硬盘空间也会相应增加。使用网络摄像头的最高分辨率（在大多数情况下，图像大小为 640×480），帧率在 5fps 到 10fps，视频剪辑时间为 5 到 10 秒是最佳的。如果以相同区域为中心的 5 到 10 个剪辑快速连续固定，成像仪将有 125 到 1000 个单独图像。网络摄像头提供的海量图片是它们最大的优势。一个单次拍摄的专用天文 CCD 相机的价格可能是网络摄像头的 10 倍，且每次只能拍摄一张照片。天文 CCD 相机拍摄的图像可能比网络摄像头拍摄的图像有更少的信号噪声和更高的像素数，但在普通的观看条件下，在准确的时刻拍摄图像的机会很小。网络摄像头甚至可以在较差的观看条件下使用，因为许多清晰分辨率的帧将可用于扩展视频序列。视频序列通常被捕获为音频视频交错文件（AVI）。

用天文图像编辑软件来分析视频序列，有许多非常好的免费成像程序可用。有些程序可以直接从 AVI 格式开始工作，并且大部分过程都可以设置为自动的——软件自己选择哪些帧最清晰，然后自动对齐、堆叠和锐化，从而生成最终的图像。如果需要更多的控制，则可以在要使用的序列中单独选择图像。由于这可能需要一个接一个地检查多达 1000 张图像，是一个费力的过程，但它可以产生比自动生成的图像更清晰的图像。图像可以在图像处理软件中进一步处理，以去除不需要的伪影，锐化和增强图像的色调范围和对比度，并显示出细节。非锐化屏蔽（Unsharp Masking）是天文成像中最广泛使用的工具之一：模糊的图像几乎可以神奇地聚焦到更清晰的焦点上。过多的图像处理和不清晰的屏蔽可能会在图像纹理中产生伪影，并让图像纹理逐渐失去色调细节。

第五章

用肉眼看月亮

5.1 月球上可见的地形特征

　　在肉眼看来,被照亮的月球表面是由暗区和亮区拼接而成的。当它在晴朗的天空中高悬时,满月的强光会让人无法用肉眼分辨细节,但如果在接近地平线的时候观察月亮,在薄云的笼罩下或者用墨镜观察,可能会发现大量令人惊讶的细节。在肉眼看来是黑色斑块的月海覆盖了近地端的1/3,这一系列的月海色调是很明显的。月海周围较亮的区域是山地撞击坑区域和撞击坑的浅色射线系统,其中一些明亮的射线系统可以不用光学辅助就能识别。

　　月球特征可以用来测试视力。从最简单的到逐渐分辨困难的观测目标,建议如下:

　　1. 哥白尼环形山周围的明亮区

　　2. 酒海

　　3. 湿海

　　4. 开普勒环形山周围的明亮区

　　5. 伽桑狄环形山地区

　　6. 普利纽斯区

　　7. 汽海

　　8. 卢宾聂基撞击坑地区

　　9. 中央湾

　　10. 萨克罗博斯科环形山附近的模糊阴影区域

　　11. 惠更斯山脚下的暗斑

　　12. 里菲山脉

视力好的人肯定能分辨出哥白尼环形山周围射线形成的明亮区域，也能毫不费力地分辨出汽海的黑色熔岩块。在列表的最后，里菲山脉对那些视力极好的人来说也是一个挑战，因为浅灰色的山峰群只对应着大约 2 角分的视角。

视力好的人可以在满月时轻松地分辨出哥白尼、开普勒、第谷、朗伦和阿里斯塔克撞击坑的明亮射线，但对大多数人来说，月球的晨昏线是平滑的。视力很好的人有时可以看到月球晨昏线沿线的不规则形状，其中最明显的是当虹湾刚刚出现在早晨的阳光中时，那时是月亮大约在每月第 10 天的时候，它与侏罗山脉接壤的明亮曲线投射到远处的黑暗中。靠近月盘中心的托勒密环形山和位于南部高地的克拉维斯环形山，也会每两周在晨昏线上留下凹痕，不过要想看清这些凹痕，需要有出色的视力。

肉眼很有可能监测到月球天平动的一些影响，天平动明显地影响着东部靠近黑色椭圆形的危海边缘和北部狭窄昏暗的冷海带状地区。视力为正常水平的人会发现，当危海和冷海距离月球边缘最近时，连看清楚它们都是一种挑战，但在有利的天平动期间，它们都是很容易发现的对象。

图 5.1 视觉敏锐度测试——在满月时肉眼可见的 12 个特征（从最容易分辨到最难分辨）：1.哥白尼环形山周围的明亮区，2.酒海，3.湿海，4.开普勒环形山周围的明亮区，5.伽桑狄环形山地区，6.普利纽斯区，7.汽海，8.卢宾聂基撞击坑地区，9.中央湾，10.萨克罗博斯科环形山附近的模糊阴影区域，11.惠更斯山脚下的暗斑，12.里菲山脉。视力好的人肯定能分辨出哥白尼环形山周围射线形成的明亮区域，也能毫不费力地分辨出汽海的黑色熔岩块。在列表的最后，里菲山脉对那些视力极好的人来说也是一项挑战，因为浅灰色的山峰群只对应着约 2 角分的视角。

5.2 ┃ 地球反照

地球反照是由地球反射到月球上的太阳光引起的月球暗面的微弱照明。当月亮在相当黑暗的天空中是一个薄薄的新月时，这种现象最为明显，这种景象有时被称为"老月亮依偎在年轻月亮的怀里"。此时从月球表面看，地球看起来像一个亮度逐渐减弱的凸面球体，它照亮了月球景观，比我们的满月还要亮 60%。

用肉眼观察，地球反照可能会持续几天，直到上弦月阶段，在下弦月阶段再次出现。地球反照的亮度实际上根据地球的相位、地理和全球气候条件而有所变化。大陆比海洋反射性更强，而多云时地球的反射性更强。任何经常观察地球反照的人都会很快注意到，有时这种现象似乎特别突出。

5.3 感觉并不总是现实

虽然人眼在很多方面像数码相机，因为一个小透镜系统将光子投射到一个敏感的光受体矩阵上，但观察者所感知到的并不总是真实的。投射到视网膜上的原始图像经过大脑处理、采样和分析，产生对观察者最有意义的图像。视觉错觉可以愚弄最有经验的观察者，有些视觉错觉非常强大，即使观察者完全意识到它们的本质，也很难不产生错觉。

月亮错觉

在所有的视觉把戏中，月亮错觉是最著名的。当满月或接近满月的月亮在地平线附近被人们看到时，它可能会呈现出不同寻常的大。有些人把这些看起来巨大的卫星称为"像盘子一样大"。但事实上，月球离地平线越近，其表观直径越小，因为观察者是从球形的地球上观察月球的。而当月亮高高在上时，它距离观测者的距离比它在同一晚出现在东方地平线上时要近 6000 多千米。月球表面直径的这种差异太过细微，以至于肉眼无法探测到，因为差异的最大弧度约为 1 角分。月亮错觉主要是因为我们认为天空的形状像某个扁平穹顶的内部，同时天空中云层的透视效果加强了这一点。天体似乎附着在天穹的内部。当我们看到接近地平线的月球时，我们会认为它很遥远，因此觉得它一定是一个大物体，对着大约半度的视角。当月亮在我们上方时，我们下意识地想象它离我们很近，体积要小得多。我们对星座的感知也会产生完全相同的错觉。例如双子星座的北河二与北河三总是相距 4.5 度，但当它们接近地平线时，它们之间的距离看起来比在高空时更大。

5.4 | 月球直角照准仪 / 十字杆

通过一种叫作"十字杆"的简单的肉眼测量装置来观察月球，可以确定月球的大小大致保持不变，无论它是在高空飞行还是在遥远的地平线上盘旋。在前望远镜时代人们广泛使用十字杆和各种裸眼装置，它们非常容易建造。在一根大约一米长、又细又直的木头上，安装一个可以沿着主杆上下移动的小滑块。滑块应该易于移动，但不能太松，要不然向上指向时，滑块会自动滑下。在滑块的前缘，并排固定两个直梢或小钉子，间隔 8 毫米。在十字杆的上半部分，画一条 30 厘米长的线，每隔一厘米做标记。在装置的另一端固定一个小斜孔，用一团用过的棉花卷或一张卡片穿孔就可以了。现在这个仪器已经准备好转向月球了。

把装置放在一个坚实的表面上（比如花园的栅栏或相机的三脚架），通过斜视孔观察月亮，并在滑块上的销子之间对齐。如果月亮不是很圆，可以稍微转动杆，使月亮被照得最宽的地方在销子之间对齐；如果月亮只被狭窄地照亮，则与新月的尖端对齐。在十字杆上标出的 30 厘米刻度处记录下滑块的位置。我们可以看到，无论月亮在天空中的位置如何，它的表观直径始终保持在半度左右。

一整个月内，月球的距离从最接近地球（近地点）的356,400 千米到最远离地球（远地点）的 406,700 千米不等。这50,300 千米的差异意味着月球在近地点的表观直径是 33 角分 29角秒，而在远地点的表观直径是 29 角分 23 角秒——近地点的月球面积比远地点大了将近 30%。即使在像月球这样只有半度左右宽的物体上，表观直径的微小变化也可以用十字杆检测到。在近地点，当月球处于其最大的视直径时，滑块的前缘距离斜视孔约 83 厘米。在远地点，滑块将距离斜视孔约 94 厘米。如果以这种方式在一年内测量月球的直径，那么很明显，从一个近地点到下一个近地点的周期被称为"近点月"，比朔望月（从一次新月到下一次）少几天。

5.5 追踪月球

　　当考虑月球在一年中不同时间的能见度和它高于地平线的高度时，需要仔细对待。月球从西向东移动，每小时移动的角度距离比它自己的直径稍多一点。在29.5天内，它会经历一系列完整的月相，从新月到满月，再回到新月，这一时期被称为"朔望月"或"太阴月"。由于月球的轨道平面靠近黄道（与黄道仅倾斜5度），月球一整月在黄道星座中的轨迹与太阳在一整年中的轨迹相似。

　　当然，满月总是与太阳相对。在冬至，当太阳处于地平线上的最低点时，仲冬的满月在清晨的天空中高悬。夏至时，太阳到达地平线上的最高点，而仲夏的满月会在几个小时内从南部地平线上消失（就像在英国、美国北部和加拿大南部这样的北温带地区看到的那样）。在秋天的满月前后，黄道（以及月亮的轨道面）与东方地平线的夹角最浅，导致月亮每天晚上只会晚升起几分钟。"收获月"是最接近9月23日秋分的满月。在春天，黄道与东方地平线呈一个陡峭的角度，这意味着，在满月前后，连续的夜间升起时间相差很大，有时长达一个半小时。

5.6 ┃月光下的色彩感知

    虽然满月看起来又大又亮，但太阳却要比它亮 50 万倍。沐浴在月光下的地球景观具有幽灵般的单色外观，这是因为这一场景不够明亮，还不足以触发人眼中的所有颜色感受器。为了测试这一点，请准备 10 张不同颜色的纸，比如白色、灰色、粉色、浅棕色、浅绿色、淡紫色、天蓝色、鲜红色、亮绿色和黄色，并在它们的背面贴上标签。在一个晴朗的夜晚，在室外选择一个只有月光照亮的黑点，打乱纸张次序后尝试识别每一种颜色。只有在月光足够明亮的情况下，红色才可能是唯一可以确定识别的颜色。

    生活在钠路灯附近的人将能够进行另一项实验，这一次说明了人类颜色感知的心理方面。当月亮高高挂在天空接近满月时，请站在橙色路灯旁，面向月亮。你的影子，被灯光投射在地上，看起来是无可争议的蓝色，尽管事实上你的影子被白色而不是蓝色的月光微弱地照亮。之所以会出现这种奇怪的效应，是因为我们的大脑都知道，自然界中最亮的光源是白光——太阳和月亮。因此，我们认为我们周围的钠橙色环境被白光照亮了，而阴影的蓝色仅仅是由颜色对比感知引起的——这种效应在天鹅座 β 星等双星中很明显，它明亮的黄色成分大大增强了伴星的蓝色。

5.7 ┃ 大气的影响

  月球彩虹的形成与太阳彩虹的形成环境相同，它们都是半径为 42 度的彩色弧，位于光源的正对面。然而，月球彩虹的最大亮度仅为白天彩虹的 1/500,000，因此，它们非常罕见，非常昏暗，而且颜色较浅。

  经常在月亮附近看到的白色月华是由月光在较低云层中水滴之间的反射和衍射造成的。月华有时会被一到两个彩虹色的光环环绕，在极少数情况下，会被三个光环环绕，这是由月光被上层大气中无数的水滴或冰晶衍射造成的。当月光穿过由微小水滴组成的薄而均匀的云层时，月晕就会显得特别生动。有时，月晕可能是近幻月，近幻月也被称为"模拟月亮"或"月亮狗"，这是月亮的漫射图像，它位于月球两侧 22 度，是由上层大气中的冰晶的折射造成的。

第六章

月球展览：月球陈列室的双筒望远镜之旅

双筒望远镜可以比肉眼看到更清晰的月球。通过它们，一个带有一些暗色和浅色斑点的遥远圆盘变成了一个充满细节的球体，其中散布着暗色区域和凹坑。虽然业余天文学家倾向于低估双筒望远镜，但它们相比一般意义下的望远镜有许多优势。双筒望远镜（巨型望远镜除外）非常便携，能够承受偶尔的撞击。尽管观测的视野可能是月球直径的十几倍或更多，但一副稳定的双筒望远镜可以看到相当多的细节，无论是月盘较亮的部分，还是晨昏线沿线。用两只眼睛看月球比只用一只眼睛看月球要愉快得多。尽管由于视差效应太小，月球的真正三维性质不可能被分辨出来，但双筒观测会给人一种月球飘浮在太空中的印象。

简单观剧镜（也被称为伽利略双筒望远镜）放大倍率很低，视野很窄，当观测像月亮这样明亮的物体时，一定程度的颜色变假会很明显。观剧镜会展示月球上所有的月海、主要的山脉和几十个大撞击坑，包括几个被明亮的射线系统包围的撞击坑。为了规划望远镜观测项目，观剧镜对快速观察月球很有用。

一对高质量的双筒望远镜可以显示相当多的月球细节。用它观察新月，会发现月球黑暗的一面点缀着蓝色的地球反照光，非常美丽。双筒望远镜可以用来观察更加明亮的对恒星和行星的月掩星现象。用双筒望远镜观察月食比用一般意义的望远镜观察月食效果更好，两只眼睛能很容易地分辨出本影中的细微颜色，完全被遮住的月亮在星空背景下停悬，常常呈现出令人惊叹的三维效果。

图 6.1 月球总图，显示了通过双筒望远镜可见的所有主要地形特征。

　　通过安装良好的双筒望远镜或小型折射望远镜，几乎可以很容易地识别出每一类月球地形特征。一台 50 毫米的仪器能够分辨跨度小到 10 千米的地形特征。用双筒望远镜观察月球，放大率越高越好。除了变焦双筒望远镜和专业巨型双筒望远镜，大多数双筒望远镜的放大倍数在 7 到 15 倍。50 毫米折射镜的最高可用放大率约为 100 倍，但在这样高的放大率下，很难保持月球处在非驱动地平经纬仪的视场中心。最好使用让人满意、舒服、容易看到月球细节的放大倍率。

　　以下是每一类月球地形中最突出的一些特征，它们适合用双筒望远镜或小型望远镜观测，这样的观测要特别注意每一类中最突出的地形特征。下面的示例并不详尽，关于每个对象更详细的信息将在第七章介绍。

6.1 ▎ 月海：凝固熔岩的浩瀚海洋

　　月球近地端的 1/3 埋藏在月海下，即黑色熔岩流填充了大量巨大的小行星撞击盆地的内部。有一些月海的轮廓大致是圆形的，而其他的则有些不规则，里面的熔岩已经延伸到边远的平原和毗邻的撞击坑。以下为近地端主要的月海。

　　风暴洋。一片狭长的月海区域，占据了月球西半球远端的大部分，在西部有着清晰的轮廓。在北部，它变窄成为露湾，其东段与雨海融合。日出：第 10—13 天。日落：第 25—28 天。

　　雨海。最大的圆形月海，有跨越 300 度的巨大而清晰的山脉边界。与西方的风暴洋混合。北部边界被半圆形的虹湾冲击而形成凹陷。日出：第 6—10 天。日落：第 21—25 天。

　　澄海。圆形，具有清晰的山脉边界，与南部的静海和东北部的梦湖相连。澄海的边界显示出有趣而清晰的色调变化。这是月球最突出的皱脊所在的位置（见下文）。日出：第 4—6 天。日落：第 19—21 天。

　　静海。不规则的月海，轮廓有点直。与北部的澄海、东部的丰富海和南部的狂暴湾相连。有迷人的拉蒙特环形山（见下文）。日出：第 3—5 天。日落：第 18—20 天。

　　云海。月球中南部的大型不规则月海。日出：第 7—9 天。日落：第 22—24 天。

　　丰富海。具有不规则边界的细长月海，占据了月球东部大部分接近边缘的地区，位于危海以南。它的西北部与静海汇合。日出：第 2—4 天。日落：第 16—18 天。

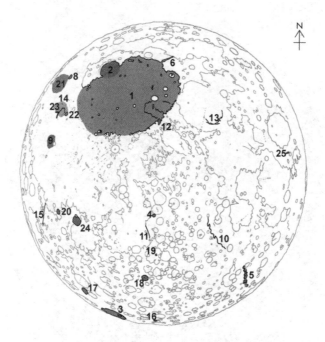

图 6.2 一些最大的、最好的、打破纪录的月球地形特征

1.最大的圆形月海: 雨海(355.4万平方千米), 2.最大的海湾: 虹湾(16.7万平方千米), 3.最大的撞击坑: 巴伊环形山(303千米), 4.最大的中央山峰: 位于阿尔佩特拉吉斯撞击坑内部(2910米), 5.最大的山谷: 里伊塔月谷(500千米长, 50千米宽), 6.最大的地堑谷: 阿尔卑斯大峡谷(长130千米, 最大宽18千米), 7.最大的弯曲月溪: 施洛特尔月谷(长160千米, 最大宽10千米), 8.最大的穹隆: 吕姆克山(70千米宽), 9.最大的穹隆区域: 马利厄斯山(面积3万平方千米), 10.最大的标准断层: 阿尔泰峭壁(480千米长), 11.最整齐的标准断层: 直壁(110千米长), 12.最高的山: 惠更斯山(5400米), 13.最大的皱脊: 利斯特山脊(300千米长), 14.最小的皱脊: 尼格利山脊(50千米长), 15.最长的月溪: 希尔萨利斯溪(400千米长), 16.最深的撞击坑: 牛顿撞击坑(8839米), 17.熔岩最多的撞击坑: 瓦根廷撞击坑(84千米), 18.射线最突出的撞击坑: 第谷环形山(85千米, 射线长达1300千米), 19.最明亮的区域: 卡西尼亮点(德朗达尔HA撞击坑), 20.最黑暗的地区: 比伊撞击坑(46千米), 21.最柔和的地区: 露湾和风暴洋的交界处, 22.最容易发生月球瞬变现象的区域: 阿里斯塔克撞击坑(40千米), 23.颜色最明显的区域: 阿里斯塔克附近的"伍德斑"(橙色), 24.最常观测到的撞击坑: 伽桑狄环形山(110千米), 25.最小的湖: 长存湖(70千米宽)。

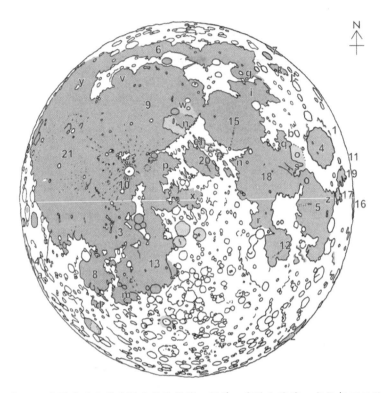

图 6.3 地图显示了月球近地端的月海、沼泽、湖泊和海湾，它们都可以通过双筒望远镜看到。

图中重要地形特征有：

月海：1.蛇海，2.南海，3.知海，4.危海，5.丰富海，6.冷海，7.洪堡海，8.湿海，9.雨海，10.岛海，11.界海，12.酒海，13.云海，14.东海，15.澄海，16.史密斯海，17.泡沫海，18.静海，19.浪海，20.汽海，21.风暴洋。

月湖／沼／湾：a.秋湖，b.仁慈湖，c.悲湖，d.秀丽湖，e.幸福湖，f.柔湖，g.死湖，h.恨湖，i.梦湖，j.希望湖，k.时湖，l.恐湖，m.疫沼，n.腐沼，o.梦沼，p.浪湾，q.爱湾，r.狂暴湾，s.和谐湾，t.忠诚湾，u.荣誉湾，v.虹湾，w.月湾，x.中央湾，y.露湾，z.成功湾。

危海。东北边缘附近突出的圆形月海，被连续的山脉边界包围。当被晨昏线一分为二时，危海看起来像一个非常大的撞击坑。日出：第2—3天。日落：第16—17天。

湿海。月球西南方的黑暗圆形月海，其东北部的山脉边界被风暴洋的南端打破。日出：第9—10天。日落：第25—26天。

酒海。一个小而清晰的圆形月海，其南部在大撞击坑弗拉卡斯托罗（124千米）凹陷。酒海在北部与狂暴湾相连。日出：第4—5天。日落：第18—19天。

冷海。从西面的露湾到东面的死湖，一片横跨月球北纬大片地区的暗带。日出：第4—10天。日落：第19—25天。

汽海。小而不规则的黑色月海，位于澄海西南部的高地上。它与南部的中央湾相连。日出：第6—7天。日落：第21—22天。

6.2 雨海之旅：小望远镜之旅

雨海是月球上最大的圆形月海，是被一块大约38亿年前从月壳中被开掘出来的巨大的熔岩占据的小行星撞击盆地。雨海的直径为1160千米，周长为3900千米，表面积为83万平方千米。

月球近地端最壮观的山脉环绕着雨海的周长有300度。两座巨大的山脉——**格鲁苏申 γ 山脉**（基座直径20千米）和**格鲁苏申 δ 山脉**（基座直径25千米），从西北部开始，沿雨海顺时针延伸，标志着雨海北部山脉边界的开始。在这些"沉思的哨兵"的北面，环形山的丘陵地带从平坦的**风暴洋**向西延伸，与宏伟的**侏罗山脉**融合在一起。侏罗山脉的弧线形成了壮观的**虹湾**的北部边界，这是一个直径260千米的小行星撞击盆地，形成于雨海之后，被雨海熔岩流填满。当月球到达一个月的第11天左右时，通过小型望远镜观察，侏罗山脉的西南部呈现出一个优雅的装饰艺术雕像的外观，这是一个被称为"月亮少女"的影子。她细致入微的面部轮廓是**赫拉克利特岬**，她的头发是更西边的丘陵。她身体的其余部分，由侏罗山脉组成，以优美的角度向外弯曲。请记住，在北半球可以用双筒望远镜看到她，但看起来是颠倒的。

起伏的山脉继续向雨海的北部延伸，并逐渐扩大，吞噬了巨大的、深色底面的**柏拉图环形山**，这是一个100千米宽的引人注目的平地撞击坑。在它的东部，宽阔的**阿尔卑斯山脉**被**阿尔卑斯大峡谷**切开，这是一个长130千米、宽18千米的月球裂谷。

在柏拉图环形山南部的雨海中，有几条山脉和山峰完全被月海的物质包围。由于它们突出并位于平坦的地面上，这些地形特征和它们投下的阴影很适合通过小型仪器观看。**直列山脉**是一条90千米长、海拔1800米的山峰线，比达科他州的黑山略小。直列山脉的东部是**特内里费山脉**，是一组海拔2400米的山峰。地球大西洋特内里费岛上的山脉海拔更高（高达3700米），其形成源自于火山。特内里费山脉的东部是著名的**皮科山**，一座2400米高的孤山，为了纪念特内里费岛最高的山峰而命名。在雨海的东北部，海拔2250米的**皮通山**（也以特内里费岛上的一座山峰命名）傲然耸立在周围。所有这些山脉的特征都被认为早于雨海的熔岩流，它们代表了雨海盆地内环的遗迹。在皮通山的东部，在阿尔卑斯山脉的东端，坐落着**卡西尼撞击坑**。它那不同寻常的外缘的延伸，还有黑暗的淹没底面被两个巨大的撞击坑打断。在卡西尼撞击坑以西，**高加索山脉**是一座550千米长的巨大山脉，是澄海的西北部和雨海的东部之间的边界的标志。

　　一套美丽的四重奏地形特征分布在雨海的西部，它们是平坦的**阿基米德撞击坑**（83千米），著名的**阿里斯基尔撞击坑**（55千米），比较小的具有中央山峰、阶梯墙和射线系统的**奥托里库斯撞击坑**（39千米）以及**施皮茨贝尔根山脉**（Montes Spitzbergen）。施皮茨贝尔根山脉全长60千米，山峰高达1500米，因与地球上的施皮茨贝尔根群岛（Spitzbergen Islands）相似而得名。

　　亚平宁山脉形成了雨海的东南部边界。在这个巨大的山脉中，有些山峰的高度超过了5000米。亚平宁山脉大部分山峰呈放射状延伸至雨海，有点类似于受冰川作用的影响。当然，大型冰川冰盖从未在月球表面隆起过，雨海和其他大型冲击盆地周围的格

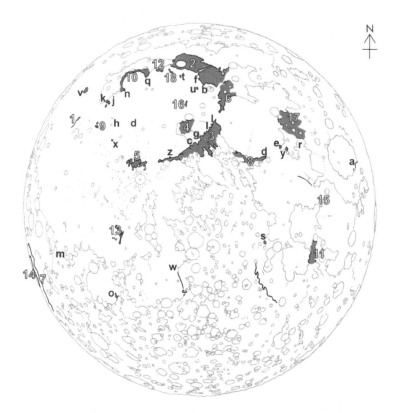

图 6.4　月球上被命名的山脉、岬和几个独特的山峰

山脉： 1.阿格里科拉山，2.阿尔卑斯山，3.亚平宁山，4.阿基米德山，5.喀尔巴阡山，6.高加索山，7.科迪勒拉山，8.海玛斯山，9.哈宾杰山，10.侏罗山，11.比利牛斯山，12.直列山脉，13.里菲山，14.鲁克山，15.塞奇山，16.施皮茨贝尔根山，17.金牛山，18.特内里费山。

山峰及岬角： a.阿格鲁姆岬，b.阿加西岬／德维尔岬，c.安培山／惠更斯山，d.阿切鲁岬，e.阿尔加山，f.布朗山，g.布拉德利山，h.德利尔山，i.菲涅耳岬，j.格鲁苏申δ山，k.格鲁苏申γ山，l.哈德利／哈德利δ山，m.汉斯廷山，n.赫拉克利德岬，o.开尔文岬，p.拉西尔山，q.拉普拉斯岬，r.马拉尔第山，s.彭克山，t.皮科山，u.皮通山，v.吕姆克山，w.泰纳里厄姆岬，x.维诺格拉多夫山，y.维特鲁威山，z.沃尔夫山。

局是由次级冲击的塑造和断层作用形成的。亚平宁山脉的东端^①是 60 千米长的**厄拉多塞撞击坑**，在其后的山脉链上有一个缺口，在 90 千米以外被**喀尔巴阡山脉**覆盖，它是雨海的南部边界的标志。喀尔巴阡山脉长 400 多千米，上面覆盖着厚厚的明亮物质沉积物，这些物质是 9 亿年前哥白尼撞击掘出产生的。

除了在雨海内部和周围发现的壮丽山脉外，还有许多其他可以通过双筒望远镜和小型望远镜观察到的著名山脉。其中一些是形成盆地的小行星撞击的结果，而另一些则是那些被熔岩流包围的撞击坑边缘和高地的残留物。

高加索山脉。一个很显眼的楔形山脉，包括一些壮观的单独山峰。高加索山脉从**亚里士多德环形山**（87 千米）和**欧多克索斯环形山**（67 千米）向南延伸 500 千米，标志着澄海西北边界的一部分。这是一个用双筒望远镜很容易看到的物体，当它被早晨的太阳照射时会给人留下深刻印象。日出：第 7 天。日落：第 21 天。

金牛山脉。在低角度阳光的照射下，这是一片突出的高地区域，连接到澄海的东南边界，而太阳升高时，显示为灰色且暗淡。日出：第 4 天。日落：第 19 天。

里菲山脉。一簇紧凑且分支蔓延的群山，长 195 千米，形状就像凤头鹦鹉的脚。里菲山脉将**知海**的西北方和风暴洋分割开来。里菲山脉在月海中的位置令其即使在高角度的太阳照射下也能很容易被辨认出来。日出：第 10 天。日落：第 24 天。

---

① 原文如此，应为西端。——译者注

6.3 皱 脊

  月球上各处的月海被低皱脊交叉穿越。虽然这些山脊只有几
十米高,但在当地日出后或日落前以非常倾斜的角度被光照射时,
它们是可见的,通过双筒望远镜和小型望远镜可以分辨出一些较
大的皱脊。大部分的皱脊是挤压的特征,形成于月海熔岩沉降时,
这减少了月海的表面积,逐渐使月海的物质皱褶。危海、湿海、
雨海、云海、丰富海和静海都显示出突出的皱脊系统,其中的大
多数皱脊与月海的边界平行。

  斯米尔诺夫山脊——蛇形山脊。也许最著名的褶皱山脊是
斯米尔诺夫山脊(通常被称为"蛇形山脊"),这是一个巨大的、
蜿蜒的宽辫状山脊系,平行于静海的东部边界。它长 200 千米,
有些地方宽 15 千米。当它接近晨昏线时,斯米尔诺夫山脊可以
很容易地通过双筒望远镜或小型望远镜观察到。在高角度光照下
通过望远镜看不到它的踪迹。日出:第 8 天。日落:第 20 天。

  拉蒙特撞击坑——独特的褶皱构造。从北到南 300 千米的
皱脊网汇聚在拉蒙特撞击坑,这是静海西南部一个独特而迷人的
地貌。拉蒙特主环直径为 75 千米,是由一系列低矮的皱脊组成
的,看起来就像钢化玻璃上的孔眼。拉蒙特撞击坑只有在早晨或
晚上的低光照下通过小型望远镜才能看到,尽管它不是一个容易
被观测的物体。当太阳直射时,它是完全看不见的。日出:第 5 天。
日落:第 20 天。

6.4 穹 隆

　　低矮的圆丘被称为穹隆，它们单独或成群结队地出现在月海的部分地区。就像皱脊一样，穹隆不会从景观中陡然升起，只有在接近晨昏线时，才会被低角度的太阳照亮。大多数穹隆是由熔岩连续喷发形成的火山地貌，其黏度可能与地球上形成（目前仍在形成中）的夏威夷盾状火山的黏度相当。不过，也有可能一些穹隆是隆起的地形特征，就像纽约州的阿迪朗达克山脉一样，那里因受到岩浆的侵入而迫使上覆岩层向上拱起。

　　吕姆克山。月球上最大的穹隆。我们知道只有少数巨大的穹隆可以通过小型望远镜看到。其中最大的是吕姆克山，这是一个直径约 70 千米的宽阔而明显凹凸不平的高原，高出风暴洋北部四周的平原 300 米。当吕姆克山刚好位于月球晨曦中时最为清晰，而在烈日下是完全无法追踪的。日出：第 12 天。日落：第 26 天。

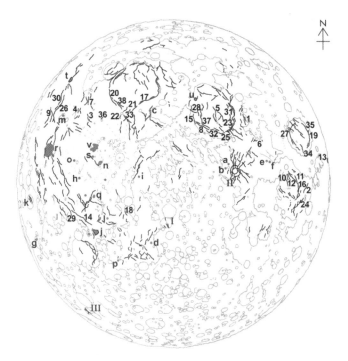

图 6.5 月球皱脊和穹隆分布图。其中许多可以通过双筒望远镜看到，但另外的大多数，尤其是穹隆，需要射电望远镜才能被正确观察。

山脊群：1.阿尔德罗万迪山脊，2.安德鲁索夫山脊，3.阿尔杜伊诺山脊，4.阿尔冈山脊，5.阿萨拉山脊，6.巴洛山脊，7.布赫山脊，8.巴克兰山脊，9.伯内特山脊，10.加图山脊，11.卡耶山脊，12.莫森山脊，13.丹纳山脊，14.尤因山脊，15.加斯特山脊，16.盖基山脊，17.葛利普山脊，18.盖塔山脊，19.哈克山脊，20.海姆山脊，21.赫加齐山脊，22.兰贝特山脊，23.利斯特山脊，24.莫森山脊，25.尼科尔山脊，26.尼格利山脊，27.奥佩尔山脊，28.欧文山脊，29.鲁比山脊，30.希拉山脊，31.斯米尔诺夫山脊，32.索比山脊，33.施蒂勒山脊，34.泰尔米埃山脊，35.捷佳耶夫山脊，36.提拉山脊，37.冯·科塔山脊，38.齐克尔山脊。

穹隆：a.阿拉戈 α 穹隆，b.阿拉戈 β 穹隆，c.比尔穹隆，d.伯特 E 穹隆，e.柯西 τ 穹隆，f.柯西 ω 穹隆，g.达尔文穹隆，h.恩克 K 穹隆，i.冈巴尔 C 穹隆，j.伽桑狄 H 穹隆，k.格里马尔迪穹隆，l.赫里戈留斯穹隆，m.希罗多德穹隆，n.霍尔登休穹隆，o.开普勒穹隆，p.基斯 π 穹隆，q.兰兹伯格 D 穹隆，r.马利厄斯山，s.米利奇乌斯 π 穹隆，t.吕姆克山，u."瓦伦丁"穹隆，v.迈耶附近的穹隆。

带山脊的撞击坑：I.阿方索撞击坑，II.拉蒙特撞击坑，III.瓦根廷撞击坑。

6.5 撞击坑

　　许多直径在 30 千米到 100 千米的年轻月球撞击坑都显示出遭受过撞击的明显特征。它们尖锐的边缘比周围环境高出数百米，有阶梯式的内壁墙，以及很深的底面和中央山峰，所有这些特征都被广阔的放射状撞击结构及射线包围着，它们代表了大多数人对"真正的"撞击坑的印象。这类著名的大撞击坑包括哥白尼环形山。

图 6.6　一些突出的月面撞击坑和带有明亮射线系统的撞击坑

　　突出的环形山：a.哥白尼，b.恩底弥昂，c.克拉维斯，d.托勒密，e.伽桑狄，f.柏拉图，g.施卡德，h.培特威物斯，i.格里马尔迪，j.西奥菲勒斯。

　　撞击坑射线系统：1.阿那克萨哥拉，2.泰勒斯，3.阿里斯塔克，4.开普勒，5.哥白尼，6.普罗克洛斯，7.比尔吉 A，8.第谷，9.梅西耶，10.贝塞尔。

哥白尼：巨大的撞击坑

在月球上所有相对年轻的大型撞击坑中，哥白尼环形山无疑是最令人印象深刻的。观察哥白尼环形山和它的周围会令人兴奋，它向四面八方扩散的明亮射线可以分解成一系列复杂的径向射线。这些射线向各个方向延伸 800 多千米，覆盖周围地区。

哥白尼环形山在大约 9 亿年前登上月球的舞台，当时一颗小行星撞进了雨海南部山脉边界的月壳。撞击使当地的月壳蒸发，凿出一个 93 千米长的撞击坑，并抛出大量碎片，其中较大的碎片产生了二次撞击，并在哥白尼环形山周围形成放射状的凹坑。在撞击坑周围广泛的放射状沟槽和皱脊中可以看到这种次级撞击结构的痕迹，尽管许多较细的链状撞击坑无法通过双筒望远镜和小型望远镜分辨出来。继哥白尼撞击之后形成了一个有趣的次生撞击坑，它是锁孔形状的连体撞击坑福特（12 千米）和福特 A（9.6 千米），位于哥白尼环形山以南不远的地方，通过双筒望远镜可以看到它。

哥白尼环形山的底面在其边缘以下 3700 米处，其中有一组可以通过双筒望远镜看到的中央山峰，它们的大小和结构有点类似于波多黎各以东的维尔京群岛。哥白尼环形山的内壁墙装饰着复杂的阶梯式结构，其中大部分是可分解的。环形山的内部斜坡从边缘向下延伸到底面，就像一个大型露天月球采矿场。在哥白尼环形山的东缘也可以观察到一个明显的"扭结"，这是滑坡造成的结果。日出：第 8 天。日落：第 23 天。

一些有趣的大型月球环形山

恩底弥昂环形山（125 千米）。靠近东北边缘有一个显眼的暗底撞击坑，每当它被照亮时会很容易定位。在附近的梦湖的北部边界，可以发现著名的阿特拉斯撞击坑（87 千米）和赫拉克勒斯撞击坑（67 千米）。日出：第 3 天。日落：第 17 天。

克拉维斯环形山（225 千米）。在坑坑洼洼的南部高地上有一个非常大的令人印象深刻的撞击坑。用一架小型望远镜，可以在克拉维斯的底面看到一个由互不相连的小坑组成的小弧形。当被太阳直射时，很难辨别克拉维斯环形山。日出：第 8 天。日落：第 23 天。

托勒密环形山（153 千米）。这是一个大而平坦的撞击坑，就在月球圆盘的南边。托勒密环形山的南壁墙与阿方索撞击坑（118 千米）相连。这是一个中央有着大的山峰的撞击坑，底面上有几个小的黑色斑块。在它的西南部是阿尔佩特拉吉斯撞击坑（40 千米），有一个非常大的圆形中央山。阿方索撞击坑的南部是阿尔扎赫尔撞击坑（97 千米），这是一个突出的深撞击坑，内部有梯形壁墙和中央峰。在太阳直射下，这些撞击坑都很难通过望远镜和小型望远镜分辨出来。日出：第 7 天。日落：第 22 天。

伽桑狄环形山（110 千米）。湿海北岸的一个大撞击坑，它的底面包含中央山脉和一些小山，且有无数的月溪，但用小型望远镜无法分辨。日出：第 10 天。日落：第 25 天。

柏拉图环形山（101 千米）。一个突出的、黑暗的、平坦的撞击坑，沉入月球上的阿尔卑斯山之下 2000 米。日出和日落时，它的边缘投射在月面上的阴影令人着迷。光照下的柏拉图环形山在任何时候都很容易被识别。日出：第 7 天。日落：第 22 天。

施卡德环形山（227 千米）。这是西南象限的一个被淹没的巨大的撞击坑，底面明显是不规则的，点缀着几个较小的坑。在高角度光照下通过双筒望远镜容易定位。日出：第 12 天。日落：第 26 天。

培特威物斯环形山（177 千米）。月球东南边缘附近有一个壮观的撞击坑。它有巨大而复杂的壁墙和巨大的中央山峰。小型望远镜能分辨出一个突出的线性月溪，它从中央山峰到壁墙横跨西南方 50 千米的底面。培特威物斯环形山在高角度照射下的定位是一种挑战。日出：第 2 天。日落：第 17 天。

格里马尔迪环形山（222 千米）。月球西边缘附近的一大片黑色圆形平原。格里马尔迪环形山位于一个直径 430 千米的较大、不太清楚的盆地中部。即使处在极端的天平动之下，格里马尔迪环形山在被照亮的任何时候都很容易被找到。日出：第 12 天。日落：第 27 天。

西奥菲勒斯环形山（100 千米）。一个深而突出的撞击坑，位于酒海西北边界。西奥菲勒斯环形山的内壁墙呈现出梯形结构，一大群山峰从它的底面拔地而起。西奥菲勒斯环形山的西南部位于西里勒斯环形山（98 千米）之上，而西里勒斯环形山与凯瑟琳环形山（100 千米）相连。在低垂的太阳下，这三座山一起构成了极好的景象。在高角度照射下，西奥菲勒斯环形山的边缘和中央山峰清晰可见，而此时的西里勒斯和凯瑟琳环形山则较难识别。日出：第 5 天。日落：第 19 天。

6.6 射线系统

　　明亮的射线系统覆盖在月球表面，在满月时尤其明显。小型仪器可以用于月球射线系统的研究，因为它们可以用来测量整个月球或月球的大部分。带有明亮或不寻常射线的撞击坑包括：

　　阿那克萨哥拉撞击坑（51千米）。北部边缘附近一个突出的辐射状撞击坑。

　　泰勒斯撞击坑（32千米）。靠近月球东北边缘的明亮对称射线系统的中心。

　　阿里斯塔克撞击坑（40千米）。风暴洋中的一个明亮的撞击坑，它是一个不对称射线系统的中心，向东可追溯300千米。

　　开普勒环形山（32千米）。一个壮观的、对称的射线飞溅形成的普通源头撞击坑，延伸到600千米之外。

　　哥白尼环形山（93千米）。雨海南部的巨大撞击坑。它的射线可以延伸到800多千米远的地方（见上文对哥白尼环形山的描述）。

　　普罗克洛斯撞击坑（28千米）。在危海以西的一个小的、明亮的、边缘锐利的撞击坑，这是一个以宽扇形排列而突出的、不对称射线系统的中心。没有一条普罗克洛斯的射线能覆盖其西边浅灰色的梦沼。

　　比尔吉A撞击坑（17千米）。一个小而明亮的撞击坑，位于一道突出的射线中心，很容易通过双筒望远镜看到，射线延伸300多千米的距离。

第谷环形山（85 千米）。一个位于月球南部高地的巨大而非常突出的撞击坑，是月球最广泛的射线系统的中心。第谷的射线以许多不同长度的明亮线性手指状的形式延伸，其中最长的一条可以追溯到距离第谷 1500 千米的地方。第谷的边缘被因撞击熔化所形成的宽而暗的环包围，通过双筒望远镜和小型望远镜很容易分辨。日出：第 8 天。日落：第 22 天。

使用双筒望远镜和小型望远镜对射线系统进行研究将使观测者能够获得月球主要射线系统的全貌。

存有的问题：射线的源头撞击坑主要发生在高地或月海地区吗？这些撞击坑是否形成了明显的群或簇？射线是否均匀分布在源头撞击坑的周围？来自不同系统的射线会重叠吗？有可能确定哪个系统是最年轻的吗？有迹象表明有射线来自月球的背面吗？射线是在满月时最亮，还是在太阳到达最高点时最亮？是源头撞击坑一直比它们的射线亮，还是存在超过了它们的源头撞击坑亮度的射线？除了上面提到的主要射线系统，还有哪些撞击坑拥有射线系统？是否存在着某些射线或类似的高反射率地形特征与任何的源头撞击坑无关？

记录射线系统

请注意在朔望月的哪些时候某些撞击坑周围的射线系统开始变得清晰可见，什么时候在傍晚的光照下不再可见。观察者可以使用强度估算指南（参见第四章"观测和记录月球"），记录朔望月中射线的亮度变化，然后绘制整条月射线亮度的表观变化曲线。

可利用整张月球观测白页来记录通过双筒望远镜或小型望远镜在低倍率下看到的月球射线系统。在图纸上明确标出晨昏线，然后用粗体线表示源头撞击坑及其明亮而突出的射线，用虚线表示不那么突出的射线。

要注意的特性：射线明显的源头及相关特征；射线系统的对称性；射线的总体模式；射线和射线系统的起点和终点；射线的尾部（例如单个尖刺或条纹、亮斑或污点）；何时射线或射线系统首次在月球日出时可见，或何时在日落时消失在晨昏线附近；强度的估计；还有色彩（这是一个非常主观的方面，取决于观察者及其使用的工具，还有能见度等）。

6.7 | 断 层

寻找月壳中的断层

就像地球的地壳一样，月壳也能因应力而变形。超过临界压缩或拉伸程度，岩石会突然断裂，形成断层陡坡、皱脊和月溪。长期以来，月壳一直屈服于所有被压抑的压力，数十亿年来，月球没有发生过重大断层。有些断层可能非常深，似乎笔直地穿过月表，将先前存在的地形（如撞击坑和山脉）安然无恙地一分为二。通过双筒望远镜和小型望远镜可以看到其中的一些断层特征：

阿尔卑斯大裂谷：阿尔卑斯山脉的大裂谷。 阿尔卑斯大裂谷长 130 千米，有些地方宽 18 千米，清晰地截断了月球上的阿尔卑斯山脉，在月球当地的日出后和日落前呈现为一条暗线。在高角度的太阳照射下，大裂谷的表面明显比周围的山脉要暗。地球上最大的陆地峡谷是亚利桑那州的大峡谷，平均宽 13 千米，深 1600 米。虽然科罗拉多河在数十万年的持续侵蚀作用下，从地壳中凿出了大峡谷，但是侵蚀作用并不是月球对应地貌的形成原因，因为月球表面从来没有可观的流动液态水。在月球阿尔卑斯大裂谷的例子中，阿尔卑斯山脉的张力导致两条平行的断层出现在山脉上，断层所围绕的区域下沉到山顶以下。这种山谷被称为地堑，它是迄今为止月球上最大的线性月溪。阿尔卑斯大峡谷的表面后来被从月海中流出的熔岩淹没了。日出：第 7 天。日落：第 21 天。

直壁：云海中典型的断层。 直壁是由月壳张力引起的位于云

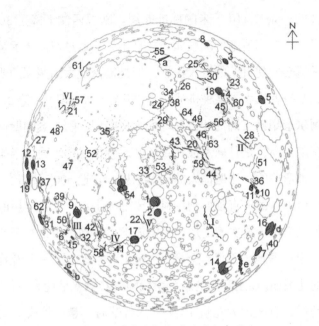

图 6.7　月球上较大的月溪分布图

峡谷：a.阿尔卑斯大裂谷，b.巴德谷，c.因吉拉米谷，d.帕雷泽西谷，e.里伊塔月谷，f.施洛特尔月谷。

峭壁：Ⅰ.阿尔泰峭壁，Ⅱ.柯西峭壁，Ⅲ.李比希峭壁，Ⅳ.墨卡托峭壁，Ⅴ.直壁，Ⅵ.托斯卡内利峭壁。

月溪（黑体表示带有月溪的撞击坑）：**1.阿方索，2.阿尔扎赫尔，3.阿特拉斯，4.沙科纳克，5.克莱奥迈季斯，6.德·加斯帕里斯，7.弗内留斯，8.格特纳，9.伽桑狄，10.郭克兰纽，11.谷登堡，12.赫定，13.赫维留，14.让桑，15.帕尔梅里纳，16.培特威物斯，17.皮塔屠斯，18.波西多尼，19.里乔利**，20.阿里亚代乌斯溪，21.阿里斯塔克溪，22.伯特溪，23.邦德溪，24.布拉德利溪，25.伯格溪，26.卡利普斯溪，27.卡尔达诺溪，28.柯西溪，29.科农溪，30.丹尼尔溪，31.达尔文溪，32.多佩尔迈尔溪，33.弗拉马里翁溪，34.菲涅耳溪，35.盖·吕萨克溪，36.郭克兰纽溪，37.格里马尔迪溪，38.哈德利溪，39.汉斯廷溪，40.哈泽溪，41.赫西俄德溪，42.西帕路斯溪，43.希吉努斯溪，44.希帕提娅溪，45.利特罗溪，46.麦克莱尔溪，47.梅斯特林溪，48.马利厄斯溪，49.门纳劳斯溪，50.梅森溪，51.梅西耶溪，52.米利奇乌斯溪，53.奥波采尔溪，54.帕里溪，55.柏拉图溪，56普利纽斯溪，57.普林茨溪，58.拉姆斯登溪，59.里特尔溪，60.罗默溪，61.夏普溪，62.希尔萨利斯溪，63.索西琴尼溪，64.苏尔皮基乌斯·盖路斯溪，65.特里斯纳凯尔月溪。

海东部的一条长 110 千米的标准断层。断层西侧下降了 300 米，形成了一个轮廓清晰的陡坡面。在日出时，通过双筒望远镜和小型望远镜会发现直壁的巨大黑影，但是被傍晚太阳照亮的明亮悬崖表面本身就代表着某种挑战。日出：第 8 天。日落：第 22 天。

阿尔泰峭壁：酒海冲击盆地的弧形断层。 阿尔泰峭壁位于酒海的东南方向，是月球上最壮观的断层特征之一。阿尔泰峭壁呈现为一种弯曲的、比例惊人的扇形悬崖，它近 500 千米长，从凯瑟琳环形山以西一直延伸到皮科洛米尼撞击坑。这个陡崖的起源与小行星撞击（这次撞击形成了酒海撞击盆地）带给月壳的应力有关。现在盆地内部已经下降了 1000 米，露出了一个沿着深断层线的陡坡面。在刚开始的新月阶段阿尔泰峭壁呈现为一条明亮、蜿蜒的线，有些地方宽达 15 千米。日落时，悬崖给脚下的景观投下不规则的阴影。日出：第 5 天。日落：第 19 天。

天平动地形特性

观察月球接近边缘的地形特征是一项挑战，吸引了那些有兴趣将天文学研究带到人眼很少看到的地方的人。观察接近月球边缘的地形特征能够使观测者深入了解这一地区的地形和月球的天平动模式。

东海：巨大的月球靶心。 东海可能是月球最著名的天平动地形特征。当发生一个有利的天平动时，这个结构可以用双筒望远镜观测到，它在月球的西部边缘形成一个可识别的"凹痕"。东海位于月球的平均西缘之外（直径为 300 千米的月海大部分位于西经 90 度以上），需要一个良好的天平动才能将其带入视野中。东海位于一个直径为 930 千米的多环撞击盆地中心，其外缘被科迪勒拉山脉勾勒。外部区域被熔岩流浸染，其中，春湖和秋湖位于近地端一侧，可以通过双筒望远镜看到。而东海本身超出了月球边缘。

洪堡海。东北边缘的新月形海，约300千米宽，完全位于近地端的平均位置。洪堡海占据了一个直径650千米的较大撞击盆地的中心部分，该盆地一直延伸到远地端。

南海。它是靠近东南边缘的一个圆形区域，直径约1000千米，由被淹没的深底撞击坑和平原组成。南海几乎正好位于东经90度的线上。

巴伊环形山。一个巨大的撞击坑，直径305千米，位于月球西南边缘附近的天平动区域。这是一个古老的并侵蚀严重的地形特征，有矮矮的壁墙和粗糙的、坑坑洼洼的底面，但当它出现在早晨的阳光下时，在一个有利的天平动时期，将是一个极棒的景观。当没有阴影的时候，巴伊环形山几乎是看不见的。

6.8 ╏ 观察月食

　　月球不时地滑入地球在太空投下的阴影中。阴影有两个组成部分：一个黑暗的核心，即本影；还有围绕它的较暗的外部区域，即半影。半影食发生在月球穿过地球的半影阴影时。由于半影没有可察觉的颜色，外缘模糊不清，肉眼无法察觉，因此仅半影食是相当不起眼的。只有最狂热的月球观测者才会一大早起来观看这种类型的月食。用双筒望远镜观测可以看到最好的景色。

　　从观测的角度来看，月偏食更令人满意。月亮首先进入半影，大约一小时后，它的一部分进入较暗的本影阴影。在月球第一次与本影接触前半小时左右，可以在月球的前端边缘看出半影变暗。在月食最大时，月球的一部分仍然直接被阳光照亮，它引起的眩光使月球被食的部分看起来十分黑而且很大程度上失去了光泽。

　　月全食是天文学上最壮观的景象之一。月球需要一个小时左右的时间才能完全进入本影。在全食时，尽管月球完全被地球的阴影覆盖，但它永远不会完全从视野中消失，因为一定数量的阳光通过地球的大气层折射到月球表面。在最长的月食期间，月全食可以持续近 2 小时，这时月亮几乎从地球的阴影中央穿过。没有两次月全食看起来是一样的，本影的色调、颜色分布和暗度总是变化的。这在很大程度上取决于地球大气中的云和高空尘埃，以及月球在地球本影中的深度。

丹戎级

这是由安德烈·丹戎（André Danjon）设计的月全食分类，为观测者提供了一份粗略指南。丹戎级说明了观测到的月全食发生时月亮的亮度和本影的颜色。

L=0 非常暗的月食；月亮几乎看不见，尤其是在食甚时期。

L=1 暗月食，灰色或棕色；很难看到细节。

L=2 深红色或铁锈色的月食；中心阴影非常暗，而本影外缘相对明亮。

L=3 砖红色月食；本影可能有明亮或黄色的边缘。

L=4 非常明亮的铜红色或橙色月食；本影有一个非常明亮的蓝色边缘。

双筒望远镜能使观测者看到最好的月食全景。色彩是惊人的，观测者经常被月亮在星空背景下飘浮在太空的非凡的三维印象所打动。

在预先准备好的白页上画线，每隔20分钟尝试一次。伴随着这些图画，可以记录下本影边缘的清晰度和任何明显的不规则轮廓，以及对本影内的黑暗和颜色的印象。在整个月食过程中，可能会记录下月球的能见度、表观亮度和月球某些地形特征的清晰度。一些明亮的环形山，如阿里斯塔克和第谷，在整个月食过程中都可以看到，甚至在食甚时也可以分辨出来。也有一些黑暗的地形特征，比如月海或较小的、深色的、被淹没的环形山（如柏拉图或格里马尔迪），当它们处于阴影中时，也可以被识别出来。

观测者可以使用反着拿的双筒望远镜来估计完全月食时的亮度，即将望远镜对准月球，将月球的微小聚焦图像与肉眼可见的附近星星的亮度进行比较。

阴影接触时间

本影边缘经过月球某些突出的地形特征的时间可以精确到分钟，接触时间是根据这些特征浸入和从阴影中出来而定的。在利用低倍数双筒望远镜时，可以使用以下地形特征作为阴影接触时间点（按浸入顺序）：格里马尔迪、阿里斯塔克、开普勒、哥白尼、第谷、柏拉图、马尼利厄斯、波西多尼、普罗克洛斯和朗伦。

适合使用小型望远镜进行计时的比较小的明亮地形特征包括：罗尔曼 A，比尔吉 A，汉斯廷山，阿里斯塔克（中央峰），恩克 B，开普勒，贝萨里翁，布雷利，米利奇乌斯，欧几里得，阿伽撒尔基德斯 A，达尔内，哥白尼（中央峰），皮西亚斯，居里克 C，伯特，第谷（中央峰），皮科，班克罗夫特，莫斯汀 A，波得，卡西尼 A，埃格德 A，马尼利厄斯（中央峰），皮克林，门纳劳斯，丁尼修斯，尼科莱 A，普利纽斯，赫拉克勒斯 G，肯索里努斯，罗斯，卡迈克尔，普罗克洛斯，斯蒂维纽 A，朗伦 M。

图 6.8 双筒望远镜观察到的月食

月食成像

　　通过双筒望远镜和小型望远镜进行焦距摄影完全可以使用标准的袖珍胶片相机或数码相机。因为月食的亮度变化非常大，所以无法给出使用标准胶片相机在全食期间最佳曝光的确凿指南。最好将您的相机包起来，随着月食的展开，尝试曝光。与拍摄月球常规月相的照片相比，月食时的部分月相需要略微增加曝光量才能显示出本影中的色调，但未经驱动的曝光会逐渐变得模糊。数码相机比传统相机用途广泛得多，与传统胶片相机相比，手持的双筒望远镜或非驱动的望远镜目镜上的数码相机能取得更大的成功。有了敏感的 CCD 芯片，更短的曝光意味着通过无驱动仪器拍摄时的模糊程度更小。用数码相机拍摄的图像可以根据其质量做即时检查、删除或存储处理。

第七章

月球近地端的观测

这次对月球近地端的观测将月盘划分为 16 个区域。每个区域都附有一张地图，上面显示了通过 100 毫米望远镜可以看到的所有主要地形特征，另外还加上一段描述性文字。这些地图与施普林格出版社出版的《哈特菲尔德月球摄影地图集》（The Hatfield Photographic Lunar Atlas，参见本书的参考资料部分）发表的地图相一致。这是印刷地图中最清晰的图册之一，它由清晰的线条绘制而成，方便在野外用目镜观测时使用。

由于与大多数月球观测者从北半球用望远镜看到的月球相一致，因此这些地图选择了传统的望远镜定位方向，即顶部为南，右侧为东。不过 1961 年制定的国际天文联合会公约规定了新坐标，与"经典的"东西方向相反。这意味着大约一个世纪前被命名的东海现在正式位于月球的西半球。由于一些作者在国际天文联合会做出裁决后很长一段时间内仍在使用经典坐标，这往往使他们对月球地形特征的描述难以理解，因此可能会产生混淆。

这些地图都是按相同的比例尺绘制的，面积约为 8 角分 × 8 角分（四张远象限区域图 4、8、12 和 16 例外，它们的比例尺相同，但面积较小）。这些地图大致相当于通过 50 度的可见视场、放大倍数约为 × 380 的望远镜目镜所看到的区域。地图 1—4 覆盖东北象限，地图 5—8 覆盖西北象限，地图 9—12 覆盖西南象限，地图 13—16 覆盖东南象限。

本次对月球的描述性调查详细描述了地图上所显示的大部分地形特征，此外还有一些可能没有标明的、更小或更微妙的地形特征；也详细描述了观测它们所需的望远镜尺寸。在许多情况下，本文可能会提到位于或者延伸到某幅地图边缘以外的某些令人感兴趣的地形特征（或特征组），但对相邻区域的描述很少重复。所描述的每个区域之间的划分并不遵循网格的精确线条，因为这会在区域之间分割一些地形特征的描述以及相关的地形特征组。月球的地形并不是按照现代城市的整齐线条规划的。每一节

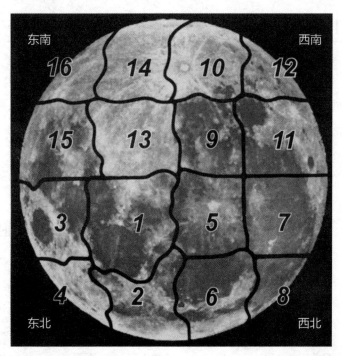

图 7.1　对月球近地端的观测将月盘划分为 16 个区域，地图 1—4 覆盖了东北象限，地图 5—8 覆盖了西北象限，地图 9—12 覆盖了西南象限，地图 13—16 覆盖了东南象限。

的描述性文字只涵盖每张地图上可见的地形特征。作为一种普遍的规则，对每个地图区域内地形特征（或特征组）的观测描述是从北到南进行的，而（在适用的情况下）位于天平动区域内的特征留在最后描述。每个地形特征的正式国际天文联合会名称（在某些情况下会用它的非正式名称）连同（适当情况下）名称的含义以及地形特性的尺寸会一起给出。公制测量单位自始至终都在使用。粗体字表示的是在主要的描述文本中第一次提到的某个地形特征。

7.1 关于月球的一些术语

几个世纪以来，月球上很多地形特征的拉丁名字流传下来。国际天文联合会扩展了其中的一些术语，用来描述太阳系内其他天体上观测到的类似特征。

反照率特征	Albedo feature	以反射率来区分的区域
撞击坑链	Catena	一连串的撞击坑
裂缝	Cleft	小沟
撞击坑	Crater	一种圆形的地形特征（有时凹陷在月表以下）
皱脊	Dorsum (Dorsa)	山脊
残坑	Ghost crater	由于淹没或侵蚀而几乎看不见的撞击坑
月湖	Lacus	"湖"——小平原
着陆点	Landing site name	命名阿波罗着陆点或附近的月球地形特征

月海	Mare (Maria)	"海"——一片大平原
山脉	Mons (Montes)	山
洋	Oceanus	"洋"（风暴洋）——非常大的月海平原
月沼	Palus	"沼泽"——小平原
平原	Planitia	低平原
岬	Promontorium	海角
月溪	Rima (Rimae)	细沟
峭壁	Rupes	悬崖
月湾	Sinus	"湾"——小平原
基地	Statio	"基地"（静海基地）
月谷	Vallis	山谷

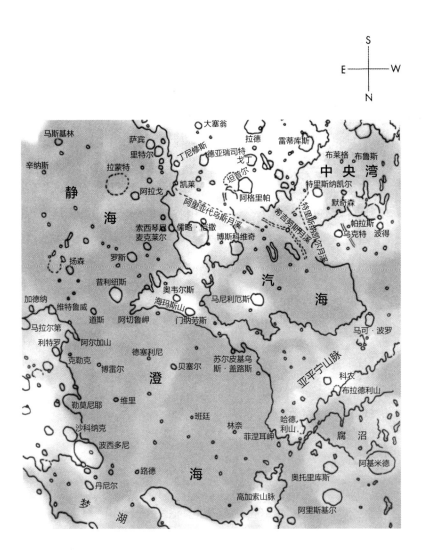

第一区

　　这一地区的大部分被平原占据。我们的观测范围包括整个**澄海**和**汽海**，还包括**静海**的西部区域。著名的地形特征包括**亚平宁山脉**的东部，突出的**波西多尼撞击坑**，不同寻常的皱脊特征**拉蒙特**和几个主要的月溪系统。日出晨昏线大约在第4—8天穿过这个区域，日落晨昏线大约在第19—23天穿过这个区域。

　　澄海是一个轮廓清晰的月海，大致呈圆形。它的平均宽度为630千米，但从西北海岸到东南边缘测量，它的最大宽度为700千米。澄海的泪滴形状是由其西北边界突出的棱角造成的。澄海拥有30万平方千米多一点的表面积，是整个月球上第六大月海区。它是一个不需要任何光学辅助仪器就能轻易看到的地形特征。

　　在所有月海中，澄海的表面色调变化最明显，当它在第12天左右被太阳照亮时，这种变化最为明显。这种色调变化是由组成月海的大量熔岩流的不同反照率产生的，此外还涉及从撞击坑中喷出的明亮物质斑块，其中一些位于月海的边界之外。双筒望远镜可以很容易地看到澄海内部的斑点，而通过天文望远镜则能看到这些斑点在某些地方被非常清晰地勾勒出来。澄海的西北和西部边界布满了被无数射线打破的黑斑，其中一些似乎来自西边几百千米处（见第三区）的**阿里斯基尔撞击坑**和**奥托里库斯撞击坑**，它们越过了毗邻的**雨海**（见第六区）的山脉边界。在高角度光照下，这些射线整齐的棱角排列得很像大型机场的着陆跑道。澄海的南部和东部边界有清晰的黑色熔岩斑块，与紧邻南部的静海熔岩相连接。在两座著名的山——**阿尔加山**（50千米长，2500千米高）和**维特鲁威山**（30千米长，1550米高）之间的一个小山谷里，有一块特别密集的黑色熔岩。这个山谷是 1972 年 12 月阿波罗 17 号的着陆点。几个长长的浅色射线指向北穿过澄海，其中最突出的延伸了大约 300 千米，它们从澄海南部边界明亮的**门纳劳斯撞击坑**（27 千米）开始，穿过**贝塞尔撞击坑**（16 千米），又穿过了小型的**贝塞尔 D 撞击坑**。

在较低的光照角度下，澄海呈现出一个复杂的皱脊系统，它们蜿蜒在海面上，大致与边界平行。这些皱脊中最突出的是**斯米尔诺夫山脊**，一条令人印象深刻的辫状的"绳"，它在 15 千米宽的地方距离澄海边界有大约 100 千米。斯米尔诺夫山脊长约 200 千米，当它靠近晨昏线时，很容易在小型望远镜里看到。它起源于**波西多尼**以西约 50 千米的地方，向南经过小型的**维里撞击坑**（5 千米），在维里小撞击坑以南，山脊弯曲并变窄。另一个山脊在稍微往南一点的地方再次抬高，在那里被称为**利斯特山脊**，这是一个由大约 300 千米长的山脊组成的系统。利斯特山脊曲线平行于南部的澄海边界，并在那里被一些较窄的山脊以直角的样式侵占了。有一条狭窄的褶皱山脊从大约 110 千米外的**道斯撞击坑**（18 千米）延伸至利斯特山脊，再往西可以看到**尼科尔山脊**（50 千米长）。沿利斯特山脊继续向北，会与贝塞尔撞击坑的侧边相遇。一些较低的山脊从贝塞尔向北延伸，并与位于澄海中心附近的**阿萨拉山脊**（110 千米长）会合。在澄海的西海岸附近有一些较窄的山脊，其中包括**巴克兰山脊**（150 千米长）、**加斯特山脊**（60 千米长）、**欧文山脊**（50 千米长）和**冯·科塔山脊**（220 千米长）。在距西海岸 100 千米的欧文山脊北部，有一个 10 千米宽的明亮圆形斑块，围绕着一个直径为 2.4 千米的小撞击坑**林奈**。月球最大穹隆中的一个位于林奈西北 90 千米处。这是一个未命名的椭圆形高地（35 千米 × 25 千米），其表面被几处小的尖锐的峭壁刺穿,它的非官方名称是"瓦伦丁"穹隆。

澄海有不连续的山脉边界。最西北的边界是**高加索山脉**,这个令人印象深刻的山脉形成了一个超过 500 千米长的南北楔形,将雨海的东部和澄海的西北部分开。高加索山脉的山峰在有的地方高达 6000 米。澄海北部边界约 270 千米的区域是以大片未命名的丘陵为标志的。150 千米的沟壑将这些山丘和突出的**波西多尼撞击坑**隔开。波西多尼撞击坑直径 95 千米,位于澄海的东北部边界,也就是**梦湖**的入口处(见第二区)。一台 100 毫米的望远镜将会揭示波西多尼撞击坑底面的复杂性质。一个明显清晰的碗状坑**波西多尼 A**(12 千米)位于中心偏西的位置。在它的东边有许多线性月溪,**波西多尼月溪**是其中最突出的,它穿过底面中心 50 千米,本身也被一个较小的月溪以直角形式贯穿。另一条较长的月溪沿着靠近内部西壁墙的底面延伸。观测波西多尼月溪最好的方法是用 150 毫米的高倍望远镜。波西多尼撞击坑底面的东部被一个突出的、弯曲的山脊贯穿,这是一片从主墙体滑落的巨大月壳块。波西多尼的北部边缘有一系列较小的撞击坑,波西多尼 J、B 和 D。在高角度光照下,波西多尼撞击坑仍然清晰可见,它的边缘明亮,底面呈浅色。毗邻这个撞击坑南壁的是破碎的老撞击坑**沙科纳克**(51 千米)。仔细用望远镜观察就可以发现它。和波西多尼撞击坑一样,沙科纳克也有一个偏离中心的碗形撞击坑,还有一个将底面一分为二的小型月溪系统。

金牛山脉的西部延伸区域(见第三区)是澄海东部边界的标志。在波西多尼撞击坑以南 90 千米处,一个突出的岬由被淹没的撞击坑**勒莫尼耶**(61 千米)形成,这是 1973 年机器人月球爬行器 Lunokhod 2 的考察地点。平底的**利特罗撞击坑**(31 千米)沉入山中,在它的北部和西部可以找到**利特罗月溪**,这是一条狭窄的月溪，从山中延伸到小撞击坑**克勒克**（7千米）周围的月海之中。这些月溪需要一台150毫米的望远镜才能看到。**阿尔加山**广阔的岬角向西，穿过澄海和静海之间的滨海平原，向**道斯**和**普利纽斯撞击坑**延伸（43千米），后者是一个显眼的多边形撞击坑，有漂亮的皱脊环和块状底面。在它的北面可以找到**普利纽斯月溪**，这是一组三重线状裂缝，每条长约100千米，看起来像猫的爪痕。这些月溪通向澄海的山地边界，在此变为从**阿切鲁斯岬**的圆齿状海角开始绵延的**海玛斯山脉**。海玛斯山脉是月球上看起来不那么宏伟的有名号的山脉之一，它是一个狭窄的、多节的高原，长约400千米，标志出澄海的西南部边界。它是由圆形的高地组成的，最高的山峰达到2000米左右。明亮的**门纳劳斯撞击坑**位于澄海南缘的山区中。在西部，山脉呈现出明显的条纹状，山脊和山谷呈放射状朝向雨海；它们的塑形（以及月球其他地方与雨海呈放射状的地形特征），是雨海盆地被一次重大的小行星撞击时释放的强大爆炸力造成的直接后果。在海玛斯山脉中，可以发现一些相当大的黑熔岩平原。沿着门纳劳斯撞击坑向西走，它们分别是**冬湖**、**柔湖**、**欢乐湖**、**悲湖**、**恨湖**和**幸福湖**。**博斯科维奇**（46千米）和**儒略·恺撒**（90千米）是在更南边的山区发现的另外几个暗底湖（其中一些未命名）。当太阳高照时，双筒望远镜会显露出这个地区的斑点。

海玛斯山的西部高地与**亚平宁山脉**的东部交融在一起。亚平宁山是月球最大、最雄伟的山脉，全长600千米，形成了雨海东南部的壮观边界。亚平宁山的高度超过5000米，有巨大的角状山体，如**安佩尔山**（30千米长）、**惠更斯山**（40千米长）、**布拉德利山**（30千米长）、**哈德利δ山**（20千米长）和**哈德利山**（25千米长），向北突出，形成锯齿状，切入雨海的海岸。在早晨的

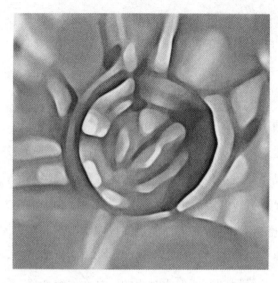

图 7.2 普利纽斯撞击
坑的观测图

光照下，通过任何大小的仪器来观察，都能看到一幅真正美妙的
景象，因为它们向西投下长长的影子穿过了雨海。在高角度照射
下，可以看到这些山脉是一连串突出的亮点。尖锐的撞击坑**科农**
（22 千米），依偎在布拉德利山附近的山脉之中，在高角度照射
下这也是一个突出的亮点。在雨海的亚平宁山脉北部边界和**阿基
米德大撞击坑**（见第二区）之间的黑暗区域被称为**腐沼**，其宽度
为 180 千米。对于那些拥有特殊视力的人来说，不需要光学辅助
就能分辨出它。

　　哈德利月溪是一条狭长、蜿蜒的月溪，长 80 千米，可以看
到它在哈德利 δ 山的底部横切月海平原。这里是 1971 年 7 月阿
波罗 15 号登陆的地点。哈德利月溪是一个难以观察的地貌，因
为它靠近山脉及其投下的阴影，而瞥见它的最佳机会是在当地日
落时分，当它被西边太阳照亮时，要观察到它需要一个 150 毫米
的望远镜才行。相对比较容易辨认的是附近的**布拉德利月溪**（130

千米长），它在布拉德利山脉北部的山上划出一道弯曲的沟壑。在亚平宁山脉北端的**菲涅耳岬**附近还有几条月溪。在澄海的西部山地边界有一个 50 千米宽的缺口，它与雨海在亚平宁山脉的北端和高加索山脉的南部山峰之间相连。

汽海在澄海的西南方，是一个相对平滑、黑暗的平原，直径约为 230 千米，占地约 55,000 平方千米。对于视力好的人来说，不需要任何光学辅助工具就可以看到它。突出的撞击坑**马尼利厄斯**（39 千米），具有鲜明的多边形轮廓、梯形的内壁墙和中央山峰，位于汽海的东北海岸。马尼利厄斯的边缘反照率很高，在当地的正午时分很明显。马尼利厄斯的一条微弱射线向西延伸，将气海海面一分为二。与马尼利厄斯形成对比的，是在汽海的另一侧有一个被侵蚀得特别厉害的细长撞击坑，叫作**马可·波罗**（28 千米 × 21 千米）。它与附近的许多其他类似的剥蚀地形几乎没有区别。在这附近，汽海南部有很多丘陵和沟壑，并有与雨海呈放射状排列的深色斑块。在**希吉努斯撞击坑**（10.6 千米）以北，有一个不寻常的、未命名的地形特征，看起来是一个不确定的撞击坑，直径为 20 千米，有一个穹隆层和一个中央坑。这个特征被称为"施纳肯贝格"（Schneckenberg，蜗牛山），这是因为它具有所谓的螺旋形结构，只有在低角度的照明下才能看到。希吉努斯是一个钥匙孔状的撞击坑，位于**希吉努斯月溪**的中心，是月球最可爱的撞击坑之一，通过中高倍数的 60 毫米折射镜就可以看到。希吉努斯月溪在希吉努斯撞击坑的两侧延伸有 110 多千米，其中一个分支向西北方向延伸，另一个分支则大致向东走。通过 200毫米或更大的望远镜进行高倍镜观察，会发现这个小山丘的大部分是由一连串的撞击坑组成的。在东部，它变成了一个规则的线性月溪，分叉之后逐渐消失在平原的高度。

希吉努斯位于**中央湾**的东北延伸部分，中央湾是一个小型的、不规则的月海，靠近月盘的中心，与北部的汽海相连。中央湾平均直径为 350 千米，面积为 52,000 平方千米。一个以**特里斯纳凯尔撞击坑**（26 千米）为中心的宏伟的月溪系统，在希吉努斯月溪以南不远的地方，南北向横跨中央湾。**特里斯纳凯尔月溪**是由十几条相当大的线性月溪组成的，这些月溪交织在一起，形成了月球上最大的山谷网络。如果将最大的一部分月溪首尾相连地放在一起，它们的总长度将达到 1000 千米左右。在中央湾的北部，**帕拉斯**（50 千米）和**默奇森**（58 千米）形成了一个相连的但有些被侵蚀的双重撞击坑。在中央湾的对面，**雷蒂库斯**（45 千米）也是一个同样受到侵蚀的撞击坑。在它的东面 150 千米处，是轮廓更清晰的**阿格里帕**（46 千米）和**戈丁**（35 千米），它们看起来很相似，轮廓有点像三角形，表面粗糙，中心有小山峰。在戈丁西部，靠近**邓波夫斯基撞击坑**（26 千米）有一座看起来很有趣的无名山，似乎是一个圆形的高原，被一条笔直的山脊一分为二。

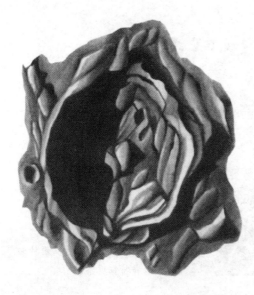

图 7.3　阿格里帕撞击坑的观察图

阿里亚代乌斯月溪向东穿过阿格里帕和儒略·恺撒之间的起伏地形，在东部与静海的边界汇合。它长 220 千米，有的地方宽9 千米，是月球上最令人印象深刻的线性月溪之一。它的路径在一些地方被打断，特别是被从碗状撞击坑**斯伯奇莱克**（13 千米）伸出来的一个大山涧打断。通过 60 毫米的折射镜可以看到阿里亚代乌斯月溪，如果它对着太阳的角度更好的话，就会更加明显。以它命名的小型双重坑**阿里亚代乌斯**（11 千米）位于它的最东端，即静海的岸边。

静海的西侧非常有趣，尽管月球观测者感兴趣的地形特征对于普通观众来说可能根本不明显。在太阳高角度照射下，静海被分成若干具有不同反照率的单元，通过双筒望远镜就可以分辨出来。在太阳低角度的光照下，从北到南超过 300 千米的巨大低皱脊网络汇聚到一个名为**拉蒙特**（75 千米）的位于中央的、大致呈圆形的皱脊系统里。在月球上，拉蒙特是独一无二的，当它接近第 5 天的晨昏线，并被上升的太阳照亮时，观察效果最好。**阿**

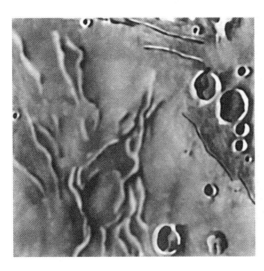

图 7.4　静海中拉蒙特皱脊特征观察图

拉戈撞击坑（26 千米）的北面有一个突出的山脊，就在拉蒙特的西北部，两个大的、多节的穹隆——**阿拉戈 α** 和 **阿拉戈 β**——分别位于阿拉戈的北部和西部。通过一个 150 毫米的望远镜，可以在阿拉戈 α 的更北面观察到由三个小穹隆组成的无名线条。通过 150 毫米的望远镜，可以观察到靠近静海西部边界的一个细小的平行月溪系统，其中包括相隔较远的双重**麦克莱尔月溪**（100 千米长）、相互平行的三重月溪**索西琴尼**（150 千米长）以及**里特尔月溪**（100 千米长）的几个组成部分。里特尔月溪靠近月海西南角的双重撞击坑**里特尔**（31 千米）和**萨宾**（30 千米）。1969 年 7 月，第一次载人登月的阿波罗 11 号在萨宾撞击坑以东约 100 千米处的静海南部平原上着陆。该地点便被命名为静海基地。三个非常小的撞击坑，即**奥尔德林**（3.4 千米）、**柯林斯**（2.4 千米）和**阿姆斯特朗**（4.6 千米），就位于基地的北部，需要一台至少 150 毫米的望远镜才能分辨得清它们。

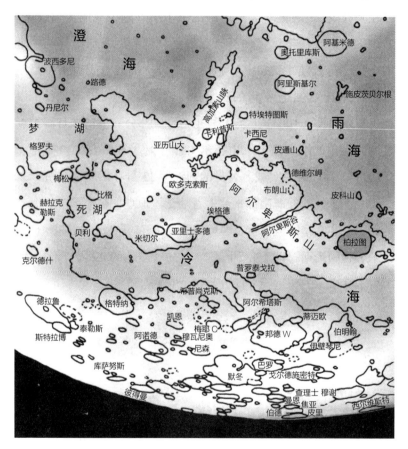

第二区

这个区域覆盖了月球北部的大部分地区，包括北极地区，**冷海**的东半部和东部的**梦湖**，并包括雨海的最东部和**阿尔卑斯山**的东部高地。值得注意的地形特征包括靠近北侧边缘的很多大型的、前短后长的撞击坑，巨大的**阿尔卑斯山谷**，还有位于雨海的**阿基米德、阿里斯基尔和奥托里库斯**三重撞击坑。大环形山**亚里士多德和欧多克索斯**位于该地区的中心附近。日出晨昏线在第4天左右穿过这一地区，而日落晨昏线在第19—23天左右穿过。

与所有接近边缘的区域一样，月球北极区域周围特征的可观测性也受到天平动的影响。北极地区是一个布满撞击坑的高地，当第一次通过望远镜的目镜观察时，要识别这里的地形特征似乎是一项艰巨的任务，甚至是不可能的任务。然而，如果使用一个好的高倍望远镜、一张地图，拥有足够的耐心，观察者很快就会发现，这里的撞击坑并不都是一样的；有很多单独的撞击坑值得注意，可以作为导航的地标。在冷海的北岸，在**柏拉图环形山**（见第六区）的正北方，有一个形状不规则、已解体的**伯明翰撞击坑**（92千米），这个撞击坑有低矮、粗糙的壁墙，在低角度光照下可以识别。紧挨着伯明翰的东北方向的是清晰的**伊壁琴尼撞击坑**（55千米），其东壁与大型平底撞击坑平原**邦德 W**（158千米）的部分较高壁墙相接，其不规则的南岸包括多角形撞击坑**蒂迈欧**（33千米），形成了冷海的部分海岸线。几条浅色的线性射线穿过邦德 W，这些射线可以向西北方向追溯到它们的原点，即有明亮射线的**阿那克萨哥拉撞击坑**（51千米）。阿那克萨哥拉是"北方的第谷"，北极地区最突出的地标，它是个带有尖锐圆边的深坑。在低角度光照下，它的坑壁会投下明显的阴影。在高角度光照下，阿那克萨哥拉和它的射线很容易看到——事实上，它们造成的亮度甚至可以用肉眼来辨别。通过双筒望远镜，可以看到这些射线覆盖了大部分的北极高地，它们延伸到了600千米远的地方。阿那克萨哥拉正对着大的、光滑的撞击坑**戈尔德施密特**（120千米）的西壁。实际的月球北极位于戈尔德施密特的北壁正北方向约 480 千米处。在东边还可以找到其他几个大的、光滑的环形山。

巴罗撞击坑（93 千米）与戈尔德施密特的东壁相邻。一个小型的望远镜可以显示出它不寻常的波浪形的南侧轮廓。巴罗本身侵入了**默冬撞击坑**（122 千米）的西南部。默冬是一个底面平坦的撞击坑，其边缘纹路清晰，并有许多大海湾。再往东，是圆形撞击坑**尼森**（53 千米），它有一个平坦的、暗色调的底面。而在默冬的东北部是**巴约撞击坑**（90 千米），一个 14 千米长的撞击坑傲然矗立在其底面的中心。纹理清晰的**优克泰蒙撞击坑**（62 千米）与默冬的北部边缘相接。**斯科斯比**（56 千米）是默冬西北部一个深而干净的圆形撞击坑，是北极附近最容易识别的撞击坑之一。在边缘附近可以看到斯科斯比，当它周围的地形特征在阳光下褪色时，往往布满阴影。斯科斯比是通往北极的一系列大型、保存完好的撞击坑中最南端的一个：二重撞击坑**查理士**（56 千米）和**曼恩**（46 千米）、**焦亚撞击坑**（42 千米）、**伯德撞击坑**（94 千米）和**皮里撞击坑**（74 千米）。北极本身就在皮里的北缘之外。当然，所有这些撞击坑都受到天平动的极大影响，即使在天平动良好的情况下，也会显得非常靠前倾斜。焦亚、伯德和皮里本身也可以在不利的天平动上被带到边缘之外。北极之外有一个大撞击坑**罗日杰斯特文斯基**（178 千米），偶尔可以在边缘瞥见它。较频繁观察到的是极点以西的**埃尔米撞击坑**（110 千米）。

视力一般的人不需要借助光学手段就可以看到灰暗的冷海，但是当有强烈的天平动倾向于南边的边缘时，就比较难以确定地辨别了。冷海在月盘北纬地区延伸了很远，从西经 45 度左右到东经 45 度，距离将近 1500 千米。在东部，冷海与**死湖**宽阔、黑暗的平原相连。冷海的东半部通常比西半部更平坦，只有一些轻微的皱脊（见第六区关于西半部的描述）。一个高度侵蚀的不规则的撞击坑**德拉鲁**（136 千米），位于最东端，同与之相邻的、棱角分明的**斯特拉博撞击坑**（55 千米）和**泰勒斯撞击坑**（32 千米）形成了鲜明对比。泰勒斯撞击坑是月球较明亮的射线系统之一的中心，它的射线与西面约 720 千米处的阿那克萨哥拉撞击坑周围的射线混合在一起。

虽然冷海的北部边界仍然在北纬 60 度左右，但其南部边缘向南急剧下降，形成一个深而宽的指向南方的三角形，与西侧雨海的东北边界平行。冷海东部的平原上有许多小而明显的撞击坑，特别是**阿契塔**（32 千米）、**普罗泰戈拉**（22 千米）、**希普尚克斯**（25 千米）和**加勒**（21 千米）。**德谟克利特撞击坑**（39 千米）是一个深而明显的撞击坑，有一个中央峰，紧邻**格特纳**（102 千米）的西北部。格特纳是一个不完整的撞击坑，在冷海东北岸形成一个半圆形的海湾。格特纳的底面上有一个著名的**格特纳月溪**，通过 100 毫米的望远镜可以看到这个弧形的小月溪。在观测良好的夜晚，通过 200 毫米口径的望远镜也很难分辨出较远的**希普尚克斯月溪**（200 千米长），它是月球上最长的单一线性月溪之一，它穿过格特纳以西的冷海，到达希普尚克斯南部的一个点。

亚里士多德撞击坑（87 千米）和**欧多克索斯撞击坑**（67 千米）形成一个突出的二重组合，通过任何望远镜都可以观察到。只要有太阳的照射，这对地形特征就会显现出来，甚至通过双筒望远镜也能看到，因为在高角度光照下，两者都呈现出精致的浅色环状。亚里士多德撞击坑是这两者中较令人印象深刻的。它有一个略带多边形的轮廓和宽阔的内壁墙，显示出月球上所有撞击坑中最广泛的阶梯状结构。撞击坑的底面低于周围地形的平均水平，通过 100 毫米的望远镜，除了其南面突出的两座山峰外，它看起来比较光滑。亚里士多德撞击坑的边缘是清晰的，并显示出一种鳞片状的效果（在许多其他类似大小的大型撞击坑中可以看到），这是由于大块的岩石从坑壁上脱离并在一定程度上滑落造成的。在早晨或傍晚的光照下，在撞击坑附近可以看到广泛的撞击结构，其形式是大量的径向山脊，它们从边缘延伸了 100 千米的距离。埋藏在亚里士多德撞击坑东壁墙中的是**米切尔撞击坑**（30 千米），这是一个比亚里士多德更早的火山口，也是一个被大撞击坑重叠的小撞击坑的好例子。在亚里士多德以南，地形变得有些高低不平。在南部约 100 千米处，欧多克索斯是一个有趣的近邻。虽然它与亚里士多德相似，但仔细观察会发现一些细微的差别。虽然它的内部阶梯略微不那么复杂，但它底面的块状结构却更丰富。欧多克索斯周围的撞击构造不那么宏大，部分原因是周围地形很早之前就已经粗糙不平，同心结构比径向结构更加明显。

死湖是月球上看起来最奇怪的部分之一，位于欧多克索斯撞击坑正东 125 千米处。死湖是一个直径为 150 千米的被淹没的大撞击坑遗迹。它的西壁在高地形成了一个清晰的海湾，并延伸到狭窄的山丘，在北部和南部标记出古撞击坑的原始边缘。死湖的环形结构被东边的熔岩流打破，不过可以看到东边的平原上有一排山丘突出来。一个雄伟的撞击坑——**比格撞击坑**（40 千米），位于死湖的中心位置，它坐落在一个三角形的楔形高地上，可能是死湖最初的中央隆起。死湖的西半部被**比格月溪**穿过。这个最突出的月溪横穿平原，将西南壁和中央山峰连接起来，另一条月溪则是从南壁到主月溪的中点。这些都可以通过 100 毫米的望远镜来分辨，但是系统中其他较窄的月溪至少需要 150 毫米的望远镜才能分辨出来。连在一起的**普拉纳**（44 千米）和**梅松**（37 千米）撞击坑被挤压到死湖南部边界的解体地形上。

梦湖是一个相当大的海洋斑块，边界极不规则。它宽约 500

千米，覆盖了死湖以南约 70,000 平方千米的区域，位于澄海东北部以及更东部的高地之间。许多低矮的圆形山丘和穹隆点缀着梦湖的表面，不过它最有趣的一个特征是**丹尼尔月溪**。这是一个线性月溪系统，其中最长的一条横跨平原东西向 160 千米。一个 150 毫米的望远镜就可以分辨出它。在梦湖的东面，可以发现解体的、被淹没的**霍尔撞击坑**（39 千米），而在它的南面则是明亮的、尖锐的多边形撞击坑**乔·邦德**（20 千米）。**乔·邦德月溪**在平原上开了一条 150 千米的沟，并穿过西边的山丘，通过 100 毫米的望远镜可以看到。

壮丽的**阿尔卑斯山脉**开始于**埃格德撞击坑**（37 千米）以西。埃格德撞击坑是一个位于亚里士多德以西 80 千米处的平底残环。无论用什么仪器观测，阿尔卑斯山在上弦月和下弦月阶段都呈现出壮观的景象。阿尔卑斯山形成了一个巨大的高原，长度约为 350 千米，面积约为 7 万平方千米，它标志着雨海的东北部边界。阿尔卑斯山和雨海北部边界的山脉没有显示出明显的结构，与雨海撞击盆地呈放射状，这与构成雨海东部和南部边界高地的地形完全不同。阿尔卑斯山被月球最大的断层谷之一的**阿尔卑斯大峡谷**一分为二。在阿尔卑斯大峡谷以东，阿尔卑斯山主要是丘陵，有无数的小山峰。在阿尔卑斯大峡谷以西，沿着雨海的边界，山脉的高度超过 3600 米。山脉中值得注意的个别山脉包括**布朗山**、**德维尔岬**和**阿加西岬**，它们都在雨海的海岸线上急剧上升。阿加西岬是该山脉的最南端。在阿尔卑斯大峡谷的另一侧可以发现一些同样令人印象深刻的山峰，但这些山峰都没有被命名。

阿尔卑斯大峡谷是地堑的一个显著例子，它是月球裂谷（线性月溪的放大版），从冷海到雨海，贯穿了 130 千米的阿尔卑斯山脉。阿尔卑斯大峡谷有 18 千米宽，其陡峭的谷壁在谷底以上的平均高度为 2000 米。山谷的底面比周围的山脉更光滑，颜色也更深，因为它被熔岩淹没了。一架 150 毫米的望远镜可以分辨出位于谷底中心的一个小的、弯曲月溪的部分，这一地形特征是在来自雨海快速流动的熔岩的侵蚀作用下雕刻出来的。

从雨海平原开始，山谷的入口一开始呈 V 字形，之后缩小到只有几百米宽。10 千米后，山谷开辟出一个菱形的"广场"，狭窄的中部月溪就在这个广场的入口处开始延展。广场缩小到约 5 千米，不过此后山谷逐渐变宽，在其长度的一半左右达到最大宽度。最后，它在与冷海的交界处缩小到大约 7 千米宽。当阿尔卑斯大峡谷从早晨的晨昏线上出现时，它显现为一条黑线，但在当地日出后约一天，就可以辨别出大部分的底面。在阿尔卑斯大峡谷以西的山脉中，有许多**柏拉图月溪**系统的小月溪，人们认为它们是由熔岩流切割而成，就像阿尔卑斯大峡谷的中部月溪一样，其中最大的一个至少需要 100 毫米的望远镜才能分辨。

高加索山（见第一区）是一条突出的山脊，从欧多克索斯附近向南延伸了 500 千米，标志着雨海的部分远东边界。**卡西尼撞击坑**（57 千米）位于雨海的东北角，位于高加索山和阿尔卑斯山之间的平原上。这是一个古老但明晰的撞击坑，其内部已经被淹没，后来又被两个大型的撞击坑冲击并凹陷。最大的**卡西尼 A 撞击坑**（17 千米）位于卡西尼撞击坑中心的北部，内部有一个大土丘。卡西尼的外侧边缘有点像火星上的那些"泥浆飞溅"撞击坑，但卡西尼的外侧边缘之所以呈圆形，是因为它是一个非常古老的撞击坑，早于雨海盆地撞击，并且附近有大量的熔岩泛滥。也许令人惊讶的是，对于这样一个古老的被侵蚀的撞击坑来说，卡西尼的狭窄边缘在高角度光照下很容易被辨认出来。在卡西尼正西 10 千米、海拔 2250 米的雨海之上，孤立的**皮通山**在日出和日落时投下尖锐拉长的阴影。在高角度的光照下，它看起来像一个明亮的 L 形斜线。

雨海的东部地区比其他海域的色调更浅。通过双筒望远镜可以看到，大部分的亮度是由阿里斯基尔（55 千米）和奥托里库斯（39 千米）撞击坑喷射出来的射线物质造成的，当然还包括来自西南的**哥白尼环形山**（见第五区）和东南的阿基米德（见第五区）的射线。位于雨海东南部的突出黑斑是熔岩平原腐沼（见第一区）。阿里斯基尔是一个美丽煌的撞击坑，轮廓略呈多边形，有一个宽阔的内壁墙，呈现出发达的梯状结构，除此之外它还具有一簇漂亮紧凑的中央山峰，耸立在光滑的底面上。阿里斯基尔东北部的内壁上有一条突出的黑带，从撞击坑的底面一直延伸到撞击坑的边缘。这一特征是在任何月球撞击坑中发现的最值得注意的黑暗反照率带之一，不过似乎与任何地形的形成无关。另一条更暗的辐射带标志出西北部的内壁。由于阿里斯基尔位于一个普遍光滑平整的熔岩平原上，因此它拥有月球上所有大大小小的撞击坑中可观察到的、最清晰的撞击结构系统之一。除了从撞击坑边缘延伸到 50 千米的放射状山脊和月溪外，其他的只有在低角度光照下才能看到。在高角度光照下，从阿里斯基尔到雨海的所有方向，甚至在高加索山脉到澄海北部方向（见第一区），都可以追踪到一个柔和但有点黯淡的射线系统。紧靠撞击坑北面的射线形成了一个奇怪的明亮围裙结构，延伸 20 千米。位于阿里斯基尔以南 45 千米处的奥托里库斯是一个较小的撞击坑，它的底面起伏多变，外部的撞击结构远没有它的邻居那么突出。

阿基米德（83 千米）是一个非常完好的撞击坑。它拥有平坦的熔岩覆盖底面和巨大的、结构良好的坑壁，它主导着雨海东南的平原。它的底面被几条从奥托里库斯撞击坑发出的射线分割，

图 7.5　日出时雨海东部 CCD 图像，图中包括阿基米德、阿里斯基尔和奥托里库斯三个撞击坑。

图 7.6　接近日落时分的雨海东部 CCD 图像 1，图中包括阿基米德、阿里斯基尔和奥托里库斯三个撞击坑。

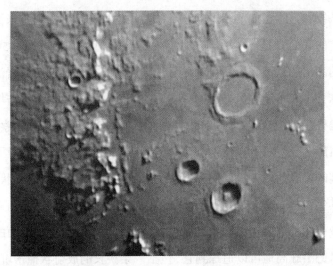

图 7.7　接近日落时分的雨海东部 CCD 图像 2，图中包括阿基米德、阿里斯基尔和奥托里库斯三个撞击坑。

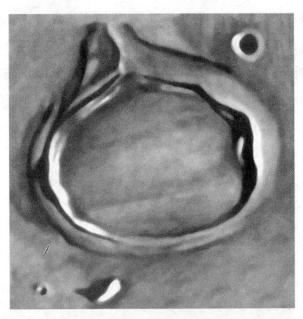

图 7.8　阿基米德撞击坑观测图

呈条纹状。除了内壁附近的三个非常小的撞击坑外，阿基米德撞击坑的底面看起来很平坦，即使在很低的照射角度下，用 150 毫米的高倍望远镜观察，也难见其地形起伏特征。内部的熔岩流已经抹去了它可能曾经拥有的一切中央高地。当阿基米德撞击坑接近晨昏线时，它的边缘投射到其底面上的阴影是非常值得观察的。在清晨，至少可以看到七个单独的尖刺状影子，东部壁墙投下的宽阔的黑影向西方投射而去。阿基米德撞击坑的内壁是阶梯状的，在其尖锐的边缘外有圆形的侧面，并凹陷出一个明显的同心槽。它最初的外部撞击结构大部分已经被雨海湮没，尽管在南面的阿基米德山脉高地可以追踪到它，包括一条狭长的放射状撞击坑链，长约 50 千米，其中的一部分可以通过 100 毫米的望远镜分辨出来。阿基米德山脉的面积约为 45,000 平方千米，其最高峰海拔超过 3000 米。

施皮茨贝尔根山脉距离阿基米德的北壁墙 70 千米，这是一群明显的山峰，从北到南排列超过 60 千米，形状有点像地球上的施皮茨贝尔根群岛，这也是它们被如此命名的原因。施皮茨贝尔根山脉的最高峰比周围的平原高出 1500 米。在低角度的光照下将看出，这组山峰实际上是皱脊、丘陵和山脉综合体的一部分，是雨海多核撞击盆地原始壁墙的标志之一。

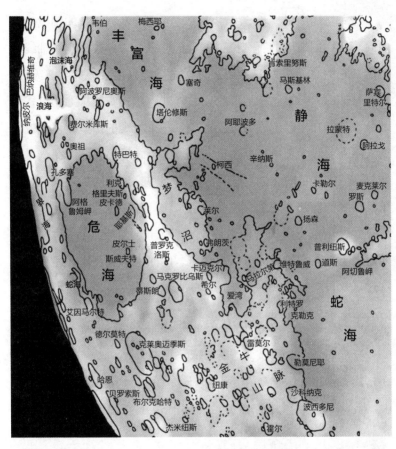

第三区

　　危海位于月球东侧、赤道以北的区域。除了接近月球边缘的**界海**和**浪海**外，这片区域还包括**静海**的东部和**丰富海**的北部。值得注意的地形特征包括危海北部的大撞击坑**克莱奥迈季斯**，位于危海西部的明亮射线撞击坑**普罗克洛斯**以及**梦沼**。该区域由在新月和第 4 天之间的日出晨昏线穿过，由满月和第 19 天之间的日落晨昏线穿过。

危海呈椭圆形，长 570 千米，宽 450 千米，最长的轴线为东西向。从我们地球的有利位置来看，透视缩短导致其东西轴线被挤压。它的总面积为 17.6 万平方千米。新月出现的大约 2 天后，观看月球的人会被这一地形特征的外观震撼：它被早上的晨昏线一分为二，在年轻的镰刀月上形成了一个壮观的凹痕，视力较好的人不需要光学辅助仪器就能看到。一天之后，当危海完全暴露在早晨的阳光下时，通过任何仪器都能观察到它的壮观景象。由于其清晰的椭圆形轮廓，危海看起来比月球近地端的任何其他月海更像一个被淹没的大撞击坑（事实也正是如此）。高角度太阳照射之下，在它的表面可以看到斑驳的深色熔岩斑块，还有大量穿过这片月海的射线，尤其是那些来自西部边界之外明亮的撞击

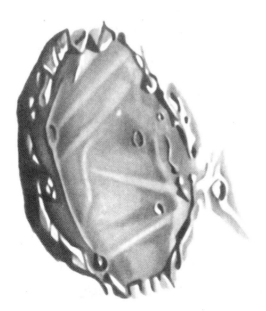

图 7.9　危海观测图

坑普罗克洛斯（28千米）的射线。在正午的光照下，可以看到危海表面的几个大型撞击坑：**皮卡德**（23千米）、**皮尔士**（19千米）和**格里夫斯**（14千米），它们呈现为点状，每个坑的东边都有一片暗反照区。在低角度照射下，皱脊的同心系统会进入视野。这些皱脊距危海边界平均约50千米，形成了一个不连贯的内环。**奥佩尔山脊**是这些皱脊中最突出的一个，它与西部被淹没的**耶基斯撞击坑**相连（36千米），并在月海的西北边缘弯曲300千米，在那里它被从西北边界穿过危海的6条狭窄皱脊截断。在东北部可以找到稍窄的**捷佳耶夫山脊**（150千米长），而**哈克山脊**（200千米长）在东部。

危海西部有壮观高耸的山脉边界，其干净的悬崖面在早晨闪闪发光。在满月后几天的傍晚时分，当西边的山脉边界把宽阔的阴影投在危海的上空时，危海的东端随着晨昏线的入侵开始变黑，而东部边界的山脉则在夕阳的最后一缕光芒中闪闪发光。东部山脉边界有一个相当大的缺口，那里的月海熔岩会流入外围的撞击坑和山谷中，尤其是**蛇海**（月球上最小的月海之一，是一个从北向南约200千米的不规则黑暗地带）。一个巨大的多山岬角**阿格鲁姆岬**，从危海东南海岸延伸至危海内部。

克莱奥迈季斯环形山（126千米）是一个壮观的撞击坑，是危海的一个突出的北部邻居。它的底面很平坦，南边有两个小撞击坑，中心的北面是一段狭窄的山脉，北边是一条30千米长的**克莱奥迈季斯溪**，在东端分成两个分支。这些都可以通过100毫米的望远镜看到。克莱奥迈季斯的西北壁墙被几个撞击坑侵入，其中最大的是**特拉勒斯撞击坑**（43千米），它扭曲成了耳朵状。北面是**布尔克哈特撞击坑**（57千米），这是一个外观不同寻常的撞击坑，在它的东北和西南有突出的裂片，是一个较大的撞击坑叠加在两个较小的、先前存在的撞击坑上的例子。危海的西北部是边缘尖锐的内部阶梯状撞击坑**马克罗比乌斯撞击坑**（64 千米），东部是**蒂斯朗撞击坑**（37 千米）。马克罗比乌斯毗邻**仁慈湖**小而暗的熔岩带，再往西是**爱湾**。爱湾是一个 250 千米长的平坦的黑色平原，它形成了静海的北部分支。在危海西部边界正西 75 千米处，普罗克洛斯撞击坑吸引了观测者的注意。普罗克洛斯撞击坑边缘锐利，轮廓明显呈现为五边形，它是一个突出射线系统的中心。与其他射线系统不同的是，普罗克洛斯的射线并不是向四面八方散开的：它们呈宽扇形排列，从 5 点钟方向到 12 点钟方向覆盖了一个角度(从顶部往南看)。射线系统的两端以特别明亮、轮廓清晰的射线为标志，每条射线延伸大约 150 千米的距离，而西部的危海本身则布满了几条不太明显的射线。喷出物似乎没有覆盖位于普罗克洛斯西部的梦沼的浅灰色丘陵地带。

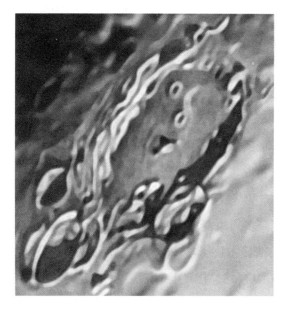

图 7.10　克莱奥迈季斯环形山观测图

东部静海的皱脊明显比西部少。它与梦沼边界的标志是**和谐湾**。附近尖锐的碗状撞击坑**柯西**（12千米）周围是一个非常有趣的区域，在低角度的太阳光照下，可以用高倍镜仔细观察。**柯西溪**是一条明显的线性月溪，长210千米，从西北向东南穿过静海。在柯西撞击坑的另一边，与柯西溪大致平行的是**柯西峭壁**，这是一个部分是陡坡、部分是沟纹的断层，长150千米。在它的南部可以观察到**柯西 τ**和**柯西 ω**，这是通过100毫米望远镜就可以看到的两个相当大的圆形穹隆。用150毫米的望远镜可以观察到柯西 ω 山顶的小撞击坑。

一系列分散低矮的**塞奇山脉**将静海东部和**丰富海**西北部隔开。**塔伦修斯撞击坑**（56千米）占据着一个相当单调的区域，这儿充满了扭曲的山丘和不太显眼、高度侵蚀的撞击坑，如**达·芬奇**（38千米）、**劳伦斯**（24千米）和**塞奇**（25千米）。塔伦修斯撞击坑本身是一个有趣的坑，具有低矮的壁墙、侵蚀的环状山丘和一个中央峰。当它接近月球晨昏线时，显示出明显的双壁外观。尽管经历了相当多的淹没和侵蚀，塔伦修斯撞击坑的外部侧面仍保留着大部分原始的陨石撞击痕迹，可以在丰富海北部追踪到长达数十千米的径向山脊。

界海横跨危海正东方向的东经90度经线。界海的轮廓不规则，东西长360千米，总表面积约62,000平方千米。它位于天平动区域内，有时会在边缘的周围完全消失。观测者通常可以在每月的前半段时间直到满月为止，在东边缘上看到一个狭窄的、拉长的黑暗区域。在有利的天平动条件下，还可以看到**哈勃**（81千米）和**戈达德**（89千米）大撞击坑，以及依次位于界海北部、中部和南部的巨型撞击坑**纳皮尔**（137千米）。

浪海位于危海的东南部，也位于月球的近地端，在每月的前半段（除了最初的几天在任何情况下都不可能进行详细的视觉观察之外），都始终在视野范围内。和界海一样，它的轮廓不规则，但它略小，直径约 200 千米，表面积约 21,000 平方千米。它附近显著的地形特征是黑暗的、平坦的**费尔米库斯撞击坑**（56 千米），它毗邻月球上最小的湖**长存湖**，直径只有 70 千米。

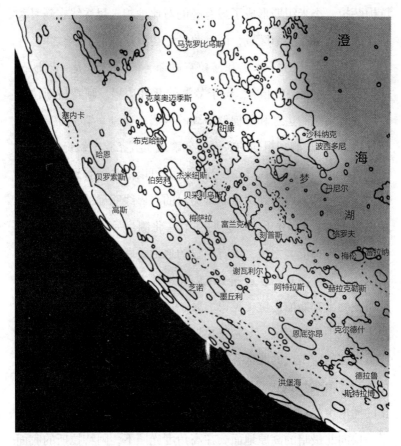

第四区

　　月球遥远的东北部地区容易出现最剧烈的天平动，这儿包含两个值得注意的近边缘地形特征——**洪堡海**和巨大的**高斯环形山**。这两个巨大的岩层都可以通过双筒望远镜在有利的天平动条件下观察到；不过在不利的天平动条件下，它们也同样有可能被推到月球边缘。其他值得注意的地形特征包括突出的**恩底弥昂**、**阿特拉斯**和**赫拉克勒斯**撞击坑，它们与**时湖**和东南方向的大撞击坑**梅萨拉**、**杰米纽斯**形成了最有趣的对比地貌。晨昏线在新月和第4天之间穿过这个区域，而日落发生在满月到第19天之间。

阿特拉斯（87千米）和赫拉克勒斯（67千米）是一对明显的双重坑，相距30千米，位于梦湖的北部边界。阿特拉斯位于东部，有尖锐的边缘和阶梯形坚固的内墙。通过一架150毫米的望远镜，可以观测到粗糙的底面被分解成了五条狭窄蜿蜒的月溪，围绕着一系列低山。在高角度光照下，可以清楚地看到阿特拉斯的边缘，内部可以看到两个非常突出的、界线明确的黑色圆形斑点，每个直径约10千米。它们一个在北侧，另一个在南侧，位于内墙的阶梯形墙之中，没有明显的地形关联，唯有两者各自位于两条弯曲月溪开始穿过撞击坑底面的地方。从西北方440千米处明亮的泰勒斯撞击坑（见第二区）那里发出的一束射线穿过这两个黑点中间的地区。与阿特拉斯相邻的是一个古老的、被侵蚀严重得多的撞击坑的北部，只有在低角度光照下才能看到。赫拉克勒斯也有尖锐的边缘和内部阶梯形壁墙。一个突出的12千米长的撞击坑就在中心以南，还有一个小的孤立的中央山丘，占据了一块向北最暗的高原地面。在高角度光照下，阿特拉斯的底面很亮，有两个黑点；赫拉克勒斯的底面很暗，只有一个亮点，成了一道引人注目的风景线。当靠近晨昏线时，可以看到两个撞击坑周围错综复杂的冲击雕刻景观。

位于阿特拉斯南部和东部的时湖是一个有斑块、宽阔且相当光滑起伏地形的区域，比周围的高地颜色略深，直径约250千米，表面积约5万平方千米。在它南部的丘陵平原上，在梦湖（见第一区）一半的地方，有另一个明显的双重撞击坑**富兰克林**（56千米）和**刻普斯**（40千米）。这两个撞击坑都很深，边缘尖锐，内部有梯形面。富兰克林有一座小的中央峰，在高角度光照下，周围的地面显得很暗。一个明亮的撞击坑闯入了刻普斯的北缘。

恩底弥昂环形山（125千米）是一个巨大的和非常突出的暗底撞击坑，位于时湖的北部，在阿特拉斯东北约200千米处。恩底弥昂环形山位于东经56.5度处，总是出现在靠近边缘的地方。恩底弥昂环形山内部有巨大的、支离破碎的阶梯形墙，环绕着平滑的深色平原，可以看到从西北方190千米处的泰勒斯发出的线状射线。一个150毫米的望远镜几乎无法观察到撞击坑光滑底面上的地形细节。

用双筒望远镜可以观察到恩底弥昂，因为它总是位于与地球相对的月球半面，所以在满月前的几个月相期间，它可以作为观察东北边缘洪堡海的向导。洪堡海从东到西约200千米，是一个宽阔的新月形深色熔岩平原，位于一个更大的、直径640千米的撞击盆地的中心，该盆地的外缘穿过恩底弥昂以东一小段距离。洪堡海的东部边缘位于东经90度的经线上，有时该特征可以完全围绕边缘的另一侧振动。然而，在满月前的大部分时间里，它都是可见的，因此，在合适的天平动条件下，用双筒望远镜就可以很容易地观测到它。**海因撞击坑**（87千米）向北135千米处有一团清晰可见的浅色喷出物，覆盖在洪堡海的西北地面上，这束射线可以在杰米纽斯撞击坑以南1000千米处追踪到。巨大的**贝尔科维奇撞击坑**（200千米）正好位于东经90度的经线上，侵入了洪堡海的东北边界，它的东北壁墙侵蚀了洪堡海盆地东北壁墙那高度破碎的残骸。

虽然洪堡海本身很容易在一个有利的天平动中看到，但盆地的西部边缘有些较难辨别，需要在满月后 1 到 2 天出现有利的天平动时才能看到。如果仔细观察洪堡海南部的晨昏线沿线的地形，可以看到来自洪堡盆地的径向冲击雕刻，无论是在黑暗的月海本身和盆地南缘之间，还是在盆地边缘之外，都可以看到远处的景观是以明显的撞击坑、山谷和皱脊的形式出现的，它们似乎都受到了侵蚀。突出的阴影由几个皱脊投射，延伸约 300 千米，位于**芝诺撞击坑**（65 千米）以南和**贝罗索斯撞击坑**（74 千米）北部，距离洪堡盆地中心 700 千米。很少有月球观测者能观察到**康普顿环形山**（约 162 千米），它的中心位于东经 115 度，在洪堡海以东，完全位于月球的远地端。康普顿是位置最远、清晰可辨的远地端地形特征之一，从侧面看的话，它的西部边缘在非常有利的天平动时期也是值得注意的。

当芝诺撞击坑接近傍晚的晨昏线时，它南面的一个巨大的、破碎的撞击坑（直径 170 千米）充满了阴影。这个撞击坑是值得注意的，因为该地形特征目前尚未确认。再往南走一段距离是高斯环形山（177 千米），它是占据月球天平动地带的最大撞击坑之一，偶尔会在月球边缘之外受到天平动的冲击。高斯有一堵又低又窄的壁墙，它的底面在南边有一些较小的撞击坑。在高斯和阿特拉斯之间一半的地方可以发现**梅萨拉环形山**（124 千米），这是一个巨大的古老撞击坑，与高斯的年龄和侵蚀程度大致相同。在梅萨拉环形山的东北部是**希望湖**（80 千米）的一小块黑色熔岩斑块。在梅萨拉环形山的南部则是突出的深坑杰米纽斯（86 千米），它的轮廓是圆形的，边缘是尖锐的，内壁呈阶梯状，中央峰从平坦的底面上升起。

7.3 西北象限

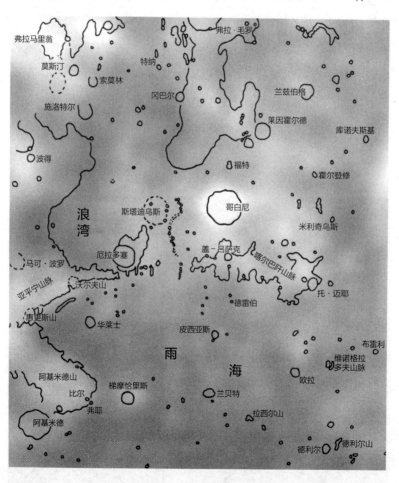

第五区

巨大的**哥白尼环形山**有着壮观的射线系统，它主导着这一片地区。哥白尼环形山的北部，**喀尔巴阡山脉**是雨海南部部分边界的标志，在它们的东部是**厄拉多塞撞击坑**，在亚平宁山脉的远端。东南方是黑色的**浪湾**熔岩平原，在其附近可以发现许多穹隆和圆顶穹隆群。这片区域的日出发生在第 8—10 天之间，日落则发生在第 23—25 天之间。

雨海南部隆起区相对平坦，零星分布着一些中型的撞击坑和山峰，其中有一组皱脊，一般以放射状排列至雨海的中心。在这个地区的东北部，在阿基米德撞击坑（见第二区）的南部，有一个相当大的长方形阿基米德高地，从东到西约 150 千米，这是

图 7.11　哥白尼环形山和厄拉多塞撞击坑的 CCD 照片

一个从周围的平原上升到高达 2000 米的杂乱山峰群。在它们的西面是小型碗状的双重撞击坑**弗耶**（9.5 千米）和**比尔**（10.2 千米），以附近的穹隆和东面的小撞击坑而闻名，后者只有在 150 毫米的望远镜中才能被看到。**华莱士撞击坑**（26 千米）距离雨海南边界 310 千米，它有一个薄而窄的环，代表着一个几乎完全被淹没的撞击坑的边缘。弗耶和比尔撞击坑位于一个不知名的皱脊上，向南弯曲到雨海的边界。另一个边缘尖锐的碗状撞击坑**班克罗夫特**（13.1 千米）坐落在阿基米德撞击坑（见第二区）西边的山上，在它的西边，一个 100 毫米的望远镜可以看到一个小型线性月溪系统。**梯摩恰里斯撞击坑**（34 千米）在比尔撞击坑以西 85 千米，它有一个尖锐的多边形边缘、大量的阶梯壁墙和一个位于底面中间、直径 6 千米的撞击坑。在其西边 180 千米处的是**兰贝特撞击坑**（30 千米），这是一个看起来与梯摩恰里斯类似的撞击坑，尽管它要更小些，侵蚀也更严重。**赫加齐山脊**向南穿过梯摩恰里斯和兰贝特之间的平原，与延伸到兰贝特南部的山脊相遇，并以 S 形向亚平宁山脉边界延展。在低角度的晨光下，山脊显得相当突出。兰贝特撞击坑以南的**兰贝特 R**（50 千米）是一个由低皱脊组成的残环（ghost ring）。有一条皱脊从其南部延伸到**皮西亚斯撞击坑**（20 千米），皮西亚斯本身则被一条狭窄的山脊连接到雨海边界附近的**德雷伯撞击坑**（8.8 千米）。**欧拉撞击坑**（28 千米）是一个看起来相当标准的撞击坑，位于**维诺格拉多夫山**以东 75 千米处。这是一个直径约 25 千米的整齐山脉群，它的南面是一排分散的小山峰。

厄拉多塞（58 千米）是一个很突出的撞击坑，位于亚平宁山脉的西南部。它有一个尖锐的边缘，内部有宽阔的梯形壁墙，崎岖不平的底面上是三座独立的山。厄拉多塞撞击坑表现出曾遭受过相当程度的外部冲击的塑造，由此造成的径向山脊和次级撞击坑可以在北部的雨海和东南部的浪湾平原上找到。厄拉多塞撞击坑的西南侧翼与**斯塔迪乌斯撞击坑**（69 千米）的东北边界之间有一个巨大的山脉。斯塔迪乌斯是一个不寻常的、被淹没的撞击坑，它的边缘由狭窄的弧形小山组成，其中点缀着微小的撞击坑。这附近的许多小撞击坑都是由西边 100 千米的哥白尼环形山的次级撞击构造的。

喀尔巴阡山脉是雨海南部边界的一部分。它是月球上较大的山脉之一，东西长约 400 千米，个别的山峰高达 2500 米。就像它东部的亚平宁山脉一样，喀尔巴阡山脉向雨海撞击盆地显示出强烈的放射状结构。**托·迈耶撞击坑**（33 千米）位于山脉的西端，而**盖－吕萨克撞击坑**（26 千米）位于东部，在哥白尼以北 75 千米的地方。两个撞击坑都有尖锐的低壁和相对平坦的底面。**盖－吕萨克月溪**（40 千米长）位于盖－吕萨克撞击坑的西部，用 100 毫米的望远镜就可以很容易地看到。

图 7.12　厄拉多塞撞击坑观测图

图 7.13　哥白尼环形山和喀尔巴阡山脉 CCD 照片

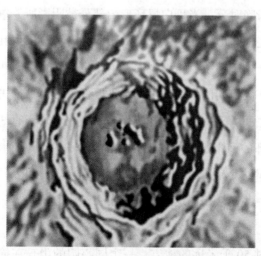

图 7.14　哥白尼环形山观测图

尽管哥白尼环形山（93 千米）不是月球上最大的撞击坑，但它有着壮观的结构和明亮、宽广的射线系统，这使它成为业余观测者可以观测到的最壮观的撞击坑之一。哥白尼的射线系统向四面八方传播，在月球表面延伸到很远的地方，无须借助光学工具就可以很容易地看到它。通过双筒望远镜或望远镜以低倍放大率观看满月，会看到一幅壮观的景象。双筒望远镜将哥白尼的射线分解成一团相互连接的明亮指状物，其中一些是完美的直线，另一些则是弯曲和扭曲的，它们一直延伸到 800 千米远的地方。尽管这些射线看起来像粉笔痕迹一样不明显，但在一些地方，喷射物堆能有几十米深。

　　哥白尼环形山的轮廓一般是圆形的，边缘呈尖锐的扇形——这是撞击后破裂的月壳薄弱处多次发生滑坡的结果。在它的内部，宽阔的内壁墙拥有多层复杂的阶梯结构。一个小撞击坑**哥白尼A**（2.5 千米）占据了内部东墙阶梯结构中间的一个岩架（用 150 毫米望远镜可以看到），另外在哥白尼的东边缘有一个突出的弯。在清晨和傍晚时分，当哥白尼环形山部分被阴影所笼罩，阶梯结构中的一些较高山脊在阴影中被太阳照亮时，会产生壮观的照明效果。即使用望远镜粗略地观察一下，也会使观察者相信哥白尼环形山的底面比周围景观的平均水平要低得多。从撞击坑边缘的最高点到底面的平均水平展开测量，哥白尼环形山有 3760 米深。撞击坑底部的南半部山峰要比北半部多。一个 60 毫米的望远镜却无法分辨这个地形，因此南部的底面看起来和北部一样平滑，但稍微暗一些。从哥白尼底面升起了一组中心山峰群，其山峰高达 1200 米。

　　在超过 50 千米远的地方，一个同心圆的山丘在撞击坑的外侧面与放射状的山脊和沟壑相互交错，边缘高达 900 米。哥白尼环形山是一个年轻的撞击坑，只有不到 10 亿年的历史，而且它是处在月球表面相对平坦的部分，而不是一个多山或布满撞击坑的地区，这使得撞击的雕刻和射线系统清晰可见。在撞击坑边缘的西部，同心脊和放射状地貌之间有一个清晰的边界，形成了一个约 20 千米宽的宽岩架。山脊和沟槽，大量的抛射碎片混杂着次级撞击坑和撞击坑链，从撞击坑处向四面八方延伸。射线系统能传播到更远的地方。**福特**（12.1 千米）和**福特 A**（9.6 千米）是类似锁眼的联合撞击坑，其方位表明它们最有可能是哥白尼的次级撞击结构。在较低的光照角度下，可以在周围地区看到明显的撞击坑链，它们并非都是完全直的，也不一定都是向哥白尼环形山中心呈放射状的。最突出的撞击坑链位于哥白尼和厄拉多塞之间，与哥白尼同心，这个撞击坑链从雨海持续到斯塔迪乌斯撞击坑西壁，长达 200 千米。它由一连串撞击坑组成，其宽度从 1 千米到 7 千米不等。在哥白尼的西北方向有一条放射状的狭长撞击坑链，绵延 80 千米。乍一看，盖－吕萨克月溪似乎也是哥白尼外部撞击构造的一部分，但实际上它是一个更古老、受侵蚀更严重的地形特征，可能是在哥白尼环形山形成的几十亿年前，在喀尔巴阡山脉南部的熔岩平原上切割出的一条弯曲的月溪。

岛海是哥白尼环形山以南的一片宽阔的、不规则的月海，西起**开普勒环形山**（见第七区），东至浪湾和中央湾（见第一区），绵延约 900 千米。在满月前后，通过双筒望远镜可以很容易地看到那里有一些广阔的深色反照率标记，其中一个深色标记覆盖了岛海以东的丘陵地区，面积约为 5000 平方千米。在它的南面是解体的撞击坑**施洛特尔**（35 千米）和**索莫林**（28 千米），这两个撞击坑的底面都被淹没，冲破了南面的壁墙。**莫斯汀撞击坑**（26 千米）在东南方向不远的地方，是一个突出的、棱角分明的撞击坑，内部有宽阔的阶梯状结构。它的北边缘被横贯撞击坑内壁的山脊打断。棱角分明、底面平坦的**冈巴尔撞击坑**（25 千米）位于西边 280 千米处。冈巴尔和施洛特尔之间有两个尖碗状撞击坑——**冈巴尔** C（12.2 千米）和**冈巴尔** B（11.5 千米）。在低角度照射下，在冈巴尔 C 撞击坑的正西南方，可以看到一个直径为 18 千米的大穹隆，冈巴尔的西部一直到**莱因霍尔德撞击坑**（48 千米），这是一片杂乱的山丘，从斑驳的月海上升起。莱因霍尔德是一个明显的撞击坑，有坚固的阶梯形内墙和光滑的底面，还包括几个小山。在喀尔巴阡山脉以南、哥白尼环形山以西的岛海地区，可以发现大量的穹隆结构。哥白尼环形山是如此壮观，以至于观测者忍不住在它面前流连数小时，当然，对这一地区那些最不明显的吸引人之处进行更仔细的审视是值得的。托·迈耶撞击坑以南是一片至少有十几个直接可见的穹隆的广阔地域（平均直径约为 12 千米）。这儿的一些分散的山峰像争抢位置似的，其中有几个穹隆的顶部有小的撞击坑，可以用 150 毫米的望远镜来分辨，但由于附近山脉阴影的影响，在较低的照射角度下，要分辨这个坑群本身有点困难。穿过岛海向南是碗形撞击坑**米利奇乌斯**（13 千米）和较小但很容易被观察到的孤立穹隆**米利奇乌斯** π（10 千米）。在米利奇乌斯 π 和北边的穹隆地带之间，可以看到一个非常大的、细长的圆顶状隆起，大约有 50 千米宽，它的东南山坡被一簇小山刺穿。在米利奇乌斯东南的 115 千米处是另一个突出的碗状撞击坑**霍尔登修**（15 千米），在它的北部是一个由 6 个圆形穹隆组成的集群，平均直径为 10 千米，其中大多数具有山顶撞击坑，可以用 150 毫米望远镜分辨出来。

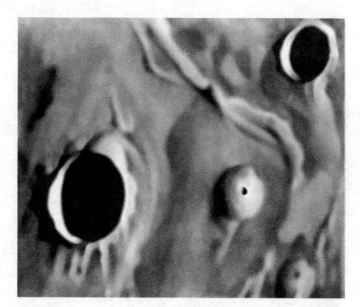

图 7.15 米利奇乌斯撞击坑和小型穹隆米利奇乌斯 π 的观测图

图 7.16 米利奇乌斯撞击坑和小型穹隆米利奇乌斯 π 的 CCD 照片

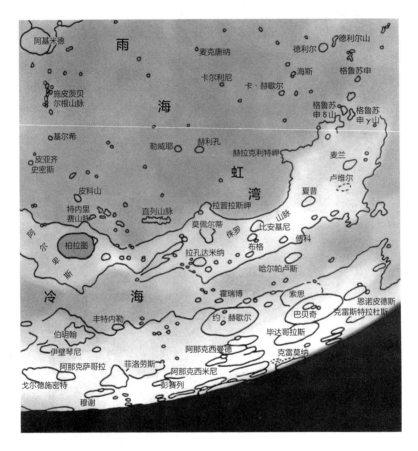

第六区

有一些突出的山脉从雨海的北部海岸线伸出来，它们包括**直列山脉**和**特内里费山脉**。雨海西北部被巨大的**虹湾**冲击并凹陷，并与**侏罗山脉**壮丽的弧形山脉接壤。壮观的、底面漆黑的柏拉图环形山位于月球阿尔卑斯山的西部高地。黑暗的**露湾**平原流向雨海西北部的边缘山脉，与冷海的西部连接。再往北的坑洼高地是大型撞击坑**约·赫歇尔、巴贝奇**和**毕达哥拉斯**的所在地。日出发生在大约第 7—11 天，日落时间约为第 21—25 天。

雨海的表面面积为 355.4 万平方千米，是月球上最大的圆形月海，面积仅次于风暴洋。雨海的直径为 1160 千米，它的北部、东部和南部与突出的山脉接壤，但它的西部延伸与风暴洋东部相融合。雨海占据了范围更广阔的雨海多环撞击盆地的内环，内外环的直径分别为 1700 千米和 2250 千米，还可能大到 3200 千米，容纳了风暴洋本身。

冷海与雨海的北部边界平行，被大片的山脉（从西部的侏罗山脉到东部的阿尔卑斯山脉）分开。在柏拉图环形山的北部，冷海的中西部部分地区，比其他部分显示出更多的皱脊。冷海融入了**哈尔帕卢斯撞击坑**（39 千米）周围的露湾平原。哈尔帕卢斯是一个明显的撞击坑，有尖锐的多边形边缘和一个小型的、有点褪色的射线系统中心。在同一地区，可以清楚地追踪到东北几百千米外的阿那克萨哥拉撞击坑的射线。在哈尔帕卢斯撞击坑北部，冷海海岸上，**索思撞击坑**（108 千米）有一个低的、被侵蚀的壁墙，它位于东部，呈方形。索思撞击坑与巴贝奇撞击坑（144 千米）的壁墙相连。巴贝奇是另一个古老的、被侵蚀的撞击坑，其多山的南部底面被一个更年轻的撞击坑**巴贝奇 A**（26 千米）撞击所凹陷。**恩诺皮德斯**（67 千米）沉入巴贝奇撞击坑以西的高地。

与巴贝奇撞击坑的东北壁相连的是壮观的**毕达哥拉斯撞击坑**（130 千米）。毕达哥拉斯撞击坑比哥白尼环形山略大（见第五区），但从上面看，它们是非常相似的撞击坑。和哥白尼环形山一样，毕达哥拉斯也有扇形的边缘，宽阔的壁墙上有错综复杂的阶梯形结构，从丘陵底面（南部比较高）崛起一组中央山脉。因为撞击坑是由高地月壳雕刻而成，所以在哥白尼环形山附近清晰可见的外部撞击结构在毕达哥拉斯周围通常是看不到的。毕达哥拉斯撞击坑就在天平动地带的外面，虽然它永远不会完全消失在西北角之外，但不利的天平动会使它看起来非常短。在一个合适的天平动和光照角度下，观测者至少可以了解到这个撞击坑到底有多宏伟，因为从侧面可以看到，阶梯形的西北墙在中央山脉之外闪闪发光。这就是从低角度看到的它内部的样子。越过毕达哥拉斯撞击坑，进入西北天平动地带的是**布尔撞击坑**（63 千米）和**克雷莫纳撞击坑**（85 千米），它们只能在满月前一天左右有利的天平动地带内观测到。

约·赫歇尔撞击坑（156 千米）位于更远的东部，在冷海的北部沿岸。尽管约·赫歇尔是近地端最大的撞击坑之一，但它受到了相当大的侵蚀，有一堵破损的壁墙和带有几个小撞击坑的丘陵地面，但当它靠近晨昏线时非常突出。它最西边的部分被黑色的反照率标记所浸染，用 200 毫米的望远镜可以在这个区域发现几条小月溪。在约·赫歇尔撞击坑的北部可以发现一组联合的大型淹没型撞击坑，即**阿那克西曼德**（68 千米）、**阿那克西曼德 B**和**阿那克西曼德 D**，这些撞击坑在东部被突出的**卡彭特撞击坑**（60千米）侵入。**帕斯卡撞击坑**（106 千米）和**布利安生撞击坑**（145千米）是在天平动地带内远离卡彭特撞击坑的两个大撞击坑。卡彭特撞击坑东部的大部分地区相对平坦，覆盖着来自阿那克萨哥拉撞击坑的射线和喷出物。**菲洛劳斯撞击坑**（71 千米）是这个地区最著名的地标，它是一个深坑，有阶梯式的壁墙和从底部升起的相当大的山峰。较低角度的光照会显示菲洛劳斯撞击坑是叠加在其西南的一个更大、更古老和受到侵蚀的撞击坑之上的。与此同时，在菲洛劳斯撞击坑东南方可以看到一个被高度侵蚀、瓦解了的古撞击坑（未命名，直径约95千米）。离菲洛劳斯撞击坑边缘更远的地方可以发现底面相对平坦的**阿那克西米尼撞击坑**（80千米）和其北部的**彭赛列撞击坑**（69千米），后者位于北部天平动地带。

在柏拉图环形山西北310千米处的冷海的北部海岸，有一个干净的圆形撞击坑**丰特内勒**（38千米），以其接近中央的小撞击坑而闻名。从它的南壁墙起，皱脊向南延伸，穿过冷海，与其他几座山峰相连，与柏拉图环形山北部的高地会合。柏拉图环形山（101千米）是一个宏伟的撞击坑，是这一区域内最突出的地标之一。柏拉图环形山平坦黑暗的底面是圆形的，边缘有些凹陷，比周围地势低2000多米。撞击坑中部的原始高地已经完全被熔岩流淹没，没有留下任何痕迹。柏拉图的底面上唯一可见的地形细节是5个小撞击坑，直径从1.7千米到2.2千米不等。在低空的太阳之下，这些撞击坑很容易通过100毫米的望远镜发现，因为它们凸起的边缘发出明亮的光，它们能在柏拉图的底面上投下明显的阴影。然而，在日头很高的时候，它们呈现为微小的亮点，用100毫米的望远镜很难分辨出来。围绕着底面的边缘解体了，从内壁上跌落下来，堆成一堆。西部内壁的一大片三角形部分——一个面积约50平方千米的地块——已经断裂并滑向底面，在撞击坑边缘留下了一个相当大的凹痕。没有明显的迹象表明柏拉图环形山周围存在着和它大小类似的撞击坑周围的那种撞击雕刻。在柏拉图以西不远的地方，突出的**柏拉图A撞击坑**（23千米）深埋于群山之中。

在清晨或傍晚的阳光照射下，柏拉图环形山的壁墙投射在底面上的阴影令观测者着迷。在早晨，当柏拉图环形山的西侧与晨昏线相连时，它的内壁和底面的西侧则被从撞击坑东侧低处洒过的阳光照亮。随着东部边缘投射的阴影逐渐消退，阴影的边缘投射成四五个又长又尖的手指，并随着太阳的升起而迅速缩短。到了晚上，当柏拉图环形山的东侧开始被晨昏线的黑暗所包围，底面变暗时，它的东侧内壁墙在夕阳的光线中闪烁着，像明亮的月牙。由边缘较高部分（在上面提到的主要滑坡处的北部）投下一个特别长的影子，触及到了东壁墙的底部；不久，又有几根长长的影子像手指一样完全投射在底面上，几个小时之内，柏拉图环形山的整个内部，除了里面的东侧壁墙，全都陷入了黑暗之中。在柏拉图环形山的内部，影子的外观和方向从一个月到下一个月的变化是不一样的，原因是天平动的影响以及由其引起的太阳光照方向的变化。

在柏拉图环形山以南的雨海地区观看影戏（Shadow Play）也很有趣。**特内里费山脉**是一个分散的山脉，长度约 110 千米，由一个 Y 形的山脊组成，西部是一个大块的山脉，东部是一个较小的山脉。它最高的独峰高达 2000 米。使用 150 毫米的高倍望远镜，在低角度太阳照射下，会发现特内里费山脉的山顶上存在着小撞击坑的迹象。在特内里费山脉东南部不远处，高大的**皮科山**（15 千米 × 25 千米）位于海拔 2400 米的月海平原之上。在正午的阳光下，皮科山绝不是均匀明亮的——它北部的大部分高地都被一个明显的、黑暗的椭圆形区域所占据，周围是比较亮的条状区域，在最北部还有一块相当大的明亮区域。在清晨或傍晚的低角度太阳照射下，皮科山在月海上投下明显的、又宽又长的影子。当傍晚的晨昏线吞没山峰时，它就被分解成许多独立而明亮的部分；当黑暗从山脚下不可逆转地升起时，这些部分还能继续发光几个小时。

在较低角度的光照之下，特内里费山脉和皮科山似乎标记出一个大部分被埋藏起来的撞击坑的南侧边缘的一部分，这个撞击坑占据了直到柏拉图以南山脉边界的月海区域。它被非正式地称为 **"古牛顿"**（115 千米），从皮科山向东延伸的皱脊上可以看到它被埋藏在地下的东壁墙的痕迹。然而，有可能的是，这些皱脊的排列并没有反映出下面的地形，因此这里并不真的存在着一个被埋藏起来的撞击坑。皱脊向南延伸，从皮科山穿过雨海，经过细长的 **皮科 β 山**（9 千米 × 20 千米），与皱脊松散相连，经过施皮茨贝尔根山脉（见第二区），并向西绕过 **葛利普山脊**，与雨海的南部边界平行。其他几个皱脊从特内里费山脉向南延伸，到了中部逐渐消失。

距离雨海的北部海岸线 50 千米处，特内里费山脉以西，是 **直列山脉** 长而直的山体，这是月球上最引人注目的山脉之一。它长 78 千米，平均宽 20 千米，呈东西走向，至少拥有 20 座独立的山峰，其中最高的山峰高达 1800 米。直列山脉看起来很像一只大的、被分割的蜈蚣，山脉范围显示的结构反映了雨海盆地的径向冲击雕刻。有一个 8 千米宽的撞击坑，凹陷在该山脉的东端。在直列山脉的西部，雨海的海岸线向南延伸到 **拉普拉斯岬**。这是一个突出的岬角，是虹湾东部边界的标志，而后者则是雨海中一个边界清晰的海湾，直径达 260 千米。虹湾是一个被熔岩淹没的冲击盆地，一半的壁墙被完全淹没。在虹湾和雨海边界的一些低皱脊中可以看到埋藏结构的痕迹，它们将拉普拉斯岬与虹湾另一面的赫拉克利特岬的东角连接起来。山脊在赫拉克利特岬以南相当长的一段距离内弯曲，将棱角分明的 **卡·赫歇尔撞击坑**（13 千米）和向南延伸了 130 千米的 **海姆山脊** 连接起来。

虹湾的东南部，**赫利孔撞击坑**（25 千米）和勒威耶撞击坑

（20千米）是这片雨海中最突出的地标。两者都有尖锐的边缘、内部梯形结构的痕迹和略微凹凸不平的底面。赫利孔撞击坑位于宽阔而低矮的山脊上，只有在较低的光照角度下才能看到。每一个撞击坑都被相当均匀的明亮但不突出的喷出物月幔包围，它们都位于一个范围广泛但略暗的反照率斑块内，其直径约为280千米。

虹湾的山脉边界由突出的弧形侏罗山脉组成，这是从海岸线上升到海拔4000多米的一系列不连贯的阶梯形结构。**比安基尼撞击坑**（38千米）是一个深而清晰的撞击坑，位于虹湾北部的山上。**莫佩尔蒂撞击坑**（46千米）位于其东面100千米处，被严重侵蚀，并向虹湾呈现出放射状的结构。通过一架150毫米的望远镜可以看到它东边蜿蜒的**莫佩尔蒂月溪**，穿过了布满山坑的地形。

在虹湾西面，突出的**夏普撞击坑**（40千米）有宽阔的、阶梯式的内壁墙和中央高地。**麦兰**（40千米）是一个外形相似但底面平坦的撞击坑，位于虹湾以西明亮的、布满未命名撞击坑的高地之间。**卢维尔**（36千米）作为月球上被侵蚀得最严重的撞击坑之一，位于露湾一个小海湾的岸边。在它的西边，有一条非常长但非常细的蜿蜒小溪，即**夏普月溪**。夏普月溪在露湾东部黑暗的平原上绵延了200多千米。在能见度极好的夜晚，使用150毫米的望远镜可以看到这个月溪的北部部分。另一条狭窄而蜿蜒的**麦兰月溪**，向南延伸了100千米，更靠近海岸线。

在雨海南部高地的南端耸立着两座巨大的圆形山脉——**格鲁苏申 γ 山**和**格鲁苏申 δ 山**。格鲁苏申 γ 山呈圆顶状，轮廓几乎是圆形的，还有一个南部的山嘴，其底部直径为20千米。通过一架100毫米的望远镜可以在它的顶部分辨出一个小撞击

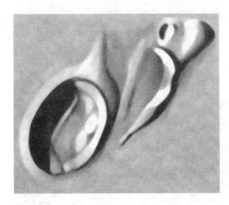

图 7.17 德利尔撞击坑和德利尔山的观测图

坑。一条狭窄的山谷将它与东部的格鲁苏申 δ 山隔开，后者是一个矩形的山体，有圆形的斜坡，底部约 25 千米。在这对突出的山脉南部，雨海的西北边界以无数的山峰、山丘和皱脊为标志。小撞击坑**格鲁苏申**（16 千米）位于**布赫山脊**（90 千米长）的北端，布赫山脊是该地区平行于雨海边界的一系列山脊之一。两个有趣的（未命名的）多节小高原从雨海中崛起，一个在格鲁苏申撞击坑的北部，另一个在南部。再往东南，**德利尔撞击坑**（25 千米）和**丢番图撞击坑**（19 千米）相邻，形成了一个突出的地标，它们在西边沿着箭头形状的**德利尔山**（30 千米长），通过一个突出的山脊与丢番图撞击坑的边缘相连。

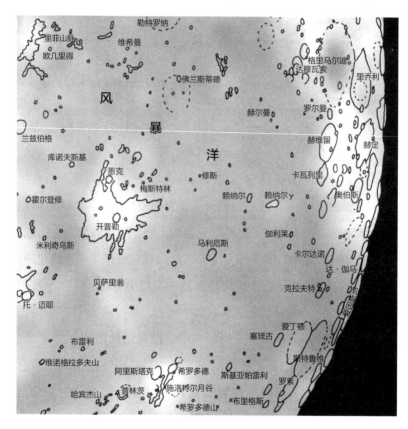

里菲山脉
勒特罗纳
维希曼
欧几里得
佛兰斯蒂德
格里马尔迪
达穆瓦索
里乔利
风
暴
洋
赫尔曼
罗尔曼
兰兹伯格
赫维留
赫定
库诺夫斯基
恩克
修斯
卡瓦列里
梅斯特林
赖纳尔
赖纳尔γ
奥伯斯
霍尔登修
开普勒
伽利莱
米利奇乌斯
马利厄斯
卡尔达诺
达·伽马
贝萨里翁
克拉夫特
托·迈耶
爱丁顿
塞琉古
布雷利
斯特鲁维
维诺格拉多夫山
阿里斯塔克
希罗多德
斯基亚帕雷利
罗素
哈宾杰山
普林茨
施洛特尔月谷
布里格斯
希罗多德山

第七区

　　风暴洋覆盖了月球近地端西部的大部分，几乎触及赤道以北的西边缘。北部明亮的**阿里斯塔克高原**具有特殊的地质意义。明亮的**阿里斯塔克撞击坑**及其明亮的射线系统主导着该地区的北部。阿里斯塔克与它的邻居——底面黑暗的**希罗多德撞击坑**——

形成鲜明对比，其附近是月球上最大的弯曲溪谷**施洛特尔月谷**，在它的周围可以观察到许多较小的弯曲溪谷。**开普勒环形山**及其射线主导了该地区的东南部。在风暴洋的中心，**马利厄斯撞击坑**躺在一大片穹隆的边缘。在它的西南方向是神秘明亮的**赖纳尔γ**。靠近西边缘的是**赫维留撞击坑**和**赫定撞击坑**，再往北沿着月球边缘的是连在一起的三个大平原撞击坑——**爱丁顿**、**斯特鲁维**和**罗素**。这片区域的日出发生在第 10 天左右到满月，日落则从第 25 天左右直到新月阶段。

阿里斯塔克撞击坑（40 千米）在风暴洋较小的一侧，但是它凭借着自己耀眼的亮度和在风暴洋东北部的制高点，成为月球上最著名的撞击坑之一。它有一个非常锐利的边缘和多边形的轮廓，以及坚固的阶梯式内壁，在特定的光照条件下，它的外观很像罗马竞技场。虽然它西边的内壁呈现得非常好，但我们从撞击坑上方 42 度去观察，会发现（当它被太阳照射时）它的内壁看起来呈狭窄的条状，给人阿里斯塔克有一个内壁斜度不同的偏移底面的印象。实际上，它的内壁墙在撞击坑四周保持着相同的宽度，它的底面完全位于中央位置。阿里斯塔克撞击坑的内部和外部西壁墙部分，以及它的中央山丘，是整个月球上反射性最强的表面特征之一，它在高角度照射的太阳下显得耀眼夺目。几个较低反照率的暗带标志着它的西内壁，这些阴影带是令许多月球观察者着迷的来源。只要西内壁被照亮，就可以很容易地通过 60 毫米望远镜观察到它们。阿里斯塔克撞击坑的底面相当小，直径约为 19 千米，位于边缘以下约 3000 米。在它的中心可以看到一个小的中央小山。撞击坑的边缘高出周围地形几百米，并带有一个大型高原，位于斜坡的一半处。在晨光较低的时候，当撞击坑从晨昏线中显现出来时，外部的阶梯状结构就呈现为一条明亮的弧线，被一条阴影线与明亮的边缘隔开，周围是更遥远的径向撞击形成的岩屑堆积。

　　阿里斯塔克撞击坑有一个突出的射线系统，眼尖的人甚至可以在没有任何光学辅助的情况下就能分辨出阿里斯塔克区域的亮度。通过双筒望远镜，可以追踪到南方和东方数百千米之外的射线，但它们没有哥白尼（见第五区）或开普勒环形山的射线那么明亮，而是与阿里斯塔克的射线混合在一起。阿里斯塔克撞击坑的周围（除了它的西侧边缘）是一个从撞击坑边缘延伸约 25 千米的深色环，代表着一个被深色玻璃状撞击熔化物覆盖的区域。在西北方向的阿里斯塔克高原上也似乎没有射线，这一区域通常被称为"伍德斑"（非官方命名），通过望远镜目镜可以看到它呈现出明显的橙色。

　　希罗多德撞击坑（35 千米）在阿里斯塔克撞击坑以西不远的地方，是一个完全不那么显眼的撞击坑，它具有低矮的、没有阶梯形结构的壁墙和光滑平坦的底面。从阿里斯塔克西南部喷出的明亮叶状熔岩穿过希罗多德撞击坑的南部，用明亮的射线覆盖了它那被熔岩淹没的南部黑色底面。这个撞击坑的北壁被一个大约 18 千米长的宽阔而粗削的山谷打断，山谷的北端有一个 7 千米长的碗状撞击坑。这个撞击坑位于月球上最大的弯曲溪谷施洛特尔的顶部。在非正式名称为眼镜蛇头（Cobra's Head）的地层中，上述山谷扩大了约 10 千米，再向南又变窄，在其 160 千米长的地区的大部分保持了平均约 5 千米的宽度。施洛特尔月谷穿过阿里斯塔克高原，呈弯曲的半圆形，在向西南延伸的过程中逐渐变窄和变浅，在希罗多德撞击坑西北约 75 千米的地方逐渐消失。在高角度光照之下，山谷的底部仍然是一条浅色的线。一条更窄的弯曲小溪沿着施洛特尔月谷的中心蜿蜒而下，在良好的条件下，使用一个 200 毫米的望远镜，就有可能在月谷最宽的地方看到这条小溪的一部分。

施洛特尔月谷被快速流动的熔岩流侵蚀切割，成了月球这一地区火山活动较为明显的迹象之一。一个更微妙的例子是小穹隆**希罗多德 ω**，它位于希罗多德撞击坑和施洛特尔月谷北部弯曲地带之间。阿里斯塔克高原的西北边界从**拉曼撞击坑**（11千米）附近的风暴洋开始升起，并包含了小的、孤立的**希罗多德山**。再往北是一个突出的线性山脊**阿格里科拉山脉**，它从西南到东北延伸 160 千米，通过月球最小的皱脊**尼格利**（40 千米）与阿里斯塔克高原相连。**伯内特皱脊**（200 千米）向南穿过风暴洋，到达阿格里科拉山脉的西部，并在抵达**斯基亚帕雷利撞击坑**（24千米）的地方终止。斯基亚帕雷利撞击坑位于阿里斯塔克高原西部两条突出射线中一条的北端附近，这两条射线穿过月海，一直

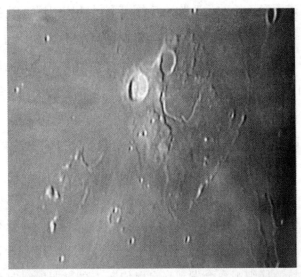

图 7.18　阿里斯塔克高原、阿里斯塔克明亮的射线、希罗多德撞击坑和施洛特尔月谷的 CCD 图像

延伸到接近边缘的明亮撞击坑**奥伯斯** A。

阿里斯塔克高原到了北部，突然升得更高，并在小撞击坑**维萨拉**（8 千米）的附近变得略微崎岖。著名的陡坡**托斯卡内利峭壁**（70 千米长）笔直地向北穿过阿里斯塔克高原到达**托斯卡内利撞击坑**（7 千米）。一台 150 毫米的望远镜可以分辨出这个地区的几条弯曲月溪，即**阿里斯塔克月溪**；其中许多月溪开始于清晰的小撞击坑，如施洛特尔月谷，并向山下流动。这些蜿蜒的山脉大多超过 50 千米长。再往东，**普林茨月溪**是另一个狭窄、弯曲的月溪，其中最长的一条开始于一个小撞击坑**韦拉**（4.9 千米），这个撞击坑就在**普林茨撞击坑**（47 千米）以北，并向北蜿蜒伸展了 80 千米。普林茨撞击坑本身是一个基本被淹没的撞击坑遗迹，其北缘刚好超出月海的水平高度。东北部的**哈宾杰山脉**是由三座大山组成的，它们是一座雨海盆地那被淹没的西壁墙的突出残留部分，**被阿尔冈山脊**包围。阿尔冈是一组皱脊，与更南的**阿尔杜伊诺山脊**（长 110 千米）相连。阿尔杜伊诺山脊的南侧分支被**布雷利月溪**切开。这是一条极其细长的弯曲月溪，长约 240 千米，穿过了雨海西部的平原，正好经过小型尖角撞击坑**布雷利**（14.5 千米）的西北部。观测者只有在极好的条件下，才能通过大型望远镜观察到布雷利月溪。

在阿里斯塔克撞击坑以西，有三个非常大的淹没撞击坑，即爱丁顿（125 千米）、斯特鲁维（170 千米）和罗素（103 千米），它们主导了风暴洋西部接近月球边缘的区域。爱丁顿撞击坑的巨大北壁很宽，向北延伸，但它的南缘基本上被淹没了，只有一些小的隆起可以追踪到。在高角度的光照下，可以清楚地看到爱丁顿撞击坑，仔细观察会发现来自奥伯斯 A 的微弱射线向北穿过了撞击坑的底面。爱丁顿撞击坑的东面是突出的、边缘尖锐的**塞**

塞琉古撞击坑（43 千米），其东面的两侧边缘被来自奥伯斯 A 撞击坑的一条突出而明亮的射线穿过。在强烈的光线下，塞琉古撞击坑的宽阔平坦内壁墙呈现出明亮的反照。爱丁顿撞击坑与斯特鲁维撞击坑的宽阔低壁平原共享低矮的西墙，斯特鲁维撞击坑通过其北墙的一个宽阔缺口与北面的罗素撞击坑相连。风暴洋的最西部边界，囊括了罗素撞击坑最西部的边缘，位于天平动地带，因此撞击坑看上去特别前倾，被挤压到了边缘。在一个有利的天平动时刻，而且在满月之前，可以看到斯特鲁维撞击坑和罗素撞击坑底面的西部仍然处于黑暗之中，而它们的西缘却被升起的太阳照亮，这是非常壮观的景象。

在爱丁顿撞击坑正南面的山体上，**克拉夫特撞击坑**（51 千米）与**卡尔达诺撞击坑**（50 千米）被**克拉夫特链坑**（60 千米长）连接起来。这是一串连续的小撞击坑链，通过 100 毫米的望远镜就可以看到。卡尔达诺撞击坑被来自南方 190 千米处奥伯斯 A 的射线物质覆盖，正是在这些射线物质周围发现了**卡尔达诺月溪**。卡尔达诺月溪是一条狭窄的月溪，从高地切入 120 千米，穿过卡尔达诺撞击坑东南的月海。用一个 150 毫米的望远镜就可以分辨出这个地形特征。克拉夫特和卡尔达诺是明显的地标，观测时可以用来跳至边缘地区，以便识别出占据西部天平动区的一组大型地形特征。下面这些地形特征在满月前的有利天平动中都可以看到，包括**巴尔沃亚撞击坑**（70 千米）、**道尔顿撞击坑**（61 千米）、**瓦斯科·达·伽马撞击坑**（96 千米）、**玻尔撞击坑**（71 千米）和**玻尔月谷**（180 千米长），最后这个是一个朝**东海**（见第十一区）呈放射状的大沟槽（见第十一区）。有利的天平动和良好光照也将让巨大的**爱因斯坦撞击坑**（170 千米）显露出来，它西面的大部分都位于西经 90 度之外。一个明显的大撞击坑**爱因斯坦 A**（53

千米）几乎位于爱因斯坦撞击坑底面的中央。与爱因斯坦撞击坑的北壁相邻，在西经 90 度线上的是**莫塞莱撞击坑**（93 千米），其北面是突出的、被淹没的撞击坑**巴特尔斯**（55 千米）和**沃斯克列先斯基**（50 千米）。

在阿里斯塔克高原以南，以西边的塞琉古、西南边的马利厄斯山和南边的开普勒为界的地区相当平坦，到处都是射线，其间点缀着小撞击坑。朝阿里斯塔克以南辐射的射线中可以看到一些细小的低脊，这是撞击后抛出的喷射物质堆。这些射线与开普勒环形山（32 千米）的更明亮的射线融合在一起，它们是如此明亮，以至于它与阿里斯塔克和哥白尼形成了一个三角形状的西南方顶点，无须光学辅助手段就可以看到。尽管开普勒是一个突出的、边缘尖锐的撞击坑，但仔细观察就会发现它的外观远不如阿里斯塔克那样宏伟。它的壁墙比阿里斯塔克的壁墙要低得多，也不那么宽，只有一丝阶梯状结构，而且它的疙瘩状坑壁也不那么深。这个撞击坑是在一个小而起伏的高原的东侧撞击而成的，而且只有其东边外侧才显示出广阔的撞击塑造结构。开普勒环形山的射线系统朝各个方向延伸，有一些单独的射线能达到 600 千米或更远的距离。

在开普勒环形山周围零星的山脉中可以看到一种迷人的"漩涡"结构，观测这些山脉最好的时间是开普勒从晨昏线中出现后的 6 个小时左右。特别值得注意的是，在开普勒环形山的西北部，有一个直径为 10 千米的巨大穹隆。而在开普勒环形山和米利奇乌斯撞击坑（见第五区）中间，有一条非常狭窄、蜿蜒的月溪：**米利奇乌斯月溪**（110 千米长），从靠近一个小山群的起点向北穿过岛海，这一地形特征只有在大型仪器中才能看到。一条由山峰组成的散射线向东南延伸，穿过**兰兹伯格撞击坑**（见第九区），将东部的岛海和西部的风暴洋分开。被淹没的**库诺夫斯基撞击坑**（18千米）就在这一范围内。

恩克撞击坑（29千米）位于开普勒环形山以南90千米处，是一个与之外观相似的撞击坑，尽管它的坑壁墙比开普勒的更低，而且是多角形的，其底面也略显粗糙。在恩克撞击坑周围，几乎看不出有什么撞击的结构。该撞击坑位于一个大型的、被淹没的撞击坑**恩克 T**（110千米）的东北底面。它的西边是几个被淹没的撞击坑的碎裂边缘，其中包括**梅斯特林撞击坑**（7千米）和**梅斯特林月溪**，这是一小簇切断**梅斯特林 R 撞击坑**向东南延伸的平行线状裂缝。

马利厄斯撞击坑（41千米）位于这个地区的中心，是一个边缘尖锐的撞击坑，有着光滑平坦的底面。它的南面是一个皱脊系统，一直延伸到风暴洋的南部边界，距离约为700千米。马利厄斯撞击坑位于**马利厄斯山**（该地区没有正式的名称）的东部边缘，这儿由穹隆和低矮的山丘组成，覆盖了一个相当完善的矩形区域，面积超过3万平方千米。当该地区被初升的太阳照亮时，一架100毫米的高倍望远镜可以看到至少100座圆形的小山和穹隆，其中还有一些皱脊。在高角度的照射下，该地区看起来相当斑驳零散，并与周围的月海融为一体。崎岖蜿蜒的**马利厄斯月溪**（250千米长）在150毫米的望远镜中可以看到，它发源于马利厄斯撞击坑北部某处，围绕着马利厄斯山的东北边界蜿蜒。另一个蜿蜒的小裂隙**伽利莱月溪**（180千米长），围绕着马利厄斯山西南边界。

赖纳尔撞击坑（30千米）是一个突出而且边缘尖锐的撞击坑，它有一个中央峰，位于马利厄斯山以南的皱脊上。在赖纳尔撞击坑以西100千米的另一条皱脊有一块亮斑**赖纳尔 γ**，这是该地区最突出的地标之一。赖纳尔 γ 完全由明亮的射线物质组成，是一个拉长的椭圆形斑块，其核心部分向东西方向延伸了 60 千米。一个明亮物质的裂片从它的东北边界出发，形成一条突出但不连贯的线，向北延伸约 150 千米直到马利厄斯山的边缘。与许多射线系统不同，赖纳尔 γ 即使在低角度太阳光照射下也很突出。它是近地端漩涡（见第一章）的最好例子。在赖纳尔 γ 上面很少有小撞击坑，这意味着它是一个相对年轻的月球特征。它可能是火山气体喷发区域，导致了表面物质颜色的改变；或者也可能是由彗星撞击造成的，使强磁性从彗星的核心移植到月球表面的这一区域。

在风暴洋的西岸，赖纳尔 γ 以西 130 千米处，可以找到**德森萨斯平原**。这是一块不起眼的月海，是 1966 年 2 月第一个软着陆月球探测器月球 9 号的登陆地点。在它的南部和西部，有一

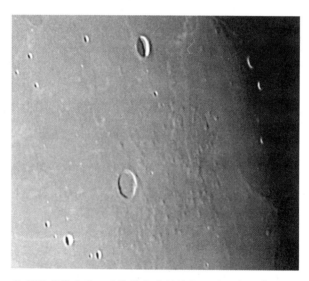

图 7.19　马利厄斯撞击坑、风暴洋中马利厄斯山周围广阔穹隆区域的 CCD 图像

组非常大的撞击坑。**卡瓦列里撞击坑**（58 千米）是一个深而尖的撞击坑，内部阶梯状结构突出。这是一个褪色的、可以在风暴洋中追踪到的射线系统的中心。卡瓦列里与**赫维留撞击坑**（106千米）的北壁相邻。赫维留是一个突出的撞击坑，坑壁被侵蚀，地面上有许多线性月溪。在撞击坑近中央峰东南，最明显的**赫维留月溪**排列成了一个大的 X 形，通过 100 毫米望远镜可以看到。两条月溪都继续切开赫维留撞击坑的壁墙，闯入周围的地势之中。一条向东南方向穿过月海，到达距离赫维留撞击坑壁墙大约 50 千米的地方，即**罗尔曼撞击坑**（31 千米）以东；另一条则穿过罗尔曼以西略微低矮的地形，距离也差不多。在附近还可以找到其他一些小的线性月溪。在赫维留撞击坑以西，靠近西侧的边缘，高度侵蚀的大型撞击坑赫定（143 千米）也在其底面上显示了一个线性月溪系统。在高角度光照下，赫定撞击坑西北面上的一块深色物质清晰可见，但除非在低角度光照下，否则不可能看清该特征的其余部分。在赫定撞击坑的壁墙和底面上，以及该地区许多其他地形特征的壁墙和底面上，都可以清楚地看到小行星撞击时产生的雕刻效果，这些撞击形成了东海的多线撞击盆地（见第十一区），在有利的天平动和早晨或傍晚的低角度照射下特别明显。在赫定的正北方向有奥伯斯（75 千米），这是一个受到一定程度侵蚀的撞击坑；还有奥伯斯 A 撞击坑（45 千米），这是一个明亮又年轻的撞击坑，也是一个突出的射线系统的中心。这些射线中的一些延伸到了风暴洋彼岸很远的地方，特别值得注意的是其中的一对射线，它们延伸到了东北方向近 900 千米处的阿里斯塔克高原。

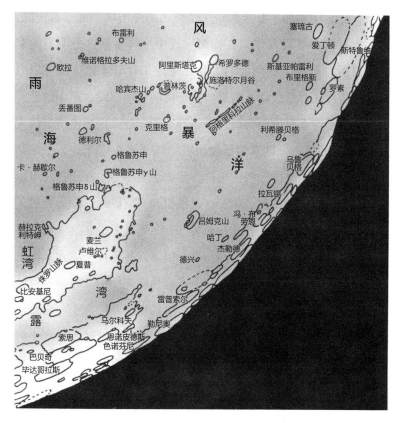

第八区

　　这个地区主要被风暴洋西北部平坦的平原所占据，该区域值得注意的是**吕姆克山**——一个由圆顶状膨胀物组成的大高原。有一些大型低壁撞击坑位于月球边缘附近，在月海的西部边缘，其中较明显的有**乌鲁贝格**、**冯·布劳恩**和**雷普索尔**。日出时晨昏线穿越该地区的时间为从第 11 天左右到满月时分，而日落则在第 25 天左右到新月时分。

吕姆克山是一个浅海高原，底部直径约为 70 千米，像一个水泡一样从风暴洋北部的月海平原升起。它的面积为 3800 平方千米。在早晨低沉的太阳照射下，吕姆克山呈现出宽阔、封闭的月牙状，西部最宽，月牙的两角在东北部包围了一个较低的底面。高原上出现了许多直径约 10 千米的穹隆，其中最高的穹隆比周围的月海高出 300 多米。吕姆克山在低沉的太阳照耀下可能会显得很大，令人印象深刻，但它的斜坡离月海的平均坡度仅有 5 度。

在吕姆克山周围，月海平原被一两条非常不明显的皱脊穿过，并被一些射线覆盖，是整个月球上地形最平淡无奇的地区之一。一条皱脊从吕姆克山东南方向一直延伸到阿里斯塔克高原以北尖锐的碗状撞击坑**尼尔森**（10 千米）。在尼尔森撞击坑和**利希滕贝格撞击坑**（20 千米）之间，沿着**瑙曼撞击坑**（9.6 千米）以南，可以发现细长的皱脊**斯希拉山脊**（120 千米长）和**惠斯顿山脊**（120 千米长）。利希滕贝格撞击坑以西，在天平动地区的月海边界上，有一个被淹没、侵蚀的撞击坑乌鲁贝格（54 千米），在高角度照射下可以看到它的暗底。一个非常有利的天平动将使大型的远地端撞击坑**伦琴**（126 千米）和**能斯脱**（118 千米）进入观测视野，它们占据了**洛伦兹**（371 千米）巨大盆地的东部底面，在乌鲁贝格的正西方。这是沿天平动地带进入视野的最大远地端地形特征之一。

穿过月海，从乌鲁贝格撞击坑朝向东北方向突出的**拉瓦锡 A 撞击坑**（28 千米），可以看到一连串的大型淹没撞击坑。再往北的天平动地带有（从南到北）**拉瓦锡**（70 千米）、冯·布劳恩（24 千米）、**本生**（52 千米）、**杰拉德**（90 千米）和**加尔瓦尼**（80 千米）等撞击坑，它们都不是特别壮观。雷普索尔撞击坑（107千米）位于露湾的西岸（见第六区），拥有所有月球撞击坑中最引人注目的断裂底面之一。**雷普索尔月溪**大面积穿过雷普索尔的底面，其中最大的是一条2千米宽、120千米长的深线性月溪，从东北到西南将撞击坑一分为二，形成一处与之相邻的撞击坑和远处景观。

7.4 西南象限

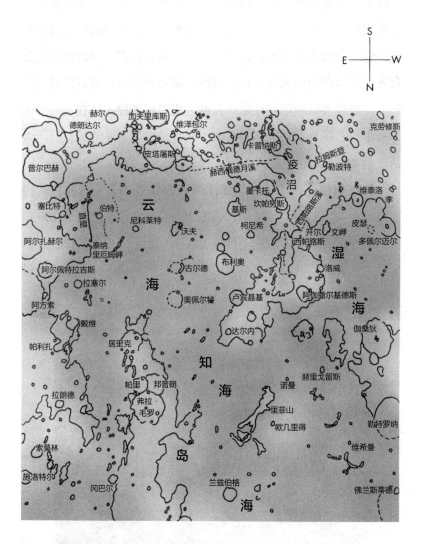

第九区

云海横跨月球的东南中部。云海的北部是**知海**和**岛海**（见第五区）的南部地区。**里菲山脉**是一座巨大的山峰，在知海和风暴洋的交界处升起。突出的三座环形山**弗拉·毛罗**、**邦普朗**和**帕里**，是云海北部的淹没地形特征之一。突出的、保存完好的撞击坑**布利奥**主导着西南的云海。在云海的东南边界附近，可以发现月球最大、最整齐的断层特征之一**直壁**。**皮塔屠斯撞击坑**在云海的南部海岸线上扩展。该地区的日出时间大约在第8—10天，日落大约在第23—25天。

兰兹伯格撞击坑（39千米）是一个深邃的、构成良好的撞击坑，有宽阔的内部梯状壁和一组中央峰。它位于从西北200千米处的库诺夫斯基撞击坑（见第七区）开始绵延的松散山丘和山峰链上。一条辫状皱脊从兰兹伯格撞击坑的西南方向开始，经过

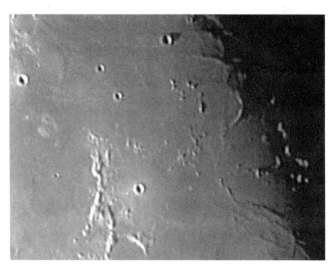

图 7.20　里菲山脉的 CCD 图像和风暴洋南部的皱脊特征

被淹没的兰兹伯格 C 撞击坑（17 千米）和明亮射线小撞击坑兰兹伯格 D（9.5 千米），然后与风暴洋的几个更复杂的皱脊会合。兰兹伯格 D 的东南面是里菲山脉，这是一系列从北到南长达 195 千米的分支山脊，它的南部组成部分标志着知海撞击盆地的西北边缘。欧几里得 P 撞击坑（60 千米）是一个位于岛海海岸被淹没的大撞击坑，它的部分壁墙被里菲山脉的北部山脊所勾勒。欧几里得撞击坑（12 千米）是一个明亮而突出的碗状撞击坑，周围是均匀的明亮喷出物，紧挨着里菲山脉的西部。再往西，是一些从风暴洋中升起的零星小山峰（未命名），可能是一个大型的、被掩埋的撞击坑壁墙残余物。

知海是一个黑暗的熔岩平原，形状有点像椭圆形，从西北部的里菲山脉到居里克撞击坑（58 千米）附近的东南海岸线，长达 330 千米。知海即"已知的海"，它的名字来自于这样一个事实：1964 年 7 月，游侠 7 号探测器在（打算）坠落在该海域之前，获得了第一张详细的月球表面特写照片。通过观察发现，在哥白尼环形山（见第五区）北部 500 多千米处的微弱条纹射线，穿越了知海。在知海西部海岸线附近，可以发现一个水滴状的穹隆，长 20 千米。在月球的穹隆中，它是独一无二的，是由比周围泥灰岩更明亮的物质组成的，在高角度光照下可以看到它。它的西边也有一组山丘的反照率很高。这个穹隆及其附近的山丘可能是一个被淹没的撞击坑的残余物，穹隆代表了撞击坑的中央隆起。知海的南部边界由小型射线撞击坑达尔内（15 千米）及其东部一排分散的山峰标记。一条 60 千米长的狭窄皱脊将其中一座山峰与莫罗山连接起来，后者是位于知海东南部的一座小山。在知海的其他部位有许多狭窄的皱脊。知海的中心有一个碗状的小撞击坑柯伊伯（6.8 千米），在高角度的光照下，它显示为一个微小的亮点。

在知海以东，可以发现一系列被淹没的大型撞击坑，坑壁很低，且受到侵蚀。围着它们的是居里克撞击坑，它的碎石壁墙在北部和东部遭到破坏。在低角度太阳照射下，可以看到其表面有几个圆顶状的膨胀物。弗拉·毛罗（95千米）、邦普朗（60千米）和帕里（48千米）这三个连在一起的撞击坑位于知海的东北边界，在居里克撞击坑的北部。三个撞击坑之间的公共壁墙比其他部分的墙壁更高、更突出，其形状立即就能告诉观察者弗拉·毛罗是最古老的撞击坑，其次是邦普朗和帕里。弗拉·毛罗坑壁的其余部分很低，而且受到相当大的侵蚀，被明显南北走向的山脊弄得皱巴巴的，这种结构在弗拉·毛罗北部的山丘和它的大部分底面上都可以找到，可能是雨海盆地的径向撞击所塑造的一部分。1971年2月，阿波罗14号在弗拉·毛罗撞击坑壁墙以北25千米处的山丘上着陆。人们可以追踪到从这些小山丘穿过火山口壁到弗拉·毛罗中心突出的小山丘，其终点是小撞击坑**弗拉·毛罗E**（4千米）。在它的南部，一条小沟被分成两条突出的月溪，其中一条干净利落地穿过东南壁，进入帕里撞击坑西底面；另一条穿过南壁墙，进入邦普朗撞击坑北底面，并在那里向西弯出一个锐角。另一个月溪几乎将邦普朗撞击坑的南北向一分为二，还有一条较小的月溪横跨撞击坑东南至东北面。**托兰斯基撞击坑**（13千米）在帕里撞击坑南部不远处，有一条小的月溪与之相连。这条月溪向南延伸了70千米，终止于**居里克F撞击坑**（22千米）。这个月溪系统被称为**帕里月溪**。

一个宽阔、平坦的月海平原——云海的北部延伸地区——在帕里以东占据了大约23,000平方千米的区域。它的南部被深碗形撞击坑**孔特**(11千米)冲击并凹陷。东部是**戴维Y撞击坑**(64

千米），这是一个具有明显矩形形状的淹没式撞击坑。贯穿其正面东部的是**戴维坑链**，这个撞击坑链可以追溯到 50 千米处的明亮撞击坑，即**戴维 G**（12 千米）。在 150 毫米的望远镜中可以分辨出沿线较大的撞击坑。**戴维撞击坑**（35 千米）是一个边缘尖锐、略呈多边形的撞击坑，有着凹凸不平的斑驳底面，位于戴维 Y 的西南侧壁，东南壁被**戴维 A 撞击坑**（15 千米）侵入。戴维 Y 的北壁墙有一个缺口，通向**帕利扎撞击坑**（33 千米）的底面。帕利扎撞击坑以北的山脉显示出明显的辐射状雨海雕琢痕迹。这些突出的山脊指向北面的**拉朗德撞击坑**（24 千米）。这是一个比较明显的撞击坑，轮廓呈多边形，有宽阔的内部梯形壁墙。拉朗德撞击坑位于一个明亮射线系统的中心，其中的一部分可以穿越云海北部和岛海南部延伸至 200 多千米远的地方。

云海大体是一个长方形的海，东西方向的直径约为 600 千米，总表面积为 254,000 平方千米。观察者用肉眼很容易看到它，它是月球中央南部的一块黑斑。北边的哥白尼环形山（见第五区）和南边的**第谷环形山**（见第十区）的射线系统在云海重合，最突出的是第谷的射线，其中两条射线从云海的西部划过。云海的山地边界不完整，北部大部分被淹没；从西部绕过南部到东部一带，撞击坑犬牙交错，其中很多被淹没了。云海的西部边界被**西帕路斯月溪**突出的弓状沟壑穿过，西帕路斯月溪与西部的湿海边界同心（见第十一区），其分支向北延伸，穿过已解体的淹没平原**阿伽撒尔基德斯**（49 千米）。在其北部有几个被淹没的撞击坑，其中**卢宾聂基撞击坑**（44 千米）几乎形成了一个完整狭窄的环。在其被打破的东南壁之外，是**布利奥撞击坑**（61 千米）。这是一个非常明显的撞击坑，有着宽阔的、错综复杂的内壁和一大群中央峰，耸立在冲击熔体的光滑底面上。布利奥撞击坑的边缘高出

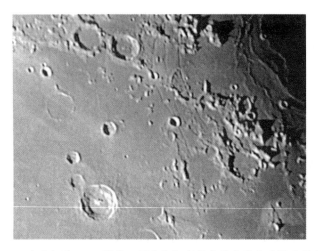

图 7.21　云海西部的 CCD 图像，图中包括布利奥撞击坑和西帕路斯月溪。

底面 3500 多米，它的东南边缘有一个明显的压痕，可能是由于**离布利奥 A 撞击坑**（25 千米）太近造成的。布利奥 A 撞击坑被喷出物覆盖，并被环绕着布利奥撞击坑的撞击雕琢损害。在低角度的光照下，布利奥撞击坑周围的地形细节清晰，有放射状的山脊和次生撞击坑链的迹象，这些撞击坑链向各个方向扩散，距离布利奥撞击坑的边缘约有 60 千米。

　　柯尼希撞击坑（23 千米）是一个带有丘陵的深撞击坑，位于布利奥和西南云海边界的**坎帕努斯撞击坑**（48 千米）之间。在柯尼希撞击坑东南面，可以看到一个被淹没的撞击坑**基斯**（44 千米）的薄边。在低角度光照下，基斯和柯尼希被第谷射线中最突出的一条覆盖。在低角度的光照下，该地区会有许多非常有趣的轮廓不分明的地形特征进入视野。在基斯撞击坑的西南方，一个巨大的圆形穹隆**基斯 π**（底面直径 12 千米）有一个小的山顶撞击坑，在 150 毫米的望远镜中可以清楚地看到它。在它的西面，连接柯尼希撞击坑和坎帕努斯撞击坑的低矮山脊，连同另一个靠近分散山丘的圆顶状膨胀体，在低角度的夜晚太阳照射下投出了一个明晰的阴影。坎帕努斯和**墨卡托**（47 千米）是云海和不规则的小平原**疫沼**（见第十区）之间的一对突出的且相互关联的撞击坑。坎帕努斯撞击坑有更发达的内部阶梯状结构和一个小型中央山丘，而墨卡托撞击坑有一个光滑的底面。从墨卡托撞击坑向东延伸的是**墨卡托峭壁**（180 千米长），这是一个笔直的但受到些许侵蚀的山脊，标志出云海盆地的一个原始山环的内部边缘。

皮塔屠斯撞击坑（97 千米）是云海南岸的一个大撞击坑，它有一个受侵蚀的、由几个低阶梯组成的复杂壁墙。皮塔屠斯撞击坑平坦的底面有一个偏离中心的中央高地。它被围绕着其底面的**皮塔屠斯月溪**复杂的月溪系统切割，并在一些地方沿着阶梯状结构往前延伸。一个 100 毫米的望远镜可以分辨出很多这样的月溪。在西部与皮塔屠斯撞击坑相邻的是被淹没的**赫西俄德平原**（43 千米）。在它的南面，是**赫西俄德 A 撞击坑**（15 千米）。这是一个有着美丽完整内环的撞击坑，是月球上最漂亮的例子之一，它有点小，观测者最好用 100 毫米的望远镜在高倍镜下观察。再往西，有一条月球上最宽、最长的线性月溪**赫西俄德月溪**（300 千米长），它向西一直延伸到了疫沼。

沿着云海的中心，在布利奥撞击坑以东，可以看到一连串 6 个被淹没的撞击坑，在某些地方撞击坑边缘的固体残留物与皱脊交织在一起。这条链从**奥佩尔特撞击坑**（49 千米）以北的一个无名岬向南行进，经过**古尔德撞击坑**（34 千米），直到南部的**沃夫撞击坑**（25 千米）的块状山峰群——距离为 285 千米。这些地形特征在径向上与云海盆地对齐，它们可能代表了云海撞击期间产生的被淹没了的撞击坑链。在高角度的光照下，近距离观察会发现深色的被淹没的底面和沿撞击坑链的一些明亮的壁墙，还有沃夫撞击坑周围的明亮山峰。

云海东部的几条皱脊在**尼科莱特撞击坑**（15千米）附近会合。东部的山脊似乎标志着一个未命名的大撞击坑西壁被淹没的位置，直径约200千米，其东壁墙在云海的东海岸线上形成一个深的半圆形海湾**泰纳里厄姆岬**，它有一个宽阔的方形岬角，沿着岬的北部向西延伸。在它的南面，几乎完全连接了岬的两个对岸的是直壁（110千米长）高耸的陡峭面。有时它被称为"直墙"，尽管它并不完全是直的，也不能被认为是壁墙。可以通过小到60毫米的望远镜看到直壁。在初升太阳的照耀下，该断层在月海上投下了一个突出的宽阔黑影。在傍晚阳光的照射下，可以看到陡坡面是一条突出的细长的亮线，但在高角度的阳光照射下，却无法辨别出它的痕迹。直壁是月球上最清晰的标准断层的例子。云海的这部分被熔岩淹没之后，月壳中的张力导致它开裂，断层的西侧已经下降了300米。通过望远镜，该断层可能看起来是一个陡峭的斜坡，但它并不像外表所显示的那样险峻，它的坡度大约为7度，非常平缓，不费吹灰之力就能登上去。在断层的北端有一个小撞击坑，即**阿尔扎赫尔D**（5千米）。在南部，断层穿过一组被称为斯塔格斯－豪尔（非正式命名）的小山峰的南部部分。这些山峰标志着一个被淹没的撞击坑解体的西缘某部，即**塞比特P撞击坑**（65千米），其西侧底面显示出一簇明显的、小而圆的黑暗斑块。

在直壁以西约20千米处，有一个明显的碗形撞击坑**伯特**（17千米）。该撞击坑很深，深度达3400米，其东缘被**伯特A撞击坑**（6千米）覆盖。从伯特发出的浅灰色射线以不寻常的形式穿过云海，但在某些地方，很难将其中一些射线与第谷环形山的射线区分开来。**伯特月溪**是一条突出的蜿蜒小沟，从一个低矮的圆

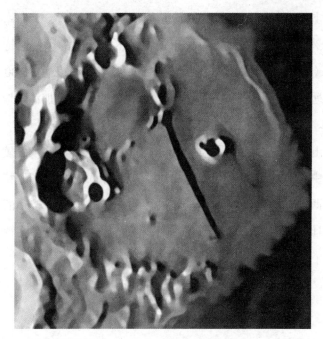

图 7.22　云海中直壁的观测图

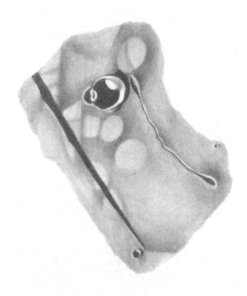

图 7.23　直壁和狭窄的伯特月溪观测图

顶撞击坑开始，即拉长的**伯特 E 撞击坑**（9 千米长），向南延伸50 千米穿过云海，终点是位于伯特撞击坑西侧的小型**伯特 F 撞击坑**（2.5 千米）。在理想的条件下，伯特月溪可以通过 100 毫米的望远镜分辨出来，不过用 150 毫米的望远镜会更加清楚地分辨出来。在直壁以东的海湾岸边，突出的**塞比特撞击坑**（57 千米）显示出清晰的边缘和明晰的内部阶梯状结构，尽管它的丘陵底面缺乏中央高地。**塞比特 A 撞击坑**（20 千米）叠加在塞比特撞击坑的西缘，而塞比特 A 撞击坑的西边缘本身被一个较小的撞击坑**塞比特 L**（10 千米）覆盖。仔细观察后，会发现塞比特 L 拥有一个小的中央峰。

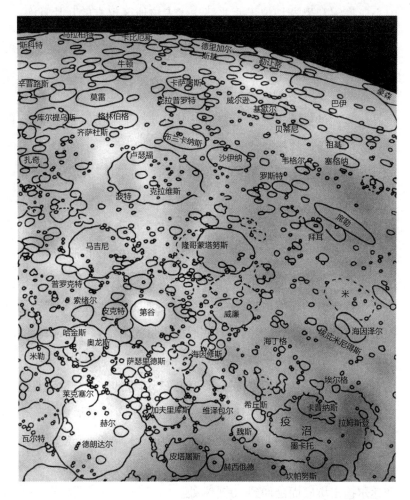

第十区

  云海南部到月球边缘是月球南部高地的撞击坑密集区，主要包括几个巨大的撞击坑——东北部的**德朗达尔环形山**，南部的

克拉维斯环形山和靠近西南边缘的**巴伊环形山**（南极及其周边地区将在第十三区描述）。在克拉维斯和德朗达尔之间有一个宏伟壮丽的撞击坑**第谷**，它坐落在月球最明亮和最广阔的射线系统的中心。疫沼和**恐湖**均位于西北部，代表该地区仅有的几片月海。在遥远的西部，是巨大而古老的**席勒-祖基**撞击盆地。日出晨昏线大约在第 7—11 天扫过该地区，日落发生在大约第 22—26 天。

德朗达尔环形山（235 千米）位于云海（见第九区）东南，是月球最大的撞击坑之一。它是一个古老的地貌，其壁墙很低，而且受到相当大的侵蚀，但在低沉的太阳照射下，可以清楚地追踪到它的壁墙。然而，在高角度的太阳照射下，德朗达尔的轮廓就很难辨认了。壁墙的东侧被大撞击坑**瓦尔特**（见第十四区）和**瓦尔特 W**（31 千米）覆盖。一条由 6 个撞击坑（直径为 4 至 6 千米）组成的整齐连接链穿过德朗达尔底面的东北部地区。棱角分明的**赫尔撞击坑**（Hell，地狱的意思，33 千米）位于德朗达尔撞击坑西面的丘陵地带，尽管它的名字叫地狱，但这个特殊的撞击坑只有 2200 米深，其黑暗底层由大量的山脊和一个偏移的、有点像金字塔的中央峰组成。赫尔撞击坑位于一个小的弧形山脊上，可能是德朗达尔撞击坑被掩埋的内环边缘的一部分。**莱克塞尔撞击坑**（63 千米）在德朗达尔撞击坑的东南壁墙形成了一个突出的海湾，在它的北面有一个小撞击坑（未命名），宽 3 千米，位于一个突出的明亮射线物质的中心，这个明亮射线物质穿过德朗达尔撞击坑底面延伸到 30 千米处。

两个大撞击坑**加夫里库斯**（79 千米）和**维泽包尔**（88 千米），位于德朗达尔以西、皮塔屠斯撞击坑（见第九区）以南。加夫里库斯撞击坑有宽阔的内壁，其上布满了大小不一的撞击坑。加夫里库斯有一个相当光滑、略微凸起的底面，没有中央隆起的痕迹。紧挨着它西边的维泽包尔是一个侵蚀程度更严重的撞击坑，有一个弧形的矮山横跨其底面。在它的西面有一个明亮的斑点，围绕着边缘尖锐的小型**希丘斯 B 撞击坑**（13 千米）。由于它位于东南方向约 320 千米处的第谷环形山明亮射线的路径附近，所以更加引人注目。这条射线穿过位于疫沼东岸的**希丘斯撞击坑**（41 千米）东边沿。疫沼东西长 300 千米，表面积约为 27,000 平方千米，是一块不规则的月海，紧邻云海的西南方。赫西俄德月溪（见第九区）是月球上最大的线性月溪之一，它的西部穿过疫沼的东北墙和北部的部分底面。用 100 毫米的望远镜很容易辨认出赫西俄德月溪。在月溪的南部，**卡普纳斯撞击坑**（60 千米）是一个被淹没的西壁墙较宽较高的撞击坑，其狭窄的东侧边缘只是避免了被月海物质完全淹没而已。在撞击坑的底面上可以观察到几个低矮、细长的圆顶状膨胀物。在卡普纳斯撞击坑以南，**卡普纳斯 P**（84 千米长，35 千米宽）是一个被月海物质淹没的山谷。在疫沼西部，尖锐边缘的淹没式撞击坑**拉姆斯登**（25 千米）与**拉姆斯登月溪**连在一起。拉姆斯登是一个极好的、相互连接的线性月溪集合体，主要部分位于拉姆斯登撞击坑的东部。这个月溪从拉姆斯登撞击坑的北面、南面和东面延伸出来，但撞击坑的边缘和底面仍未被触及，月溪显然是在月壳断裂后形成的。该系统主要的南北部分穿过小撞击坑**马斯**（9 千米），这是一个美丽而罕见的具有完整内环的撞击坑（如同赫西俄德 A，见第九区）。拉姆斯登月溪在北部弯曲至山的边界，在马斯撞击坑以北的平原上还可以看到另一个撞击坑。总之，在疫沼看到的拉姆斯登月溪的总长度超过了 300 千米，而且通过 150 毫米的望远镜很容易分辨。

来自拉姆斯登月溪系统的一条小月溪穿过疫沼以南和**埃尔格**

撞击坑（21 千米）以西的山脉，向南延展了 125 千米，到达**海因泽尔 A 撞击坑**（53 千米）的壁墙。海因泽尔 A 撞击坑是一个突出的撞击坑，有宽阔的梯形内壁和一座中心山峰。海因泽尔 A 的东南壁有一个缺口，通向解体的、有点不规则的**海因泽尔 C 撞击坑**（44 千米）和南部细长的、深深的**海因泽尔月溪**（53 千米长）。这个复杂的、环环相扣的三体组合构成了一个从北到南大约 92 千米长的地貌，它本身覆盖在**米撞击坑**（132 千米）的北壁墙之上。米撞击坑是一个古老且受到严重侵蚀的撞击坑，有一个不规则的边缘和粗糙的、块状的底面。恐湖是一个光滑的深色熔岩平原，边界不规则，位于海因泽尔撞击坑的东北部。恐湖附近有许多被淹没的撞击坑，其中最不寻常的是细长的**席勒撞击坑**（长 179 千米，宽 71 千米）。席勒撞击坑南部较宽，且较平坦，其北半面有一个突出的中央山脊。有一个非常大的、未命名的撞击盆地占据了席勒和**祖基**（64 千米）之间的区域。席勒－祖基盆地，正如人们所知道的那样，其外径约有 380 千米，被淹没的内环直径约为 210 千米。**施卡德环形山**和与之相连的三体组合撞击坑**福西尼德、纳史密斯和瓦根廷**（见第十二区）正好位于盆地外环的西缘之外。保存最好的是盆地外壁的最东南部分，这是一个弧形的山脊，从平坦的**罗斯特撞击坑**（49 千米）持续到祖基撞击坑的北部边缘。祖基是一个明显的深撞击坑，有一个宽阔的、阶梯状的西内壁和一小群中央峰。**塞格纳撞击坑**（67 千米）是一个低壁墙撞击坑，其南面的山脊从祖基撞击坑发出，横跨席勒－祖基盆地的内环。在塞格纳撞击坑以西，其内环沿着一条狭窄的、不连贯的山脊可以追踪大约 90 千米之远。在塞格纳撞击坑以东，内环由一系列广阔的山脊和撞击坑组成，包括被淹没的**韦格尔撞击坑**（36 千米）和**韦格尔 B 撞击坑**（34 千米），它们弯曲到席勒的南边缘。在高角度的光照下，席勒-祖基盆地的内部可以通过双筒望远镜辨别出来，在西南边缘附近有一个深灰色的斑块（暗度大约在月海和高地的中间），周围是不太突出和不太清晰的暗灰色区域。

在席勒-祖基盆地之外，靠近西南边缘的天平动地区的撞击坑是**巴伊**（305 千米）。这是一个相当大的多岩性撞击盆地，其低矮的、被侵蚀的外壁包围着粗糙的、坑坑洼洼的底面，内环（直径约 150 千米）的痕迹和与其北部约 1000 千米处的东海撞击盆地（见第十一区）一致的线性脊显露了出来。在东南底面，**巴伊 B 撞击坑**（58 千米）被**巴伊 A 撞击坑**（38 千米）覆盖。沿着边缘再往南一点，在一个有利的天平动过程中，也可以看到被高度侵蚀的撞击坑**勒让蒂**（113 千米）。在巴伊环形山更远的西边，沿着西经 90 度线，在一个良好的天平动过程中还可以看到明显的深坑**豪森**（167 千米）。它有宽阔的、错综复杂的梯形内壁墙，底部是一块光滑且凹凸不平的地面，中央山脉群位于底部稍偏东的位置。

第谷环形山（85 千米）是月球上保存最完好的主要撞击坑之一，位于月球最大和最突出的射线系统的中心。它是从月球南部高地喷出的，本身就是一个足够令人印象深刻的撞击坑，有尖锐的边缘和宽阔的、错综复杂的内壁墙，环绕着一个充满了撞击熔融体的底面（4800 米深），并被一对大型的中央山峰占据。在第谷环形山的边缘之外，可以追踪到一组大多数为同心的山脊，距离约为 35 千米；也可以看出一些辐射的结构，包括其西北方向的几个撞击坑链。在太阳高照的情况下，第谷环形山的边缘和中央峰显示出明亮的特征，完全被撞击熔融体的暗纹包围。在更远的地方，明亮的射线开始在月球表面的各个方向展开。双筒望远镜里会显示出三条特别明亮的射线：一条向西南方向的边缘移动，其他的则形成了一对紧密平行的射线，向西北方向的高地和云海的西部延伸。许多不那么明亮的射线溅射到第谷环形山的北部和东部，覆盖月球东南象限的大部分地区，距离超过 1700 千米。在高角度的光照下仔细观察这些射线，会发现其中许多不是连续的线条，而是由多条短条纹组成，通常约有 20 千米长。一些观察者明显感觉到，将澄海一分为二的那条突出射线就是第谷射线之一。这是一种错觉，因为这条射线实际上是从月海南岸的门纳劳斯撞击坑发出来的（见第一区），尽管在澄海以南的地区可以追踪到第谷环形山的一些射线，而且一些射线物质似乎穿过了酒海的黑暗平原（见第十五区），并且距离第谷环形山有 1300 千米。

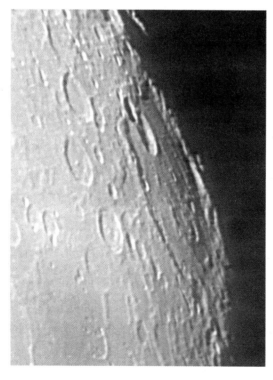

图 7.24 巨大的巴伊
环形山 CCD 图像

第谷被一些突出的撞击坑包围，其东北部是**奥龙斯**（122 千米）。奥龙斯是一片平原，有一个被严重侵蚀的壁墙，其东侧的底面上升到了哈金斯撞击坑（65 千米）的边缘。哈金斯撞击坑是一个突出的撞击坑，其中央有一座大山峰。哈金斯撞击坑是新月形的，这是因为它的东壁墙被**纳西尔丁撞击坑**（52 千米）覆盖。与纳西尔丁撞击坑的北壁相邻的是**米勒撞击坑**（75 千米）。纳西尔丁和米勒都有发达的阶梯状台地和中央峰，周围还有平坦的冲击熔岩。一条突出的、隆起来的宽阔山脊从纳西尔丁撞击坑向北穿过了米勒的底面，几乎接触到了它的中央峰——这真是一个不寻常的地形特征，它太大了因此不可能是一个滑坡。在奥龙斯南部，平坦的**索绪尔撞击坑**（54 千米）覆盖着一个更大的、未命名的撞击坑，其尖锐的边缘可以在东部看到。**皮克特撞击坑**（62 千米）是一个边缘被侵蚀的撞击坑，紧挨着第谷环形山的东面，在某种程度上它是被第谷掩盖了。同样受到侵蚀的还有**皮克特 E 撞击坑**（55 千米），它的北面与**萨瑟里德斯撞击坑**（90 千米）的

图 7.25　月球南部高地明亮的第谷射线环形山 CCD 图像

壁墙相连。这是一个古老的已解体的地貌，其大部分壁墙都被年轻的撞击坑覆盖。在低角度的太阳照射下，萨瑟里德斯、皮克特和皮克特 E 的表面都显示出朝第谷环形山呈放射状的大量沟纹。

从第谷环形山以北 50 千米处的**第谷 A 撞击坑**（25 千米）开始，有一个由 10 个撞击坑组成的弧线，环绕到了西部的**第谷 X 撞击坑**（11 千米）。以上这些撞击坑与第谷环形山的边缘大致平行。再往西北方向走，有一条比较大的撞击坑链条，从**海因修斯撞击坑**（20 千米）向南延伸到**威廉撞击坑**（107 千米）的东北部壁墙。威廉撞击坑是个大型平原，有宽阔的西侧内壁墙，其东侧的底面点缀着许多较小的撞击坑。南部被侵蚀的不规则撞击坑**蒙塔纳里**（77 千米）将威廉撞击坑与突出的**隆哥蒙塔努斯撞击坑**（145 千米）连接起来，后者是南部高地最大的撞击坑之一。隆哥蒙塔努斯宽阔的壁墙上点缀着不少小撞击坑，因而具有壮观的雕塑般的外观。它的底面是一个宽阔的撞击熔岩平原，从那里升起了一小群靠近中央的山峰。隆哥蒙塔努斯撞击坑覆盖在一个较小的撞击坑的西半部，即**隆哥蒙塔努斯 Z 撞击坑**（77 千米）。**马吉尼撞击坑**（163 千米）位于第谷环形山的东南方，外观与隆哥蒙塔努斯撞击坑非常相似，同样令人印象深刻。

克拉维斯环形山（225 千米）是一个巨大的撞击坑，通过任何大小的望远镜都能看到它，它是月球南部高地的主要地貌景点。克拉维斯环形山的边缘被大的撞击坑所冲击并凹陷，它的扇形边缘环绕着一个巨大的、块状的内壁墙。**波特撞击坑**（52 千米）是一个带有中央山脊的、边缘尖锐的撞击坑，叠加在克拉维斯环形山的东北侧边缘。**卢瑟福撞击坑**（50 千米）正好位于克拉维斯环形山的东南边缘，有一组相互排列的大型中央山脉。在克拉维斯环形山的底面可以观察到波特和卢瑟福外部径向撞击所留下

图 7.26　月球南部高地的克拉维斯环形山 CCD 图像

图 7.27　傍晚时分的克拉维斯环形山 CCD 图像

的痕迹。从卢瑟福撞击坑向西穿过克拉维斯底面，有一组规模越来越小的独立撞击坑弧线：**克拉维斯 D**（28 千米）、**克拉维斯 C**（22千米）、**克拉维斯 N**（13 千米）、**克拉维斯 J**（11 千米）和**克拉维斯 JA**（8 千米）。能够代表克拉维斯环形山中央隆起的那组山峰紧挨着克拉维斯 C 撞击坑的西南方。克拉维斯环形山位于第谷环形山的正南方 320 千米处，没有逃脱被第谷的喷出物沾染的命运，而且几条向南穿过其底面的射线可以被追踪到。

　　比较一下克拉维斯环形山西南的**布兰卡纳斯撞击坑**（105 千米）和**沙伊纳撞击坑**（110 千米）是很有趣的。布兰卡纳斯撞击坑显然是一个较新的地形特征，有一个明确的圆形边缘和一系列有规律的内部阶地。它的表面是平坦的，只有南部有一小群山丘和一簇小撞击坑。紧邻其西北部的沙伊纳撞击坑是一个相当古老的地形特征，它的壁墙和底面受到多次撞击，因而被损坏和侵蚀了。在布兰卡纳斯撞击坑以南，**克拉普罗特**（119 千米）和**卡萨屠斯**（111 千米）这对连在一起的双重撞击坑是很容易辨认出来的地标，而且是通往月球南极地区的指针之一。克拉普罗特撞击坑光滑的灰色底面被一堵低矮的壁墙包围，其南面就是卡萨屠斯撞击坑。卡萨屠斯壁墙的其余部分比克拉普罗特的更宽，轮廓也更清晰，它的底面上还有一个明显的碗状撞击坑**卡萨屠斯 C**（15千米），就在中心正北面。大撞击坑**德里加尔斯基**（163 千米）位于卡萨屠斯撞击坑南部边缘的天平动地区。德里加尔斯基撞击坑跨越了西经 90 度的经线，距离南极仅 170 千米，在有利的天平动和光照条件下可被观测者瞥见。

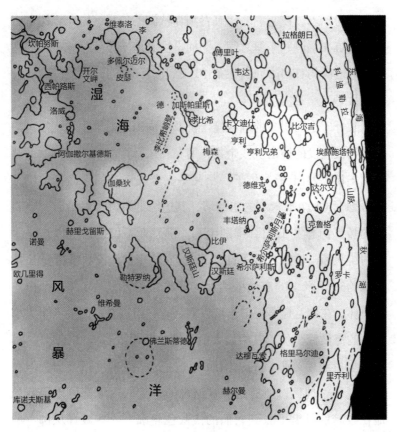

第十一区

这一地区的大部分都被风暴洋的南部平原占据，其参差不齐的不规则海岸线上不时出现被淹没的撞击坑，其中最大的撞击坑**勒特罗纳**在南部海岸形成一个突出的岬。再往南则是令人印象深刻的**伽桑狄环形山**，它位于黑暗的环形海**湿海**北岸。在风暴洋西部的是**格里马尔迪环形山**，这是一个巨大的、黑暗的环形平原。在它的西南方，沿月球西部边缘的天平动地区是**东海**，占据了东海撞击盆地的中心环。盆地外环的部分区域以**鲁克山脉**和**科迪勒拉山脉**为标志，在它们之间有**春湖**和**秋湖**的狭窄熔岩斑。**比尔吉A 撞击坑**在湿海和东海之间，为撞击坑高地增添了一抹突出的光芒。该地区的日出时间约在第 10 天到满月时，日落约在第 25 天到新月时。

　　皱脊、小而明亮的碗状撞击坑及其周围喷射堆积物、零星的山峰和被淹没的撞击坑残余物，遍布在风暴洋的南部。**佛兰斯蒂德撞击坑**（21 千米）位于一个几乎完全被淹没的大撞击坑**佛兰斯蒂德 P**（107 千米）的南壁墙，其边缘的痕迹可以沿着一些狭窄的弧形山丘和低山脊辨别出来。佛兰斯蒂德撞击坑以东是明亮的碗状撞击坑**维希曼**（11 千米），它位于被淹没的**维希曼 R 撞击坑**（52 千米）的东南壁墙处，其北缘突出的形状像一个白兰地酒杯。在佛兰斯蒂德撞击坑以西，有一组连在一起的 5 个大小不一的淹没撞击坑，其中最大的是**佛兰斯蒂德 G**（55 千米）。尽管在早晨或傍晚低沉的太阳照射下，这些撞击坑很突出，但在佛兰斯蒂德地区，所有这些被淹没的地貌的边缘都可以很容易地在较暗的月海上看到它们的浅灰色轮廓。一些皱脊从佛兰斯蒂德撞击坑向南延伸，尤其是**鲁比山脊**（100 千米），它其中的一部分穿过月海到达勒特罗纳（119 千米）中央高地残余的小山群。勒特罗纳在风暴洋的南部边界形成了一个突出的海岬，其西壁突出，构成一个狭窄的岬角。沿着它的是**温思罗普撞击坑**（18 千米），这是一个被淹没的撞击坑。两个不寻常的细长型撞击坑**勒特罗纳 X**（21 千米长）和**勒特罗纳 W**（15 千米长）位于勒特罗纳的东壁墙内。一个有喷射堆积物、小而明亮的撞击坑

勒特罗纳 B（7千米）位于勒特罗纳底面的东南边缘附近。在勒特罗纳撞击坑东部，有一个宽广而复杂的皱脊系统，**尤因皱脊**在月海边界附近向东200千米处，穿过了**赫里戈留斯撞击坑**（15千米），从这里有更多的山脊向东延伸。**赫里戈留斯月溪**是一个狭窄、弯曲的小月溪系统，它的两个分支起源于尤因皱脊两个单独的山脊，在南部会合，并去往赫里戈留斯撞击坑西南方向的山脉。想在200毫米的望远镜中分辨出它是一项挑战。

在勒特罗纳以西，沿着山体边界不远处，有一对有趣的、紧挨着的撞击坑组合，即**比伊**（46千米）和**汉斯廷**（45千米）。比伊撞击坑是一个边缘尖锐的圆形撞击坑，它的壁墙很低，与一个非常黑暗的平原接壤，在小于100毫米的望远镜看起来非常平坦。当太阳低照时，较大的仪器可能会发现比伊撞击坑的底面有一点不规则，特别是在它的南部，那里有几个非常小的撞击坑，周围有灰色的喷出堆积物。位于比伊西北部的汉斯廷撞击坑，轮廓略呈多边形，边缘尖锐，围绕起一个复杂的底面，底面分布着一系列明显的同心的山丘和山脊。**汉斯廷月溪**（25千米）是一条狭窄弯曲的月溪，走向沿着汉斯廷撞击坑的西侧。在太阳高角度照射的情况下，可以看到汉斯廷撞击坑的北面有一个黑暗的、不规则的熔岩块。汉斯廷撞击坑东部有一个相当大的不规则岬，被**汉斯廷山**占据。汉斯廷山是一座大型山体，底部呈三角形，宽30千米。在高角度的照射下，它显示为一个明亮的斑块，与它南部比伊撞击坑的黑斑形成鲜明对比。另一个黑暗的、不规则的平原位于比伊撞击坑的南部，在这个无名平原的南部边界可以找到底面黑暗的**祖皮撞击坑**（38千米），其壁墙已被侵蚀。狭窄的线性**祖皮月溪**位于祖皮撞击坑的西北部。

格里马尔迪环形山（222千米）是位于风暴洋边界和月球西

侧边缘之间的一个宽阔、黑暗的熔岩平原，是该地区最突出的地形特征之一。使用双筒望远镜的观测者在任何时候都可以很容易地找到这个地形特征，不管天平动的影响如何，视力特别敏锐的人们声称有能力在没有光学辅助仪器的情况下辨别出格里马尔迪环形山。格里马尔迪环形山的黑暗底面在北部色调较浅，那里有来自北部 400 多千米处的奥伯斯 A 撞击坑（见第七区）的射线物质。在早晨低角度的太阳照耀下，可以看到在格里马尔迪环形山底面的北部有一个大的、低矮的穹隆，其底部直径约为 20 千米，另外还有几个从南部横跨底面的低脊。格里马尔迪环形山周围的山丘很复杂，有许多断层和月溪。**格里马尔迪月溪**是格里马尔迪环形山东部和东南部的线性月溪系统，可以从复杂的撞击坑**达穆瓦索**（37 千米）的西部向南穿过高地进入**希尔萨利斯 Z 撞击坑**（80 千米），总距离约为 250 千米。当格里马尔迪环形山刚刚出现在清晨的阳光下时，还可以追踪到更大的撞击盆地（直径 430 千米），而格里马尔迪是中心。从达穆瓦索到南部的**罗卡撞击坑**（90 千米）有一弧形低皱脊，标志着格里马尔迪撞击盆地外壁最明显的部分。

紧邻格里马尔迪环形山西北的是大撞击坑**里乔利**（146 千米），它有着轮廓分明的低壁墙和粗糙的丘陵底面，并被**里乔利月溪**的线状裂缝贯穿。里乔利底面的北部相对比较平坦、黑暗，熔岩将里乔利月溪的痕迹淹没在表面之下。此外，整个里乔利撞击坑和周围地区覆盖着朝它南部东海撞击盆地呈辐射状的月溪。在里乔利撞击坑西南的边缘附近的天平动地区，突出的**施吕特撞击坑**（89 千米）有坚固的阶梯状内壁和一座大的中央峰。

施吕特撞击坑位于科迪勒拉山脉的东北部，后者是一座巨大的环形山峦，山峰高度超过 5000 米，是巨大的东海多核撞击盆地外环（直径为 930 千米）的标志。这是月球上最年轻的大型小行星撞击痕迹，约有 32 亿年历史。由东海的撞击造成的地形效应并没有在科迪勒拉山脉结束，其径向结构以山脊、沟槽和链状撞击坑为形式，能在月球表面数百千米之外的地方清楚地追踪到。此种放射状结构在远地端部分最为明显，这些地方几乎没有被后来的熔岩流淹没，特别是靠近西南边缘的**布瓦尔月谷、巴德月谷和因吉拉米月谷**（见第十二区）。有迹象表明，还存在着一些东海的环状结构，直径约为 1300 至 1900 千米。**埃赫施塔特撞击坑**（49 千米）是位于科迪勒拉山脉东部边缘的一个突出撞击坑，在西经 78 度处，处于天平动地区的边缘。在极端的天平动向西移动时，埃赫施塔特撞击坑及其附近的科迪勒拉山脉在月球边缘地带仍然是可见的，而盆地的其他部分则到了边缘地带之外。

在科迪勒拉山脉和鲁克山脉之间有一个宽阔的、凹凸不平的平原，这是东海盆地中直径为 620 千米的内山环。在东北部，该

图 7.28　东海和周围的熔岩湖在一个有利天平动条件下的成像

平原被秋湖侵染。秋湖是一个小型的、不规则形状的黑暗熔岩斑块集合，总面积约为 3000 平方千米。在鲁克山脉内部，春湖狭长的黑暗熔岩平原占地约 12,000 平方千米。在春湖和东海之间有一个宽约 100 千米的杂乱的丘陵高原。这个圆形的月海有 300 千米宽，是东海多环撞击盆地的黑暗靶心。尽管东海的东部边界位于西经 90 度的经线上，但东海的全部和其西部的一些山丘都位于天平动地区内，因此有时可以看到它的整体，那便是靠近边缘的一条极度前缩的黑线。两个大的撞击坑位于东海的边缘，它们是北部的**蒙德撞击坑**（55 千米）和东部的**科普夫撞击坑**（42千米）。在月海中央北部的是**霍曼撞击坑**（16 千米），其西部则是小撞击坑**伊林**（13 千米）。

克鲁格撞击坑（46 千米）是一个圆形的撞击坑，有着光滑、黑暗的底面，处在一个更大的、不太明显的（未命名的）撞击坑的中心，其直径约为 120 千米，西南壁与**达尔文撞击坑**（130 千米）相连。在克鲁格撞击坑的中心有一个小撞击坑，通过 150 毫米的望远镜就可以看到它。

在达尔文撞击坑附近的**夏湖**是由两个互不相连的黑色熔岩流组成的，它们占据了**罗卡 A 撞击坑**（64 千米）的部分底面和克鲁格撞击坑北部的一块小区域。在夏湖和**希尔萨利斯撞击坑**（42千米）之间可以看到一些较小的暗斑。希尔萨利斯是一个突出的撞击坑，有梯形的内壁和一个相当大的中央峰。希尔萨利斯与稍大的、受到更多侵蚀的**希尔萨利斯 A 撞击坑**（45 千米）重叠。在它们的东面，从风暴洋的西南海岸线开始，突出的线性裂缝**希尔萨利斯月溪**（长 400 千米）向南穿过高地和一些比较古老的撞击坑，然后穿过巨大的、受侵蚀的达尔文撞击坑以东的某个未命名的撞击坑（119 千米）的底面，**与达尔文月溪**更古老的线状裂缝形成直角。几个较年轻的撞击坑，如小而明亮的射线撞击坑**希尔萨利斯** F（12 千米），叠加在希尔萨利斯月溪上。在与风暴洋接壤的山丘上可以找到希尔萨利斯系统中几个较小的撞击坑，不过通过 100 毫米的望远镜还是可以轻易地看到主撞击坑本身的。在达尔文撞击坑的南部，与其南壁墙重叠的是被高度侵蚀的**拉马克撞击坑**（115 千米）。它的东面是**比尔吉撞击坑**（87 千米），其东缘被**比尔吉 A 撞击坑**（17 千米）覆盖。比尔吉 A 撞击坑是一个小而明亮的撞击坑，位于明显的喷出射线中心，通过双筒望远镜很容易看到，其喷射物的覆盖距离可达 300 千米以上。

　　亨利撞击坑（41 千米）和**亨利兄弟撞击坑**（42 千米），这对双重坑被来自比尔吉 A 撞击坑的明亮喷出物覆盖，而比尔吉 A 就在它们西边不远处。在它们的东面是**卡文迪什撞击坑**（56 千米），这是一个边缘尖锐的撞击坑，其表面有两个相当大的（直径为 15 千米）被淹没撞击坑的遗迹。卡文迪什撞击坑的西南边缘被**卡文迪什 E 撞击坑**（26 千米）覆盖，其东侧边缘被**德·加斯帕里斯月溪**的组成部分侵入。这是一个复杂的线性月溪系统，既环绕着**德·加斯帕里斯撞击坑**（30 千米），又穿过其底面。该系统类似于 540 千米外位于湿海另一侧的拉姆斯登撞击坑和拉姆斯登溪（见第九区），不同的是，德·加斯帕里斯撞击坑的底面被月溪穿过，而拉姆斯登撞击坑的底面却没有月溪。在卡文迪什撞击坑、**德·加斯帕里斯 A 撞击坑**（32 千米）和**李比希撞击坑**（37 千米）之间，直径约 130 千米的区域内，大约有 6 个环环相扣的线性月溪，构成了德·加斯帕里斯月溪复杂的地方网络。但是，这些月溪是湿海撞击盆地及其周围地区巨大的月壳调整所导致的断层的一部分。这些断层在湿海西部和东部的山丘、山脉和撞击坑中广泛分布，可以在大量线性的和弓状的月溪中被追踪到。

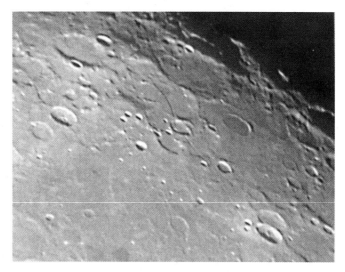

图 7.29　希尔萨利斯月溪的 CCD 图像

　　湿海是一个直径为 410 千米的突出的圆形月海，占地约 12 万平方千米。除了东北部外，它有着明确的边界，因为东北部的壁墙被连接湿海和风暴洋南部平原的熔岩流部分淹没了。最初的湿海多环撞击盆地是一个更广泛的独立整体，但是其外环的大部分痕迹已经被后来的撞击和熔岩涌入淹没。例如，在比伊撞击坑东南部地区可以追踪到湿海环的一部分，直径为 800 千米；它们被附近较暗的月海填充平原所包围，这些平原在很大程度上已经被后来的喷出物层掩盖。在湿海的西南方，**帕尔梅里纳撞击坑**（41 千米）是被**帕尔梅里纳月溪**系统的线性月溪所截穿的蝌蚪状撞击坑，位于一个黑暗的熔岩平原（120 千米长）的南端，代表了更为广泛的湿海盆地被淹没的部分。

　　湿海地区的内部点缀着明亮的小撞击坑，而且它比其他大多数月海区的色调更均匀。一般来说，它的南部颜色较浅，但在南部海岸线附近有一大片较深的月海物质。在**多佩尔迈尔 K 撞击**

坑（6千米）和几个未命名的小撞击坑周围可以追踪到射线系统，还有湿海西半部的几条不明确的线状条痕。

一个明显的同心皱脊系统完全围绕着湿海的东部，也许标志着某个直径超过200千米的被淹没的内山环复杂东缘的所在位置，然而，不寻常的是西部却没有皱脊。

伽桑狄环形山（110千米）是一个壮丽的撞击坑，主导着湿海北部的景观。环形山的大部分覆盖在山地高原上，但它的南壁墙却伸进湿海的北部。在那里，伽桑狄环形山的南边缘几乎被淹没，因而变得很狭窄。伽桑狄环形山的底面是复杂的山丘、山脉、山脊和线性月溪的集合，中央的三座大山被**伽桑狄月溪**包围。伽桑狄月溪横跨环形山的大部分区域，主要在中央峰的东部。通过100毫米的望远镜可以分辨出，最突出的月溪从最大的中央峰以东出发，向环形山的东壁墙弯曲，然后向南走，正好在标志着伽桑狄环形山内壁墙被淹没的低矮的同心山脊之内。其他的月溪需要一个150毫米的望远镜方能看清。伽桑狄月溪的最大组成部分加在一起将延伸300多千米。**伽桑狄A撞击坑**（33千米）是一个边缘尖锐的撞击坑，中央有一条强加在伽桑狄北部边缘的山脊。伽桑狄A撞击坑南面的山脊向伽桑狄底面延伸了一小段距离，在早晨的光照下形成了一个突出的三角形阴影。从伽桑狄环形山的西南壁开始，一条朝东的峭壁沿着月海海岸线延伸了60千米，逐渐被淹没。它的路线从伽桑狄月溪的一个组成部分进一步向南延伸，而伽桑狄月溪本身又转变为另一个突出的东向陡坡，即**李比希峭壁**（长180千米）。

梅森撞击坑（84千米）位于湿海的西岸，是一个突出的撞击坑，有宽阔的梯形壁，围绕起一个平坦和明显的凸出底面。某种错觉导致梅森的凸面外观被夸大了，因为在西部，沿西部内壁的底部，反照率要低得多；而东部的底面则被一些来自**梅森 C 撞击坑**（12 千米）向东北部喷出的较轻喷出物覆盖。因此，在清晨太阳高照的情况下，仅通过反照率效应，梅森撞击坑的底面就会出现明显的凸起。一台 150 毫米的望远镜可以分辨出沿着梅森撞击坑底面中部由南向北的一排小撞击坑。在梅森撞击坑以东，**梅森月溪**的几条线状沟纹分布在湿海的海岸线上，其中最长的一条长达 250 千米，它从被淹没的**梅森 D 撞击坑**（30 千米）以北开始，到伽桑狄环形山以西的山区结束。**韦达撞击坑**（87 千米）位于梅森撞击坑以南 230 千米处，它也有宽阔的内壁，并围绕着明显的凸出底面，其上有一排小撞击坑。**傅里叶撞击坑**（52 千米）位于韦达撞击坑的东面，紧靠着傅里叶的南面有一个水滴状的大穹隆，顶部有一个小撞击坑。

　　多佩尔迈尔撞击坑（64 千米）是个部分被淹没的大撞击坑，位于湿海的南部海岸。它的北缘大部分已经被月海熔岩流淹没，熔岩流已经扩散到撞击坑底面的北部。多佩尔迈尔撞击坑的中央峰巨大而突出，与环绕撞击坑底面西侧的山脊相连。在低角度的光照下，多佩尔迈尔撞击坑看起来是一个完整的结构，有一个突出的内环，其被淹没的北缘可以通过低矮的月海山脊投下的阴影来追踪。在多佩尔迈尔撞击坑以西的是**多佩尔迈尔月溪**（长 130 千米）的狭窄沟纹，只有在理想的条件下，用 150 毫米的望远镜才能分辨出来。在多佩尔迈尔撞击坑以东，**皮瑟撞击坑**（25 千米）几乎完全被淹没在月海之下，其剩余的边缘由一圈狭窄的小山围绕着一个光滑的平原，从那里探出一个小小的中心山丘。在皮瑟撞击坑以东，湿海东南部的皱脊于此处会合，形成了一条狭窄的山脉，标志了被淹没的海湾撞击坑**李 M**（51 千米）的部分北壁。李 M 撞击坑与多佩尔迈尔撞击坑东南边缘线上的另一个被淹没的海湾撞击坑**李**（41千米）相连。在它们的东面，**维泰洛撞击坑**（42千米）是一个突出的完全成形的撞击坑，有一个相当大的中央峰，这个中央峰几乎完全被一个小型的弯曲月溪包围。

湿海的东南边界是由一系列突出的山脉组成的，其西边的**开尔文峭壁**有一个长达190千米的陡坡，每隔一段距离就有一个小而狭窄的岬角突入月海中，颇让人联想到沿海的沟壑。**开尔文岬**是一个巨大的山体，位于开尔文峭壁以北，是一个具有切面和三角形底部的大型块体，宽约35千米。西帕路斯月溪（见第九区）是一个突出的弧形月溪系统，与湿海的东部边界平行。其中最突出的弓状溪长300多千米，穿过开尔文峭壁以东的山脉，向北穿过被淹没的**西帕路斯撞击坑**（58千米）的底面，在

图7.30　西帕路斯撞击坑和西帕路斯月溪的CCD图像，后者是一条靠近湿海的弯曲月溪。

阿伽撒尔基德斯（见第九区）的南部结束。通过100毫米的望远镜，至少可以分辨出西帕路斯月溪的4个主要弓状沟纹，在月海边界附近的不少地区也可以分辨出较小的月溪痕迹。**洛威撞击坑**（24千米）是一些小型的、被淹没的撞击坑中的一个，标志着湿海东北部边界。在洛威和伽桑狄之间，有一些散落的山峰刺破了与风暴洋连接的平坦平原。在低角度的光照下，还可以看到一些低矮的山脊和大型不规则的穹隆状膨胀物，其中包括阿伽撒尔基德斯撞击坑以北的一个非常大的穹隆状高原，其直径为56千米，被尖锐的山峰刺穿，并被其山脊分支覆盖。

第十二区

　　施卡德环形山是一个非常大的撞击坑，有着平坦的、多色调的底面，在月球西南接近边缘的区域占主导地位。它的北部是**秀丽湖**大型不规则的深色熔岩平原。该区域有相当大的观察价值的是施卡德环形山以南的**福西尼德撞击坑**、**纳史密斯撞击坑**和**瓦根**

廷撞击坑这三个相连的撞击坑。瓦根廷撞击坑是一个似乎已经被熔岩填充到边缘的撞击坑，类似于一个非常平坦的圆形高原。月球边缘附近的大型撞击坑包括部分解体的**拉格朗日撞击坑**和**皮亚齐撞击坑**，而沿西南边缘的是一些线性山脊和山谷，如**布瓦尔谷**，代表了从东海盆地辐射出来的大规模撞击结构。该区域日出大约发生在第 10 天到满月，日落大约在第 25 天到新月。

秀丽湖是一个不规则的熔岩平原，以被淹没的小撞击坑**克劳修斯**（25 千米）为中心，占据了施卡德环形山以北约 22,000 平方千米的低地。在该地区可以看到一些较小的、较暗的斑块，特别是位于**德雷贝尔 B 撞击坑**（16 千米）附近以及**德雷贝尔 E 撞击坑**（39 千米）、**勒曼 E 撞击坑**（37 千米）底面上的那些。总的来说，秀丽湖地区是单调的，没有明显的断层或大规模的构造特征。

施卡德环形山（227 千米）一点也不单调。它是月球这一部分最大的撞击坑之一，有低矮的圆形穹隆和相对光滑的底面，这样的底面是能显示出不同反照率的明显区域。因此，在太阳高照的情况下，用双筒望远镜定位它并不困难，尽管看不到撞击坑的边缘。施卡德平原北部的大部分地区是黑暗的，有几条黑暗的、狭窄的卷须，向南延伸至灰色的中央平原。在撞击坑的东南底面，也有一个轮廓鲜明的黑暗区域。在太阳高照的情况下，一个 100 毫米的望远镜将显示出十几个小而明亮的撞击坑，这些撞击坑点缀在底面上，此外还能看到两个较大的明亮撞击坑的边缘，即**施卡德 B 撞击坑**和**施卡德 C 撞击坑**（均为 12 千米），一个靠近东壁，另一个靠近西南壁。清晨的低角度光照将带出施卡德环形山底面上相当多的地形细节，还包括靠近南壁的**施卡德 A 撞击坑**（14 千米），以及横跨施卡德环形山底面西南部的突出的撞击坑、

图 7.31　日出后的施卡德环形山 CCD 图像

沟纹和山脊；这些特征是由东海盆地形成时的二次撞击产生的，主要外缘位于西北部 700 多千米的地方。施卡德环形山北壁墙被受到侵蚀的**勒曼撞击坑**（53 千米）打破，其西南边缘部分属于**瓦根廷 A 撞击坑**（21 千米）。

　　在施卡德环形山以南，瓦根廷撞击坑（84 千米）似乎是一个表面几乎被熔岩淹没至边缘的撞击坑，由此产生了一个黑暗的圆形高地。在瓦根廷的底面可以看到一些小的皱脊。在早晨低沉的太阳照耀下，瓦根廷撞击坑似乎位于一个更大的、被严重侵蚀的（未命名的）撞击坑的东南底面。纳史密斯撞击坑（77 千米）是一个拥有低壁墙的淹没撞击坑，与瓦根廷撞击坑的东南壁相邻。纳史密斯撞击坑的西南壁被更大、更突出的福西尼德撞击坑（114 千米）覆盖，在清晨低沉的太阳照射下，该撞击坑被淹没的底面显得明显凸起。

因吉拉米撞击坑（91千米）位于施卡德环形山以西，是一个突出的地形特征，其底面和斜坡被线性月溪和山脊穿过。这种广泛的辐射状撞击结构来自东海盆地，它在月球西南边缘的很多地形特征及其周围都清晰可见。布瓦尔谷是一个大型山谷，长280千米，宽约40千米，在科迪勒拉山脉以南，从**沙勒撞击坑**（48千米）向**巴德撞击坑**（55千米）延伸。在它的南面，也是沿着西南边缘的天平动地区，有较窄的**巴德谷**（160千米长）和**因吉拉米谷**（140千米长）。这是该地区一系列长长的放射状山谷中的一部分，在适当的照明条件和天平动条件下会产生很引人注目的景象。其南部古老的、高度侵蚀的拉格朗日撞击坑（160千米）和皮亚齐撞击坑（101千米），也显示出源自东海撞击盆地明显的线状雕琢。在高角度光照下，可以看到深色反照率斑块，并污染了皮亚齐及其周围地区。

7.5 ┃ 东南象限

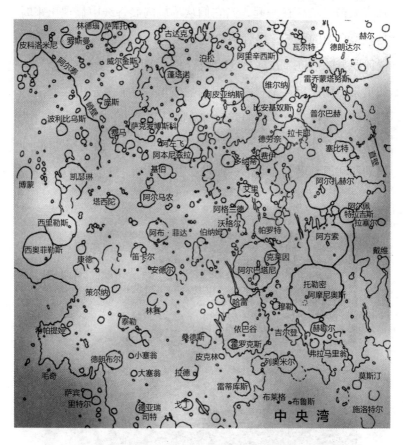

中央湾

第十三区

在月球东南部地区可以发现一些壮观的大撞击坑，其中最引人注目的是**托勒密环形山**、**阿方索撞击坑**和**阿尔扎赫尔撞击坑**的华丽三重奏。一些大撞击坑位于它们的东面，最引人注目的是被深凿的**阿尔巴塔尼撞击坑**和被腐蚀的**依巴谷撞击坑**。在该地区的西南部，**普尔巴赫**、**雷乔蒙塔努斯**、**阿里辛西斯**和**布兰卡纳斯**这几个大撞击坑挤在一起，当它们从早晨的晨昏线中显现出来时，是一道亮丽的风景。尽管从地形上看它们十分雄伟，但几乎没有任何明显的痕迹。在高角度的光照下，这些大撞击坑很容易被辨认出来。阿尔巴塔尼撞击坑周围的撞击坑平原显示出一些山脊、沟槽和链状撞击坑，它们朝雨海盆地呈放射状。再往东，远在**笛卡尔高地**之外，是另一个连环大撞击坑三重奏：**西奥菲勒斯**、**西里勒斯**和**凯瑟琳**。在南部，标志着围绕酒海（见第十五区）撞击

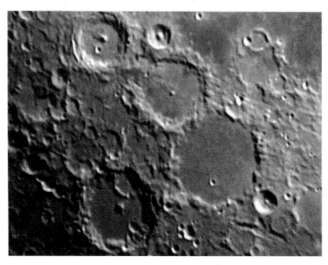

图 7.32　托勒密环形山周围令人印象深刻的区域的 CCD 图像

盆地的西南边缘的，是**阿尔泰峭壁**巨大而弯曲的山脊。日出晨昏线从第 4—8 天左右穿过该地，日落时间大约在第 19—23 天。

托勒密环形山（153 千米）是一个气势恢宏的圆形平原，低于高地约 2400 米，位于月盘中心以南 9 度的纬度。托勒密环形山的壁墙有明显的条纹，其方向朝远在北方的雨海盆地呈辐射状。在高高的太阳照耀下，托勒密环形山很难看清楚，它的底面显示为一个斑驳的灰色斑块，西部更暗，并布满了微小的撞击坑，撞击坑原先中央隆起的所有痕迹都已被淹没。**阿摩尼奥斯撞击坑**（9 千米）是位于托勒密环形山东北底面的年轻碗状撞击坑，在月球正午的阳光下显示为一个明亮的白点，但是它的周围竟然没有任何突出的喷出物。清晨或傍晚的太阳会显示出阿摩尼奥斯撞击坑深而尖的碗形结构，以及其北面残坑**托勒密 B**（17 千米）的低壁墙。通过一个 100 毫米的望远镜，可以看到托勒密环形山的其余底面到处都是浅而无边的凹陷，这些老的撞击坑在托勒密环形山形成后很久才喷发出来，被熔岩层淹没。**赫歇尔撞击坑**（41 千米）是一个突出的圆形撞击坑，有宽阔的内部梯形壁和一组中央峰，紧靠托勒密的北部。再往北，可以发现解体的**史波勒撞击坑**（28 千米），以及一个突出的（未命名）线性山谷，长 90 千米，宽 12 千米。这条线性山谷横穿史波勒撞击坑东侧，并直接穿过**吉尔登撞击坑**（47 千米）的西壁墙和底面。

阿方索撞击坑（118 千米）与托勒密环形山粗糙的南壁墙相连，是一个看起来完全不同的撞击坑。**阿方索 α**（高 3 千米，底面直径 10 千米）是一座独立的中央峰，耸立在比周围高地低约 2730 米处的被淹没底面中心。因此，阿方索比其邻居托勒密环形山深几百米。从低角度看，阿方索 α 似乎从一条宽阔的多刺山脊的东侧突出。其他较窄的山脊也可以在阿方索底面上追踪到，这些特征在径向上与雨海盆地对齐，随后它们被一层相对较薄的熔岩覆盖。150 毫米的望远镜可以清楚地分辨出**阿方索月溪**的组成部分。这是一个横跨阿方索撞击坑东半部底面的细线状裂缝网络，在傍晚太阳的照耀下，这些裂缝看得最为清楚。通过小型望远镜可以很容易地看到阿方索撞击坑表面有 3 个明显的圆形暗斑：一个靠近西侧内壁，一个靠近东北侧内壁，另一个靠近东南侧内壁。用大型仪器仔细观察会发现，这些暗斑都围绕着阿方索月溪沿线的小撞击坑。这些深色的撞击坑实际上是被深色火山灰沉积物包围的撞击坑，也许早在 30 亿年前就已经形成了。

　　阿方索撞击坑的南壁被一个巨大的、不明确的（未命名）撞击坑和几个线性山谷破坏。在它的西南方，在云海的高原边界上被深深地掘出的是**阿尔佩特拉吉斯撞击坑**（40 千米）。这是一个突出的撞击坑，有非常大的、圆形的中央山峰，从北到南大约有 15 千米，并且上升到离撞击坑底面大约 3500 米的高度。阿方索撞击坑以南是突出的阿尔扎赫尔撞击坑（97 千米），其大小、地形特征与哥白尼环形山（见第五区）相似，但要古老得多。阿尔扎赫尔撞击坑是从一个已经被严重撞击的高地掘出来的，但在其附近，特别是在撞击坑的西部和南部，可以看到外部撞击雕刻的明显痕迹。阿尔扎赫尔撞击坑的内壁是错综复杂的阶梯状，并且有两个地方，梯形结构在墙壁上形成了相当明显的同心的沟壑，以至于它们拥有了自己的官方名称——**阿尔扎赫尔** E（31 千米长），就在西南边缘内，还有**阿尔扎赫尔** F（39 千米长），在阿尔扎赫尔撞击坑的东南边缘。此外，一座相当大的中央峰（19 千米长）耸立在阿尔扎赫尔撞击坑的底面中心，沿着它的南侧，有两个小撞击坑令其壁墙凹陷。它的东面是碗状撞击坑**阿尔扎赫尔 A 撞击坑**（10 千米）。阿尔扎赫尔的东底面被狭窄的**阿尔扎赫尔**

月溪贯穿，这是一条弯曲的月溪，从南到北与内壁平行，在傍晚的太阳照射下，最容易看到它。

依巴谷撞击坑（150千米）是一个古老的撞击坑，壁墙被严重侵蚀，位于中央湾（见第一区）的东南。依巴谷撞击坑的西壁杂乱无章，模糊不清；西北壁的部分地方被打破，直接与中央湾相连；东部的壁墙轮廓更加清晰，被两个突出的狭长山谷贯穿，是该地区广泛的雨海撞击盆地雕刻的一部分。尽管年代久远，但依巴谷撞击坑的底面看起来非常光滑，上面点缀着一些小撞击坑、矮山丘和山脊。在东北部，紧压着依巴谷撞击坑内壁的是**霍罗克斯撞击坑**（30千米），它有一个尖锐的边缘，不过有点变形，还有明显的内部阶梯结构。在依巴谷撞击坑的南部底面，可以追踪到一个基本被淹没的撞击坑**依巴谷X**（17千米）的南缘。**哈雷撞击坑**（36千米）是一个中央带有小山丘的平坦底面撞击坑，侵入了依巴谷撞击坑的南部边缘。一条狭窄的峡谷（82千米长）从哈雷撞击坑的南部进入，正好经过突出的阿尔巴塔尼撞击坑（136千米）东部。

阿尔巴塔尼撞击坑有一个非常宽阔的内壁墙，上面布满了无数大大小小的撞击坑。从位于阿尔巴塔尼西北内壁底部附近的**阿尔巴塔尼KA**（7千米），向北延伸60千米，朝着依巴谷的方向，有一条相连的撞击坑链。**克莱因撞击坑**（44千米）是一个清晰的撞击坑，有着光滑的底面（比阿尔巴塔尼的底面略深）和一个小的中央峰。克莱因撞击坑覆盖在阿尔巴塔尼撞击坑的西南壁墙之上，并侵入了其部分底面。**阿尔巴塔尼B撞击坑**是一个椭圆形的撞击坑（16千米×19千米），位于阿尔巴塔尼底面的北部，而且处在内壁墙的底部。**阿尔巴塔尼α**是一座位于中心偏西的山峰，高出阿尔巴塔尼光滑、黑暗的底面约1500米。使用

150 毫米的高倍望远镜，仔细观察会发现主峰两侧各有一条短的（北—东—西南）小山，此外主峰顶上还有一个小小的凹陷。由于该山峰是由小行星撞击导致的月壳隆起构成的，因此这个微小的类似撞击坑状的特征不是撞击坑的标志，而可能是山顶的一个小裂缝。阿尔巴塔尼的底面有些凹陷，并布满了一些非常小的撞击坑，就像托勒密环形山的底面一样。在高角度的光照下，可以追踪到两条非常微弱的灰色线性射线，自西向东穿过中央山峰以南的底面，不过它们的起源并不明确。与阿尔巴塔尼撞击坑的南壁墙相邻，已瓦解的不规则的**帕罗特撞击坑**（70 千米）被一条直线型的山谷切开，将其与**艾里撞击坑**（37 千米）连接起来。艾里是一个有粗糙壁墙的撞击坑，中央有一座山峰。帕罗特撞击坑的东部是**阿格兰德撞击坑**（34 千米）和形状怪异的**沃格尔撞击坑**（27 千米）与**沃格尔 A 撞击坑**（21 千米），后两者连在一起。这两个撞击坑的排列方式表明，它们可能是由雨海盆地的撞击喷出物形成的。东面的**伯纳姆撞击坑**（25 千米）是另一个形状怪异的撞击坑，是一个带有丘陵底面的变形地形特征，其底面延伸到南面的一个小山谷。

在阿尔巴塔尼撞击坑以东，这儿的高地是一种混合的起伏地形，点缀着中等大小的撞击坑。在太阳高照的情况下，该地区具有相当均匀的灰色调，其间点缀着一些小而明亮的撞击坑，并覆盖着第谷环形山射线的痕迹。深而尖的碗状撞击坑**依巴谷 C**（17 千米）位于该地区最突出的射线系统中心，均匀地扩散到距离其边缘约 50 千米的地方，不过它绝不是一种壮观的飞溅地貌。在依巴谷的东南方，哈雷、**欣德**（29 千米）、依巴谷 C 和**依巴谷 L**（11 千米）等撞击坑形成了一条突出的撞击坑链，其规模一个比一个小。在其东北部，低矮、起伏的平原和被侵蚀的撞击坑，如**桑德**

斯（45千米）和**拉德**（56千米），坐落在山脊之间。在最东北部，有深邃的碗状撞击坑**大塞翁**（18千米）和**小塞翁**（19千米），以及**德朗布尔撞击坑**（52千米）。德朗布尔是一个有着突出梯形壁的撞击坑，位于澄海（见第一区）的西南边界之外。

在阿尔巴塔尼以东约250千米处，受到严重侵蚀的**笛卡尔撞击坑**（48千米）的北壁已经消失，底面被内环的残余物包围。该撞击坑的西南边缘被深而亮的碗状撞击坑**笛卡尔** A（15千米）覆盖，而笛卡尔 A 撞击坑射线物质的某个突出亮斑也被覆盖。笛卡尔撞击坑的东北部有一个5千米长的撞击坑，横跨笛卡尔的东北部。在笛卡尔撞击坑周围的高地上，可以发现大量古代侵蚀撞击坑。1972年4月，阿波罗16号在这些古老撞击坑的东面着陆。这个未命名的地貌，宽42千米，位于笛卡尔撞击坑本身以北60千米处。**阿布·菲达撞击坑**（62千米）是一个圆形的撞击坑，有宽阔的内壁和光滑的底面，位于笛卡尔西南不远处，是笛卡尔高地最突出的地形特征。

从阿布·菲达撞击坑往南走，有一条弯曲的、边缘尖锐的撞击坑链——**阿尔马农**（49千米）、**基伯**（45千米）、**普莱费尔**（48千米），还有连在一起的三重撞击坑**阿本尼兹拉**（42千米）、**阿本尼兹拉** C（42千米）和**阿左飞**（48千米）。这些撞击坑都具有宽阔的内壁墙。它们的偶然排列给人一种错觉，即它们标志着一个巨大的圆形平原东南边缘的一部分，其直径为250千米，西部边界由沃格尔撞击坑、阿格兰德撞击坑和艾里撞击坑标记，而中心则由小而明亮的射线坑**阿布·菲达** E（3千米）标记。**萨克罗博斯科撞击坑**（98千米）位于阿左飞撞击坑的东南方，是一个被侵蚀的撞击坑，其边缘低矮、凹陷，内壁墙宽阔、破损，并围住底面上三个可观的撞击坑。普莱费尔和平坦的**阿皮亚纳斯**

（63 千米）覆盖在**普莱费尔 G**（115 千米）的壁墙上，而被淹没的**克鲁森施腾撞击坑**（47 千米）在其南部形成了一个深岬。阿皮亚纳斯撞击坑以南的**泊松撞击坑**，是一个不规则形状的多重撞击坑，向东西方向延伸（44 千米 × 69 千米）。有一组更大、更突出、保存得更好的撞击坑位于西部，首先是**阿里辛西斯**（80 千米）。这是一个具有宽阔内壁和平坦底面的深坑，被一个位于中心稍北的孤立的小山峰俯瞰。来自第谷环形山的明亮射线物质尘封了这个撞击坑的北部，而它的东部边缘则明显向东凸出。**维尔纳撞击坑**（70 千米）几乎接触到了阿里辛西斯撞击坑的西北部边缘。它有特别井然有序的内层阶梯状壁墙，围绕着位于其尖锐边缘水平之下 4200 米处的平坦底面，一组 3 个突出的山峰从撞击坑边缘凸起。被侵蚀的**比安基奴斯撞击坑**（63 千米）将维尔纳撞击坑与**拉卡耶撞击坑**（68 千米）连接在一起，而在拉卡耶的东北部边缘之外，还有一个引人注目的双重撞击坑，即**德劳奈撞击坑**（46 千米）。来自第谷环形山的线性射线穿过拉卡耶撞击坑光滑的底面，这些射线可以穿过西南方向的**普尔巴赫撞击坑**（118 千米）宽阔的底面。普尔巴赫西面的一群山丘勾勒出一个被淹没的撞击坑的部分边缘，即**普尔巴赫 W 撞击坑**（25 千米）。普尔巴赫的西缘也有很多撞击坑，其中包括西北部的水滴状撞击坑**普尔巴赫 G**（37 千米），以及从普尔巴赫撞击坑沿着塞比特 P 撞击坑（见第九区）东南边界延伸的一连串撞击坑，包括**普尔巴赫 M**（15 千米）、**普尔巴赫 L**（19 千米）和**普尔巴赫 H**（24 千米）。一个形状有点不规则的、被严重侵蚀的长撞击坑**雷乔蒙塔努斯**（126 千米宽），与普尔巴赫撞击坑的南壁墙相连。雷乔蒙塔努斯撞击坑的西壁墙处于解体的后期状态，但其东壁的轮廓则比较清晰。值得注意的是，从这个撞击坑的北侧内壁延伸出来一个山状岬角，越过了底面中心。底面顶上有**雷乔蒙塔努斯 A 撞击坑**（6千米），这可能是一个中央隆起的撞击坑，而不是月球火山上的凹地。

西奥菲勒斯（100 千米）、西里勒斯（98 千米）和凯瑟琳（100千米）形成的 3 个撞击坑在酒海西部边界相连，构成了月球最知名的地标之一。在清晨或傍晚太阳的照耀下，通过任何望远镜都能看到它们的极好景色。西奥菲勒斯环形山有一个雄伟的结构，突出的圆形边缘比东面的酒海水平面高出 1200 米；在其内部，宽阔的壁墙在一系列错综复杂的阶梯中逐渐下降约 4400 米，而后到达撞击熔化形成的底面；在底面中心，有 3 个巨大的中央山峰——**西奥菲勒斯 α**、**西奥菲勒斯 ø** 和**西奥菲勒斯 ψ**，它们高出底面 1400 米。低矮的山麓将西奥菲勒斯 α 和西奥菲勒斯 ψ分别与东南部和西北部的内壁相连，但西奥菲勒斯环形山的东北部则是一致的平滑。**西奥菲勒斯 B**（9 千米）是一个小型碗状撞击坑，位于西奥菲勒斯环形山西北边缘的阶梯结构之中。西奥菲勒斯环形山的外壁墙显示了一个广泛的放射状山脊、月溪、次级撞击坑和撞击坑链系统，这些系统向东越过酒海平原，向北则越过狂暴湾，延伸了 100 多千米的距离。在高角度光照下，所有放射状撞击结构的痕迹都消失了，西奥菲勒斯环形山的边缘出现了一个幽灵般的灰色环，包围着它的中央峰和西奥菲勒斯 B 撞击坑的亮斑。

西奥菲勒斯环形山压在西里勒斯环形山的东北壁之上，这是一个与之大小相似的撞击坑，具有很多相同的地形特征，只是比它的邻居要古老得多，受到的侵蚀也多。西里勒斯环形山的壁墙比西奥菲勒斯更低，也更没有秩序，但在它的北面可以找到最初的外部冲击性雕刻的痕迹，特别是在其西北面切断**伊本·鲁世德**

（33千米）的放射状月溪那里。西里勒斯环形山粗糙的西南内壁墙是**西里勒斯A**（15千米）的所在地。3座圆形的山峰**西里勒斯α**、**西里勒斯δ**和**西里勒斯η**从西奥菲勒斯环形山的底面上上升到1000米的高度，其位置略微偏中心的东北方向。有一条月溪（25千米长）从西里勒斯α开始向西南弯曲，穿过撞击坑的底面，刚好抵达西里勒斯A撞击坑的东面；还有一条沿着西里勒斯的东面内壁的山脊，在午后太阳的照耀下，会产生有另一条弯曲的月溪的幻觉。

一片起伏的山脊从西里勒斯环形山的南壁墙断开，向南穿过凯瑟琳环形山东北部的壁墙。在低角度的光照下，西里勒斯环形山与凯瑟琳环形山之间似乎由一个宽阔的山谷相连接。凯瑟琳环形山有低矮的、被侵蚀的边缘，并被一些撞击坑所凹陷，特别是在东北部，被从**凯瑟琳B撞击坑**（19千米）向南延伸的一个

图7.33　连在一起的西奥菲勒斯、西里勒斯和凯瑟琳环形山的CCD图像

小撞击坑链所凹陷。凯瑟琳环形山的北部底面大部分被**凯瑟琳 P**（49 千米）占据。这是一个被淹没的撞击坑，其南部边缘部分被破坏，而且与凯瑟琳环形山的其他地面部分持平。**凯瑟琳 S 撞击坑**（14 千米）是另一个被淹没的撞击坑，位于凯瑟琳环形山南边的底面，并与其内壁墙接触。

在傍晚的阳光下，凯瑟琳环形山以东的山脊可以追踪到 275 千米外的**弗拉卡斯托罗撞击坑**，这是酒海（见第十五区）南部的一个岬撞击坑。这些山脊是酒海撞击盆地高度侵蚀的内侧山环的一部分。另一个与酒海多核撞击盆地同心的侵蚀山环（原直径 660 千米），可以从凯瑟琳环形山的南部壁墙向南追踪到弗拉卡斯托罗撞击坑和**皮科洛米尼撞击坑**（88 千米）之间。皮科洛米尼是一个突出的、具有坚固内部阶梯的撞击坑，其中央峰群高度可达 2000 米。到目前为止，酒海多岩层撞击盆地最突出的部分——阿尔泰峭壁的巨大东向坡面——位于皮科洛米尼撞击坑

图 7.34　阿尔泰峭壁，这是一个巨大的弧形断层，划出了更大的酒海盆地的西南位置。

以北，围绕着凯瑟琳环形山的西部，形成了一个巨大的断层，将山脉切割成大约 500 千米的长度。在阿尔泰峭壁以东，月壳已经下降到超过 1000 米，低于峭壁陡坡边缘的水平。尽管阿尔泰峭壁很难切割出一个完美的弧形，但通过双筒望远镜和小型望远镜可以发现，当它被早晨的太阳照射时，会在酒海的西南方向呈现出一条闪闪发光的曲线，而在傍晚的太阳照射下，则呈现为一条宽阔的黑色条纹。酒海盆地外环的剩余部分直径约为 880 千米，是更加难观测的，不过可以从希帕提娅以东、西奥菲勒斯以北的山脉，向南到西奥菲勒斯以西的**彭克山**（宽 30 千米，高 4000 米），追踪到其中的一部分。

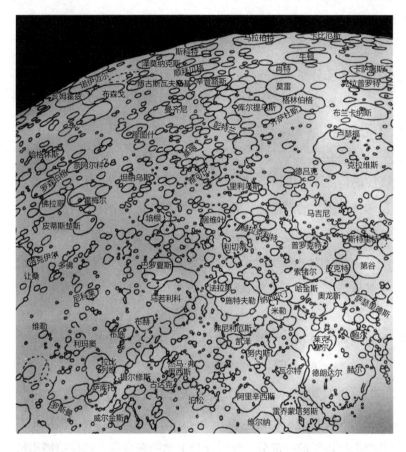

第十四区

　　这个月球南部高地的东部区域，坑坑洼洼，无月海，并包括了南极附近的所有主要地形特征。这个地区的北部大部分地区都被从西边的第谷环形山发出的容易辨认的射线所覆盖（见第十区）。突出的大撞击坑包括西北部的**瓦尔特撞击坑**，东南部的**施**

特夫勒撞击坑和**马若利科撞击坑**，东部的**霍梅尔撞击坑**和南部的**莫雷撞击坑**。日出时间约为第 4—8 天，日落时间大约在第 19—23 天。

瓦尔特（120 千米）是一个突出的撞击坑，有阶梯状的内壁墙，并往更大的德朗达尔撞击坑（见第十区）东壁墙里缩。瓦尔特撞击坑的大部分底面是光滑的，也是被淹没的，但在其西侧内壁墙附近可以发现一个残撞击坑，即**瓦尔特 E**（12 千米）。而在瓦尔特撞击坑东北侧的丘陵地带，有一组 5 个大小相似、处于不同侵蚀状态的撞击坑，其中包括边缘尖锐的**瓦尔特 A**（10 千米）。在太阳高照的情况下，可以清楚地看到来自第谷环形山的几条射线位于瓦尔特撞击坑的底面上。沿着瓦尔特东缘有几个撞击坑，其中包括重叠在一起的成对的撞击坑**瓦尔特 L**（25 千米）和**瓦尔特 K**（18 千米）。这对撞击坑也位于高度侵蚀、略微拉长的**努内斯撞击坑**（62 千米 × 57 千米）的北缘，努内斯的北部底面被两条非常大的隆起山脊穿过。在东南方向，有两个相邻的平坦撞击坑**凯泽**（52 千米）和**弗尼利厄斯**（65 千米），它们一道通向施特夫勒撞击坑（126 千米）。施特夫勒撞击坑的整个西半部分都是光滑的，并有来自第谷环形山的明亮射线，其西缘是深碗状撞击坑**施特夫勒 K**（18 千米）和**施特夫勒 F**（18 千米）。有一条突出的、弯曲的山脊（可能是古老撞击坑边缘的一部分）穿过施特夫勒的东底面。**法拉第撞击坑**（70 千米）覆盖在施特夫勒撞击坑的东壁之上，法拉第自身的壁墙也被大量撞击坑覆盖，特别是在其南部，从**施特夫勒 P 撞击坑**（32 千米）向东，覆盖着一排 4 个重叠的撞击坑，它们的规模逐渐减小。

法拉第撞击坑以东是气势恢宏的马若利科撞击坑（114 千米），其宽阔的东侧内壁显示出复杂的阶梯形壁，尽管其西侧内壁有些粗糙和无序。马若利科撞击坑的北部是丘陵地带，到处都是小撞击坑，在中心的北部有一群被宽阔而深邃的弯曲月溪切断的山峰。最大的山峰就在中心的东面，是明显的金字塔结构，侧面有一个撞击坑，后者的特征只有通过大型望远镜才能看到。马若利科撞击坑的底面是明显凸起的，东面向下倾斜，与东面的内壁墙相接。当这个撞击坑被傍晚的太阳照亮时，东边的底面浸入深深的阴影之中，而西边的部分底面却仍然被照亮着。马若利科撞击坑覆盖了南部一个同样大的（未命名的）撞击坑的大部分，其宽阔的、结构良好的南壁都保存完好。在马若利科撞击坑的东南方，**巴罗夏斯撞击坑**（82 千米）有一个被**巴罗夏斯 B 撞击坑**（41千米）覆盖的破碎北壁墙。巴罗夏斯撞击坑中心有一不规则的低矮山丘群，其西南面则是被淹没的**巴罗夏斯 W 撞击坑**（15 千米）。

在马若利科撞击坑以北一段距离，**杰马·弗里西斯**（88 千米）的壁墙被大撞击破坏，使其看起来像一个熊掌印。位于东北部的**古达克撞击坑**（46 千米）是这些叠加的撞击坑中最大的一个。杰马·弗里西斯和古达克都有小的、单一的中央山脉，杰马·弗里西斯的山脉正好位于中心的西北部。从杰马·弗里西斯的边缘向东走，有一排连在一起的低壁光滑撞击坑，它们的规模逐渐缩小，包括**杰马·弗里西斯 A**（46 千米）、**杰马·弗里西斯 B**（41千米）和**杰马·弗里西斯 C**（37 千米）。再往东，突出的**萨库托**（84 千米）和**拉比列维**（81 千米）双坑与一个受到相当程度侵蚀的、东西向拉长的大型无名撞击坑（105 千米 × 130 千米）突出的西壁相邻。这个无名撞击坑的西北面是**林德瑙撞击坑**（53 千米）。林德瑙是一个突出的撞击坑，有双边缘的西壁墙和 5 座可观的中心山峰，呈星状排列。拉比列维撞击坑的东南方是一个集中包含了几十个相当大的年轻撞击坑的区域，其中，**利玛窦**（71千米）可能是月球上被撞击最重的撞击坑，只有它的西壁躲过了撞击。利玛窦撞击坑的其余部分已经被十几个直径超过 8 千米的撞击坑完全湮没了。再往东走 100 千米，**斯提博腊斯撞击坑**（44 千米）是一个深而突出的撞击坑，中央有一个山体，东北面的壁墙高度变形，并在一系列的山体滑坡中坍塌。斯提博腊斯位于一个大型的、受侵蚀的无名撞击坑（93 千米）的中心附近，只有在低角度的照射下才能看到。在这一地区还可以发现来自酒海盆地的辐射状雕刻的明显迹象（见第十六区）。

赫拉克利特撞击坑（90 千米）有一个突出的中央山脊（30 千米长），朝向为西南—东北。赫拉克利特撞击坑的南面被**赫拉克利特** D（49 千米）侵入，其北面的边缘被**利切蒂撞击坑**（75 千米）突破，而东面的边缘被**居维叶撞击坑**（75 千米）压入。一条相连的大撞击坑线向东延伸，从**克莱罗**（75 千米）开始，通过**克莱罗** A（35 千米）和**培根** B（40 千米）直到**培根撞击坑**（70 千米），可以很容易地从其底面的两个突出撞击坑中识别出来。再往东 150 千米处的大型侵蚀性撞击坑霍梅尔（125 千米）的壁墙和底面上有很多大型撞击坑，其中最大的是东北部的**霍梅尔** A **撞击坑**（50 千米）和西北部的**霍梅尔** C **撞击坑**（47 千米）。在霍梅尔撞击坑的底面上，在这两个超级加强撞击坑之间，有一个 U 形山脊标志着霍梅尔被侵蚀的中央隆起。北面的**霍梅尔** H（33 千米）将霍梅尔与**皮蒂斯楚斯撞击坑**（82 千米）连接起来，后者是一个有 12 千米长的中央山体和尖锐边缘的撞击坑，其东端是深碗形撞击坑**皮蒂斯楚斯** A（9 千米）。紧挨着皮蒂斯楚斯的相对平坦的区域里，还可以看到次级撞击结构。与霍梅尔撞击坑的东壁相邻的是**佛拉哥撞击坑**（89 千米）。这是一个有尖锐的东缘和部分被侵蚀的西壁墙的大撞击坑，它的中心矗立着一座突出的山脊，长为 19 千米。在山的最北端，有一个未命名的小撞击坑（5 千米），在它的西边则是另一个未命名的下沉式撞击坑，有点像椭圆形（6千米×11千米）。通过200毫米的望远镜可以看到位于后一地形底面中央偏西的小撞击坑。一个未命名的下沉式撞击坑（13千米）位于**罗森伯格撞击坑**（96千米）的西面，这个突出的撞击坑与佛拉哥撞击坑的南壁墙相邻。通过150毫米的望远镜，可以在罗森伯格撞击坑的中心附近看到许多较小的撞击坑。**罗森伯格** D（47千米）与罗森伯格的南壁相邻，值得注意的是它的光滑坡度。它那拉长的中央山丘与北壁墙的内侧相接。它的西边是**奈阿尔科撞击坑**（76千米），这是一个深的、底面平滑的撞击坑。再往东南，靠近边缘多一点的，是破损较严重的**哈格休斯撞击坑**（76千米），它的南壁墙被几个大的撞击坑叠加在一起。北部是较老的撞击坑**哈格休斯** A（65千米），它的一半被更大的哈格休斯撞击坑整齐地覆盖住。

在赫拉克利特撞击坑以南，另一条突出的、相连的撞击坑链从**里利乌斯** C（34千米）向东经过**里利乌斯**（61千米）和**里利乌斯** A（37千米），直到**雅可比撞击坑**（68千米），接着又到几个较小的、重叠的撞击坑。里利乌斯撞击坑很容易辨认，因为它有一个明显的金字塔形的中央山峰，可以俯瞰其光滑的底面，而雅可比撞击坑的表面则凹陷着5个大坑。在雅可比撞击坑和月球东南边缘之间是突出的、邻近的双坑：**曼齐尼撞击坑**（98千米）和**穆图什撞击坑**（78千米）。曼齐尼是一个深坑，有着光滑而明显的凸面；穆图什的东缘有两个相当大的撞击坑，西部底面还有一个。

曼齐尼和穆图什可以作为确定月球东南侧边缘和天平动地区地形特征的跳板。在穆图什撞击坑的东南方，如果在有利的天平动条件下观看的话，大撞击坑**布森戈**（131千米）是一个令人印象深刻的地形特征。在上午或傍晚的阳光下，我们可以看到一个新奇的现象。**布森戈 A**（79 千米）占据了布森戈撞击坑的整个北部底面，它自己的底面位于布森戈边缘下至少 5000 米处。在低角度的光照下，布森戈撞击坑似乎拥有巨大的双壁。**布森戈 E**（103 千米）与布森戈的西北壁墙相邻，多边形的深撞击坑**布森戈 K**（27 千米）是它们的交汇点。布森戈 E 有一个繁杂的山体，其北缘被**布森戈 B**（60 千米）和**布森戈 C**（21 千米）重叠堆积起来。在北部相对平滑的平原上，从**布森戈 T**（19 千米）以西开始，一条明显的、被侵蚀的撞击坑链向北延伸了 60 千米，在**奈阿尔科 A**（49 千米）以南终止。这条撞击坑链很可能是一个次级撞击特征，但它的发源地可能是南部的布森戈撞击坑本身，或者也许是北部的佛拉哥撞击坑。除布森戈撞击坑以外的天平动地区，还存在着**亥姆霍兹**（95 千米）和**诺伊迈尔**（76 千米）。**海尔撞击坑**（84 千米）是一个深坑，具有复杂的梯形内壁和大的中央山峰系统。海尔撞击坑就在东经 90 度经线之外，在诺伊迈尔撞击坑以东约 100 千米。**博古斯瓦夫斯基撞击坑**（97 千米）是一个具有宽阔内壁和平坦底面的撞击坑，几乎与布森戈的西壁相接。在其南部的天平动地区中，有一个**泽莫纳克斯撞击坑**（114 千米）。这是一个较古老的撞击坑，其壁面受到一定程度的侵蚀，中央有一组紧凑的山峰，它的南边缘距离月球南极只有 10 度（300 千米）。

通过望远镜观测可以看到，月球坑坑洼洼的南极地区可能是一个令人困惑的地方——这儿的撞击坑不仅紧挨着，而且高度缩短，另外还必须考虑到天平动的影响。定期访问该地区，并尝试识别某些关键地形特征，将使观测者能够成功地浏览该地区。**莫雷撞击坑**（114 千米）是一个深撞击坑，内壁呈梯形，大的中央山峰耸立在光滑的底面上，是极地地区最突出的地标之一。莫雷撞击坑的中央峰投下了一个长长的尖形阴影，在低角度太阳照耀下，阴影会触及其内壁。西北面是**格林伯格撞击坑**（94 千米），它的南壁被莫雷撞击坑那被冲击所雕琢的侧面严重破坏了。在莫雷撞击坑的东北方向不远处是**库尔提乌斯撞击坑**（95 千米），其中央隆起的残余部分几乎没有从其被淹没的底面西部突出来。在莫雷撞击坑的东部有一个不规则的、未命名的大撞击坑，东部被**辛普路斯 C**（42 千米）和**辛普路斯 D**（51 千米）覆盖。**辛普路斯撞击坑**（70 千米）是一个深坑，具有宽阔的内壁和低矮的中央山丘，与辛普路斯 D 撞击坑的壁墙相邻。向边缘延伸的是**顺拜贝格**（85 千米）。这是一个突出的撞击坑，具有尖锐的边缘和巨大的中央山峰，而在其南部的天平动区域则是略微解体的**斯科特撞击坑**（108 千米）。在斯科特撞击坑之外，位于东经 90 度经线上的是**阿蒙森撞击坑**（105 千米）。阿蒙森是月球南极最大的撞击坑，它的南缘距离南极只有 100 千米。阿蒙森是一个很深的撞击坑，有着保存完好的内部阶梯状结构和一大群中央山脉。

　　肖特撞击坑（71 千米）几乎触到莫雷撞击坑的南壁墙，陷入高地之中，边缘几乎与周围地形持平。有一个未命名的小撞击坑（6 千米）位于肖特底面的中心。肖特撞击坑的东南边缘被**肖特 B 撞击坑**（51 千米）侵入，后者又与**肖特 A 撞击坑**（37 千米）的西北壁相接。肖特 A 位于月球的中央子午线上，距离南极 13 度（390 千米）。紧挨着肖特撞击坑西南方的是**牛顿撞击坑**（79 千米），它覆盖着一个尚未命名的大坑（83 千米）的西北方大部分。这个大坑的南壁墙被**牛顿 A 撞击坑**（63 千米）覆盖。再往南，在月球南侧边缘的天平动区，有一个被侵蚀的撞击坑**卡比厄斯**（98 千米），距离南极约 100 千米。南极本身永远不能被直接观察到，即使在最有利的天平动和光照角度之下，它也会被比较高的地面遮挡，而且一直处于持续不断的阴影之中。

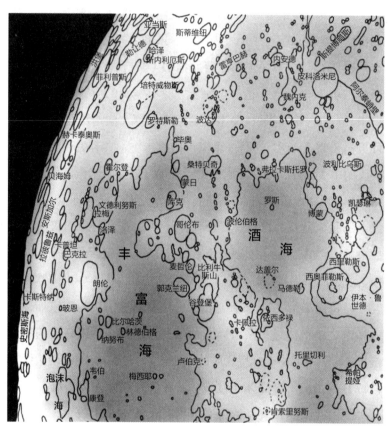

第十五区

　　灰色的、起伏的**狂暴湾**将静海的南部与**酒海**的北部连接起来。被淹没的弗拉卡斯托罗撞击坑在酒海的南岸形成一个整齐的半圆形海岬。在小片的**泡沫海**之外，月球东侧边缘的天平动地区之内，是**史密斯海**。在月球东边，**丰富海**的南半部分接入**文德利**

努斯撞击坑以西的一个大型不规则海湾。突出而明亮的撞击坑**朗伦**位于丰富海的东海岸，离文德利努斯撞击坑的北部有一段距离。距离文德利努斯撞击坑相同的地方，在它的南面，是巨大的**培特威物斯环形山**。这个撞击坑有一个庞大的中央山体，其底面上有大片礁石。在月球的这部分区域可以追踪到大量的明亮射线。在丰富海西部，**梅西耶撞击坑**的双线射线让人赏心悦目。来自**马德勒**的不对称射线从狂暴湾和**培特威物斯 B 撞击坑**发出。而来自第谷环形山的射线（见第十区）则可以追踪至该地区的西部，还有来自**斯蒂维组 A** 和**弗内留斯 A** 的射线从南部扩散开来（见第十六区）。该地区日出是在新月到第 4 天左右，日落则发生在满月到第 19 天左右。

　　一个不寻常的水滴形撞击坑**托里切利**（23 千米 × 30 千米），坐落在大型淹没撞击坑**托里切利 R**（81 千米）的东北侧，其西北侧的边缘已经完全被狂暴湾北部的熔岩淹没。北面的低皱脊可以追溯到静海，而在南面，来自西奥菲勒斯环形山（见第十三区）的突出辐射脊也在月海上留下了痕迹。在西奥菲勒斯环形山以东不远的地方，有细长的撞击坑马德勒（28 千米），其边缘被北部一条突出的 30 千米长的山脊侵占。马德勒有一条明亮的单线，向东延伸 130 千米，穿过酒海的北部，覆盖了两个残坑的南面，一个未命名（54 千米），另一个是**达盖尔**（46 千米）。它们的南面边缘已经完全被淹没。在酒海北部的高地上有**卡佩拉**（49 千米）和**依西多禄**（42 千米），前者是一个破损的撞击坑，中央有一座突出的大山；后者是一个更古老但保存得更好的地貌，在其光滑底面的西部有一个深锁孔状撞击坑**依西多禄 A**（11 千米）。卡佩拉被**卡佩拉月谷**（长 110 千米）截穿。卡佩拉月谷是一个粗大的山谷，由一连串大小不一的撞击坑组成，从卡佩拉撞击坑的北部一直到东南部，并穿过其东部的底面。在依西多禄撞击坑以西，一个高原（25千米宽）的西侧呈现为一个几百米高的弯曲的峭壁，俯瞰着狂暴湾的一段平滑海岸线。**戈迪贝尔撞击坑**（33千米）挨着酒海东南的海岸，是该地区不显眼的、形状略不规则的撞击坑之一，它的底面被错综复杂的山脊所雕刻。其他的还包括**依西多禄B**（41千米）、**肯索里努斯C**（28千米）和**马斯基林A**（27千米），它们都在偏北方一些距离。就在马斯基林A撞击坑的西边，有一个小撞击坑**肯索里努斯**（3.8千米），由于它有一个明亮的喷出环状物（直径为25千米），显得很显眼。

谷登堡月溪是一组平行的线性月溪，从肯索里努斯C撞击坑穿过谷登堡撞击坑（74千米）底面，走向东南350千米处的高地。一个100毫米的望远镜就可以显示出谷登堡内部的月溪，但是整个系统需要一个150毫米的望远镜才能充分分辨。谷登堡撞击坑位于丰富海的西海岸，它的东壁墙被**谷登堡E**（31千米）覆盖，其壁上的一个缺口使月海的深色熔岩流可以进入这两个撞击坑。在谷登堡撞击坑的底面上有一组半圆形的山峰，可能是撞击坑最初的中央隆起和被淹没的撞击坑边缘的组合；其北部的山峰被谷登堡月溪中的主流拦截，但没有被贯穿，这些主流从西北到东南穿过了撞击坑的底面。谷登堡撞击坑的南壁与**谷登堡C撞击坑**（43千米）相接，并向南延伸出一些尖锐的山脊。在清晨太阳的照耀下，谷登堡及其相邻的撞击坑呈现出一种奇怪的龙虾钳形外观。**比利牛斯山**是一条蜿蜒的山脉，长250千米，从谷登堡撞击坑的南部崛起。

丰富海是一个完全被淹没的撞击坑和撞击盆地的集合体，是月球东侧边缘巨大的黑暗月海。它有一个不规则的轮廓，从北到南大约有900千米，在北部最宽的地方有600千米，总表面面积大约为 326,000 平方千米。在高角度的太阳照射下，从众多撞击坑发出的射线可以清晰地在这个月海的各个部分找到，包括来自第谷环形山西南约 1800 千米处的一条射线。在低角度的光照下，月海的北部和东部地区出现了突出的皱脊。**加图山脊**（长 140 千米）、**库什曼山脊**（长 80 千米）和**卡耶山脊**（长 130 千米）从丰富海北部的塔伦修斯撞击坑（见第三区）向南延伸穿过月海。在月海的东部中央部分，**盖基山脊**（长 240 千米）向南延伸，与**莫森山脊**（长 180 千米）的宽阔主脊相接。此外，在这片月海上可以看到许多完全被淹没的撞击坑，它们的存在是由非常低的圆形山脊表现出来的，其中一个例子是**郭克兰纽 U**（20 千米），它位于莫森山脊的西端以外的地方。

　　梅西耶（7 千米 ×13 千米）和**梅西耶 A**（14 千米 ×9 千米）是位于丰富海西北部的两个相邻的撞击坑，它们看起来非常吸引人。梅西耶撞击坑是一个深邃的椭圆形撞击坑，其长轴位于东西方向；而梅西耶 A 撞击坑是一个深邃的圆形碗，在其西边的边缘有一个凸起的半圆，两者之间的距离只有 6 千米。梅西耶撞击坑位于一条宽阔的射线上，这条射线从丰富海北部的塔伦修斯撞击坑延伸出来，逐渐缩小到梅西耶撞击坑以南 100 千米的地方。仔细观察会发现，在梅西耶撞击坑的北部和南部，有一条蝴蝶形状的射线呈狭长的扇形展开，叠加在来自塔伦修斯撞击坑的大射线上。从梅西耶 A 撞击坑的西部延伸出来的射线是月球上最引人注目的射线系统之一。这是一对紧密连接的线性射线，延伸到了 150 千米外的月海西部边界，在它们的路线中稍微有分叉。梅西耶和梅西耶 A 可能是在一颗小行星从东面以非常浅的角度撞击月球表面时产生的，角度可能小于 5 度。梅西耶撞击坑是在第一次撞击中形成的，而梅西耶 A 撞击坑则是被这颗小行星的大碎片撞击出来的，碎片在较远的地方反弹并又撞向月球。这种情况可以解释这对撞击坑拉长的形状和它们独特的喷射样式。**梅西耶月溪**（94 千米长）是一条通过 200 毫米望远镜可以看到的非常狭窄的线性月溪，它从梅西耶 A 撞击坑的西北方向约 30 千米处横切到塞奇山脉附近的海岸（见第三区）。

在丰富海西部，形状略微不规则的**郭克兰纽撞击坑**（51 千米×62 千米）被一条线性月溪穿过。与西北部的谷登堡撞击坑一样，这条月溪与撞击坑的中心山峰相交，但并没有截断撞击坑的中心山峰，似乎也没有切入撞击坑的墙壁。这条月溪再延伸，就是**郭克兰纽月溪**系统的组成部分之一。它在郭克兰纽撞击坑壁墙的西北方向延伸，与谷登堡 E 撞击坑壁相交，并在其北面再次升起，又覆盖了 150 千米的距离。在它的东面可以发现另一条线性月溪（145 千米长），从**郭克兰纽 B 撞击坑**（8 千米）一直延伸到被淹没的小撞击坑**卢伯克**（14 千米）以南的山丘。这些地貌是由在西北的山丘上产生谷登堡月溪的同一组月壳应力产生的。

在郭克兰纽撞击坑以南，深色底面的**麦哲伦撞击坑**（41 千米）与**麦哲伦 A 撞击坑**（33 千米）相邻，位于突出的双重撞击坑**哥伦布**（76 千米）和**哥伦布 A**（37 千米）的北边缘。哥伦布撞击坑有一个特别宽阔和复杂的东侧内壁墙，还有一个小型的中央峰群，而哥伦布 A 撞击坑则是被淹没的，与麦哲伦撞击坑相仿。哥伦布撞击坑以东的高地布满了许多低壁墙的淹没撞击坑。

越过**韦伯撞击坑**（22 千米），在丰富海东北海岸的是泡沫海。这是一片不规则的月海，宽 100 千米，长 150 千米，表面积为16,000 平方千米。它的边界有许多海湾，如西岸的**韦伯C**（38 千米）和东岸的**波莫尔采夫**（23 千米）等被淹没的撞击坑。在东部和东北部，在泡沫海和浪海（见第三区）及其周围，有几十个类似的地形特征。在天平动地区的东部边缘,史密斯海(直径200千米)是一个大致圆形的海。尽管在有利的天平动之下,整个史密斯海朝向地球,但它接近月球边缘,这样的位置使它看起来非常短。在不利的天平动中,它完全消失在东边的边缘。史密斯海包含了许多被淹没的撞击坑,比如南岸的**凯伊士**(63千米)和**魏德曼施泰登**(46千米)这对连在一起的组合。西南部有**吉尔伯特**(107千米)和**卡斯特纳**(105千米)两个大撞击坑,它们都有低矮的壁墙和起伏的底面。

朗伦(132千米)是位于丰富海东岸的壮观撞击坑。在规模和年龄与其类似的大撞击坑中,它是独一无二的,它那极其复杂的阶梯状内壁明显没有任何可观的叠加撞击坑。朗伦撞击坑的底面有一对中央山峰,即**朗伦 α** 和**朗伦 β**,这两座山都高于1500米。朗伦撞击坑表面的北部明显比南部粗糙,用100毫米的望远镜观察时,在低角度的光照下,纹理的差异就变得很明显了。在朗伦撞击坑的北部和西部,大量的放射状山脊分布在月海上。次级撞击坑点缀着这片土地,值得注意的有**朗伦 DA**(4千米)、**阿尔马拉古什**(8千米)附近的小撞击坑群和**朗伦 V**(3千米)附近的线性群。在理想的条件下,这些都可以在150毫米的望远镜中得以辨认。在平坦的**比尔哈茨撞击坑**(43千米)以北的地形上,还有一组小型的次级撞击坑。**阿特伍德**(29千米)与比尔哈茨撞击坑的东壁墙相邻,**纳努布**(35千米)则紧靠阿特伍德的北部,这3个撞击坑在朗伦的西北部形成了一个突出的群体。在太阳高照的情况下,朗伦撞击坑看起来是一个明亮的圆形斑块,其内壁墙和中央峰看起来比底面略微明亮。朗伦撞击坑的射线可以从各个方向穿过周围的地貌,距离超过250千米,特别是穿过丰富海,在那里它们在黑暗的地形上显示得更清楚。在朗伦撞击坑以东，有一排规模越来越大的撞击坑：**巴克拉**（43 千米）、**卡普坦**（49 千米）和**拉彼鲁兹**（78 千米），它们一直向边缘推进。每个撞击坑都有一个尖锐的边缘，内部有阶梯状结构，还有一个深的底面，其上有一个中心山峰。

文德利努斯撞击坑（147 千米）位于丰富海的东南海岸，是一个古老的撞击坑，有着被侵蚀得很严重的撞击坑壁墙。来自北方 150 千米处朗伦撞击坑的射线，可以穿过其相对平坦的底面。**霍尔登撞击坑**（47 千米）是一个有阶梯状壁的深撞击坑，与文德利努斯撞击坑的南壁相邻。**洛泽撞击坑**（42 千米）缩进了文德利努斯撞击坑的西北边缘，而其东北壁则被**拉梅撞击坑**（84 千米）覆盖。一连串的 7 个大坑沿着拉梅撞击坑的内壁向南，通过拉梅东南边缘的**拉梅 G**（21 千米），一直到了**拉梅 P 撞击坑**（16 千米）。在月球东南边缘可以发现一个未命名的不规则形状的光滑灰色平原，其南部边界延伸到**巴耳末**（112 千米）宽阔的半圆形海湾，这个撞击坑的北缘已经完全被淹没。在更东边的天平动地区，坐落着中央的山顶撞击坑**贝海姆**（55 千米）和**吉布斯**（77 千米）。**赫卡泰奥斯撞击坑**（127 千米）沿着边缘进一步向南，其北壁墙与较小的**赫卡泰奥斯 K 撞击坑**（90 千米）重叠。

培特威物斯环形山（177 千米）是一个壮观的地形特征，位于丰富海南岸的不远处，其岩壁极为复杂，显示出广泛的阶梯状以及月溪。一座底宽约 36 千米的庞大山峰从几座相当大的独立山峰中升起，其中西南的山峰上有一个 2 千米长的撞击坑。几条直线和蜿蜒的山脉混合在一起，形成了**培特威物斯月溪**，它交错在培特威物斯环形山起伏的底面上。通过 60 毫米的望远镜可以观察到，最长的培特威物斯月溪长 50 千米，是一条从中央山脉到沿着西南内墙底部的深沟。另一条线性月溪穿过中央山脉南部的底面，离**培特威物斯 A**（5 千米）有一小段距离。毗邻中央山脉北部的一个大型不规则洼地似乎是一条弯曲月溪（45 千米长）的源头，该月溪延展至北边内墙的底部。培特威物斯环形山东面的大部分区域被一条更窄的弯曲月溪（长 95 千米）穿过，这条月溪起源于撞击坑的东南壁墙，到了撞击坑的东北部逐渐消失。后一条月溪的特征可以通过 150 毫米的望远镜来分辨。培特威物斯环形山的外层显示出了复杂的径向撞击雕刻以及几个大的撞击坑链，在北部尤其明显。再往北，到了丰富海的海岸，突出的**培特威物斯 B 撞击坑**（35 千米）是明亮射线系统的中心，该系统以蝴蝶翅膀的样式向东和西扩散。

罗特斯勒（57 千米）是一个很深的撞击坑，有宽阔的阶梯形内壁和一个小的中央山丘，与培特威物斯环形山的西北边缘相邻。在撞击坑的对面，就在培特威物斯环形山的东南边缘之外，坐落着**帕雷泽西撞击坑**（41 千米），其北壁向北延伸到**帕雷泽西月谷**（110 千米长，平均 19 千米宽）。这个月谷包含一系列相连的大撞击坑，位于培特威物斯环形山的东部边缘。在帕雷泽西撞击坑的南部，已经解体的**哈泽撞击坑**（83 千米）被**哈泽 D**（54 千米）掩盖。**斯内利厄斯撞击坑**（83 千米）是一个很深但被严重破坏的撞击坑，位于培特威物斯环形山的西南方，被**斯内利厄斯月谷**（500 千米长）穿透。斯内利厄斯月谷是月球上最长的山谷之一，由一连串大部分很浅的撞击坑组成，是从哈泽 D 撞击坑以南的**波达撞击坑**（44 千米）向东延伸的。

洪堡撞击坑（207 千米）是位于培特威物斯环形山以东天平动地区内的撞击坑，巨大无比，在午后有利天平动的条件下，在太阳照耀下显得格外引人注目。有一条山脉（100 千米长）穿过洪堡撞击坑的东北底面，洪堡撞击坑北面有一个很深的碗状撞击坑（20千米）。沿着洪堡撞击坑的西侧内壁和东北部的底面上存在着一些黑斑。有一个广阔的线性月溪系统穿过该底面的南部，另一个大型线性月溪则穿过最北部的底面。洪堡撞击坑略微覆盖了古老的撞击坑赫卡泰奥斯的南壁，而被侵蚀的**巴纳德撞击坑**（98千米）正好覆盖了洪堡撞击坑的东南壁墙。

　　酒海是一个方肩状海，大约有350千米宽。酒海所在的多环盆地要广阔得多，其外环的直径约为880千米，以西南部的阿尔泰峭壁为标志（见第十三区）。除了北部马德勒撞击坑的明亮射线和西南方向1280千米处第谷环形山的线性射线之外，还可以追踪到来自酒海西北海岸的西奥菲勒斯环形山（见第十三区）的灰色射线，它贯穿月海的大部分区域。一条115千米长的宽阔山脊将西奥菲勒斯环形山的东南边缘与酒海西南岸的**博蒙撞击坑**（53千米）连接起来。博蒙撞击坑的底面上有一些低矮的山丘和小型的撞击坑。在博蒙撞击坑东壁墙的一个小缺口以西，这儿的底面上有一条狭窄的月溪（10千米长）。弗拉卡斯托罗撞击坑（124千米）的北壁墙有一个大得多的缺口，这个被淹没的撞击坑在酒海的南部海岸线上形成了一个深海岬。在几簇低矮的山丘和山脊上，可以辨别出酒海那基本被抹去的北缘的痕迹。一条狭窄的月溪（70千米长）自西向东横穿了弗拉卡斯托罗撞击坑的南半底面，在半途与**弗拉卡斯托罗 M 撞击坑**（6千米）相交。在弗拉卡斯托罗 M 以东约20千米处，一个小的撞击坑链（13千米长）从南面接近月溪，但由于里面6个单独的撞击坑组成部分无法通过业余仪器进行观测，所以这个撞击坑链看起来倒像是主月溪的一个分支。在弗拉卡斯托罗撞击坑的壁墙周围，有许多看起来不寻常的连在一起的撞击坑。在西边，与**弗拉卡斯托罗 E**（9千米）一起，有一组3个小的、被淹没的撞击坑；在南边是

弗拉卡斯托罗 H（21 千米），这是一个重叠的、被淹没的三重撞击坑。在弗拉卡斯托罗撞击坑的西缘，**弗拉卡斯托罗** D（29 千米）是相连撞击坑链（75 千米长）中最大的一个，它向南贯穿**弗拉卡斯托罗** Y（12 千米）。在弗拉卡斯托罗撞击坑的对面，与主撞击坑壁墙的北端相邻的是一个无名的淹没坑（14 千米），形状像一个四叶草。再往北，**罗斯**（12 千米）是一个深碗状撞击坑，位于皱脊上。在太阳高照的情况下，可以追踪到第谷环形山的一条射线穿过了弗拉卡斯托罗撞击坑的西壁，越过罗斯撞击坑以西 10 千米。另一条射线（也许也是来自第谷环形山）从罗斯撞击坑东北方向不远处开始，穿越到酒海的东北边缘，并沿着其路径逐渐变宽。

在弗拉卡斯托罗撞击坑以东，酒海的海岸线上有十几个小型的边缘尖锐的撞击坑（25 千米以下）。在它们的北面，一组低矮的皱脊向北穿过酒海，抵达**波伦伯格撞击坑**（33 千米）。这是一个带有丘陵的撞击坑，并被几个小山脊穿过，其中最大的山脊（14 千米长）可以通过 150 毫米望远镜看到。在其南面 130 千米处，有一个很深的**桑特贝奇撞击坑**（64 千米），它的中央峰发生偏移。这个撞击坑占据了一片平坦的灰色平原，将酒海东南部和丰富海西南部连接了起来。

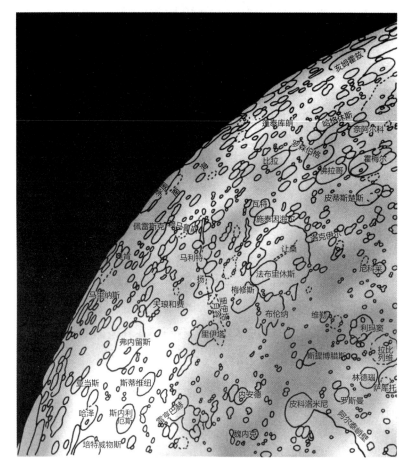

第十六区

　　南海包含一组大型的、被淹没的黑暗底面撞击坑，它横跨一个巨大的圆形区域，占据了沿月球东南边缘的大部分天平动地区。在**让桑**和**弗内留斯**这两个大撞击坑之间的是**里伊塔月谷**，这是一个由一连串大撞击坑组成的令人印象深刻的山谷。**斯蒂维组 A** 和**弗内留斯 A** 都是相对较小的撞击坑，是该地区两个最明亮的射线系统的来源。该地区日出发生在满月前四天，日落大约是从满月到第 19 天。

皮科洛米尼撞击坑（见第十三区）以南的大片地区是粗糙的，有断裂的山脊和山丘线条，可能是在酒海撞击盆地的形成过程中被雕琢而成的。**布伦纳撞击坑**（97 千米）被高度侵蚀，位于从皮科洛米尼撞击坑东南方向而来的一条突出螺旋状山脊的南端，其阴影在早晨低角度光照下清晰可见。**梅修斯**（88 千米）紧邻其东部，是突出的、尖锐的、深邃的撞击坑，并有一组圆形的中央山丘，**梅修斯 B**（17 千米）在其东北面。**法布里休斯**（78 千米）与梅修斯撞击坑的西南壁墙相邻。法布里休斯撞击坑本身和它东边的邻居**法布里休斯 A**（55 千米）完全位于大撞击坑让桑（190 千米）的范围之内。两条平行的大山脊穿过法布里休斯撞击坑的底面，它的中央山脊有 11 千米长，北部的山脊有 29 千米长，穿过底面直到东北的内壁墙。法布里休斯撞击坑的边缘轮廓略显不规则，其南壁的一个缺口一直延伸到促成让桑东北部底面多丘陵的一个裂隙之中。

让桑撞击坑是月球这一区域最大的地形特征之一，当它被早晨或傍晚的太阳照亮时，很容易通过双筒望远镜看到。它有一个明显的六边形轮廓，虽然它的边缘并没有特别高出周围的景观，但它的轮廓因其底面的撞击坑法布里休斯和法布里休斯 A 的存在而得到加强，两者还缩进了它东北部的边缘。让桑撞击坑东部和南部有一个宽阔的内壁，西部的边缘也很尖锐，这也使得它的存在更清晰。让桑撞击坑的底面是粗糙且多山的，特别是在北部，它被一个宽阔的侵蚀谷地（9 千米宽）一分为二。这似乎是一个次级撞击结构，朝酒海盆地呈辐射状。**让桑月溪**系统中最大的线性月溪从让桑底面的北部丘陵向西延伸，穿过较为古老的山谷，到达让桑撞击坑的西部内壁墙。另一个月溪则从南面内墙的底部延伸出来，沿途略有弯曲，与主月溪汇合。使用 150 毫米的望远镜可以很容易发现这些地形特征。

突出的连在一起的双重撞击坑**施泰因海尔**（67 千米）和**瓦特**（66 千米）位于让桑撞击坑的东南不远处。施泰因海尔有一个光滑的、深色的底面，与瓦特撞击坑的北壁稍有重叠。瓦特是一个侵蚀程度较高的撞击坑，具有一个脊状底面。再往南约 100 千米处的**比拉**（76 千米）是一个突出的撞击坑，其内部有阶梯形的壁墙，在其平坦的底面上还有一群略微偏离中心的山。**比拉 C**（28 千米）叠加在比拉的东北边缘上，它之所以值得注意是因为它的底面堆满了大量的碎石。

里伊塔月谷（500 千米长）是一个突出的撞击坑链，深深地陷在让桑以东的高地，是月球近地端最长的山谷。它从突出的**里伊塔撞击坑**（70 千米）的西侧开始，穿过被侵蚀的**扬撞击坑**（72 千米）和**马利特撞击坑**（58 千米），在**赖马鲁斯撞击坑**（48 千米）以西的一个较窄的山谷中逐渐缩小。与月球这一地区的许多其他线性地形特征一样，它朝湿海多环撞击盆地呈放射状，可能是一个次级撞击地形特征。

沿着过了 3 天的月球晨昏线有一排突出的大撞击坑：朗伦、文德利努斯、培特威物斯和弗内留斯（125 千米），其中弗内留斯撞击坑是最南端的一个。它的边缘、内壁墙和大部分底面都有喷砂状纹理，但是从南面内壁墙到**弗内留斯 B**（21 千米）东面狭窄的中央底面则是黑暗和光滑的，在其中心有一个小的、单独的山峰。**弗内留斯月溪**（70 千米长）是一条线性月溪，通过 150

毫米的望远镜就可以看到它，它从西北到东南穿过弗内留斯撞击坑的北部底面。另一条狭长的线性月溪是**哈泽月溪**（长275千米），它穿过了弗内留斯撞击坑以东的高地，从哈泽 D 撞击坑（见第十五区）延伸到**马里纳斯 C 撞击坑**（35千米），正好位于东南天平动地区的边缘。

再往东走就是南海，这是一个巨大的圆形区域，直径约500千米，由几十个大的、被淹没的撞击坑组成，它的总表面积超过15万平方千米。南海横跨东经90度经线，占据着天平动地区。除了遥远的东部地区外，南海的大部分地区都可以在有利的天平动条件下看到。不利的天平动条件将使南海在东南边缘之外的部分完全看不见。在月球平均近地端的南海地区，值得注意的暗底撞击坑包括其西北边界的**奥肯**（72千米）和其南部的**李奥**（141千米）。在东经90度以外，只在有利的天平动条件下才能看到的，是突出的中央峰撞击坑**詹纳**（71千米）及其东面被淹没的大型撞击坑**兰姆**（104千米）。在南海的东南边界之外，**薛定谔月谷**（310千米长）位于**莫尔顿撞击坑**（49千米）和巨大的**薛定谔盆地**（310千米）东北部壁墙之间，并在这之间将**西科尔斯基**（98千米）一分为二。薛定谔月谷是与之呈放射状的大型线性山谷中最大的一个，每个山谷都是由一连串撞击坑组成的次级撞击地形特征。薛定谔月谷是月球上最难以捉摸的地形之一，需要非常有利的天平动条件和夜晚的光照（满月之后）才能辨认出来。

第八章

月球进阶研究

8.1 ▎月球瞬变现象

有经验的月球观察者会不时地报告月球上的瞬时变化，这些变化被称为月球瞬变现象。根据报道，它们以局部闪光、发光、遮蔽、变暗和颜色变化的形式出现，这些变化是暂时的，而且是不可预测的。一些彩色光芒似乎与特定的地形特征有关，特别是在经历过火山活动的地区，或显示为断层的地形特征，或显示为断层月海边界的地形特征。

世界各地的天文协会已经实施了他们自己的月球瞬变现象观察计划，建立了预警网络。尽管这些项目规划得很好，但覆盖月球的范围还没有达到完整或连续的程度，所以月球观测者有充分的机会为这个研究领域做出重大贡献。

报告的权重分配取决于以下因素。

1. 观察者的经验。一个使用小型望远镜的无经验月球观测者提交的未经证实的月球瞬变现象报告，不可能得到与经验丰富的月球观测者对同一现象观测的相同权重，后者已经在目镜前记录了非常多的时间，进行了艰苦的月球瞬变现象搜索工作。

2. 验证。由不同地点的两名观察者独立提交关于相同现象的报告。对看似相同的月球异常事件的独立确认，也许是权重系统中最重要的标准，可与照片证据比肩。

3. 望远镜孔径。这是为观测结果分配权重的一个重要因素。例如，通过 50 毫米折射镜，在阿里斯塔克撞击坑附近看到的模糊红光的单一未经证实的报告，将比用 250 毫米折射镜观察到的同类事物的权重低。

4. 采用的特殊设备。彩色滤镜可以提高月球表面异常颜色区域的可见度。明显的月球异常事件的照片、CCD 图像和视频是非常罕见的。可以对永久的记录进行详细分析，以发现月球瞬变现象的确切位置、形状、范围、亮度和可能的颜色。

5. 观察的条件。月球在地平线上的高度、大气能见度、云层和透明度都决定了观察者看到月球表面的清晰程度。

6. 报告现象的类型和持续时间。举个极端的例子，在阿里斯塔克撞击坑附近出现模糊的彩色光芒的报告，往往会比在雨海上空临时出现的巨大银色碟状物体的报告更受重视。

与报告过的月球瞬变现象相关联的地形特征

阿格里帕

阿基米德

阿里斯塔克

阿特拉斯

阿方索

布利奥

肯索里努斯

哥白尼

厄拉多塞

伽桑狄

格里马尔迪

希罗多德

开普勒

林奈

马尼利厄斯

危海

门纳劳斯

皮通山

皮科山

皮卡德

柏拉图

波西多尼

普罗克洛斯

拉普拉斯岬

施卡德

西奥菲勒斯

第谷

施洛特尔月谷

在这些地形特征中，阿里斯塔克撞击坑有最多的月球瞬变现象报告，事实上有关它的报告比所有其他地点加起来还要多。在阿里斯塔克及其周围报告的月球瞬变现象都是典型的增亮事件，会出现许多彩色异常和表面细节模糊的现象。

闪烁的月亮

一些观测者采用彩色滤光片来确定月球上异常的红色或蓝色瞬变事件。通过在望远镜光路中快速交替使用红色和蓝色的滤光片，月球上颜色微弱的区域就会显得更加突出，显得更加刺眼。当我们通过望远镜观察时，一个红色的区域通过红色滤光片看会显得更亮，颜色较深，而通过蓝色滤光片看，颜色则较浅。为了达到最佳效果，建议使用两种特定颜色的滤光片：红色Wratten 25 和蓝色 Wratten 38A 滤光片。观察者完全可以将这些滤光片并排安装在一张卡片上，并在具有良好眼距的目镜前手动交替使用它们。运用这样的手动技术可能和使用专门制造的滤镜轮一样有效，但需要一些练习和协调。观察者所在地区的大气条件能够导致月盘大部分地区的地形特征出现闪烁效应，一个显示真实色彩的区域会出现闪烁，而附近地区类似反照率的特征则不会出现。月球上有一些地形特征会自然地出现闪烁，其中包括弗拉卡斯托罗撞击坑的西南部分和柏拉图环形山西壁墙的一部分。

一种被称为"撞击坑消光装置"的特殊滤光轮或一种经过校准的可变密度滤光轮将使单个月球地形特征的亮度能够根据其特征消失的点来测量。通过实践，可以确定一个月球地形特征在月历间的明显亮度，以及目标附近的地形特征。使用这种设备，可以通过与附近地区其他地形特征的亮度进行比较，确定一个地形特征是否表现出真正的亮度异常。

8.2 带状月球撞击坑

　　大量的月球撞击坑在其内壁墙上显示出昏暗的反照率带，在撞击坑没有阴影时最为明显。带状现象不一定与任何明显的地形特征有关，它可能完全与撞击坑内壁的任何阶梯状结构无关。造成带状结构的原因有很多。在某些情况下，带状结构可能是由撞击坑内壁的小型滑坡所产生的松散深色岩层造成的。当然，一些条带似乎与撞击坑边缘明显的不规则现象有关。一些带状特征可能是熔岩流从撞击坑的边缘流向撞击坑的。有证据表明，某些被熔岩流包围的撞击坑，其撞击坑壁墙已被明显地打破。另外，带状结构可能反映了月壳成分的实际变化。例如，被撞击掘出且暴露出来的侵入性岩浆岩脉，可能会出现一条明显的暗线。在某些情况下，暗带可能是由月壳自身实际的深色和上覆的高反照率喷射物之间的对比造成的。这种喷射物可能来自源头撞击坑，也可能来自更远处的撞击地形特征。

　　最明显的带状撞击坑例子是阿里斯塔克，每当它的西侧内壁墙被照亮时，通过望远镜就可以清楚地看到其西侧内壁上的带状物。其他不少撞击坑也显示出类似的带状特征。根据 1955 年 3 月阿比内里（Abineri）和莱纳姆（Lenham）的说法，带状撞击坑共有五种基本外观。

第一类：阿里斯塔克

　　阿里斯塔克是这种带状撞击坑的最大例子。其他的撞击坑也同样非常明亮，但相当小，小而暗的底面被宽大明亮的壁墙包围着。这些带状通常看起来是从撞击坑的中心附近辐射出来的。明亮的射线系统或喷出堆积物围绕着不少这样的撞击坑。这是最广泛的带状撞击坑类型，例子包括：

艾里 B

阿尔巴塔尼 F

阿里斯塔克

阿里斯基尔

博蒙 R

毕奥 W

波得 φ

博古斯瓦夫斯基 C

波伦伯格 G

凯莱

塞福尔 A

希丘斯 B

傅立叶 E

弗拉卡斯托罗 N

乔·邦德

谷登堡 A

亨利兄弟 B

依西多禄 D

依西多禄 E

让桑

基斯 A

路德

梅森 S

拉比列维 F

罗斯

利玛窦 E

斯伯奇莱克 W

萨克罗博斯科 C

顺拜贝格 A

斯提博腊斯 G

斯特拉博

大塞翁

小塞翁

特纳 E

威廉 G

威尔金斯 A

第二类：科农

这些相当暗淡的撞击坑，有着大而深的底面和狭窄的壁墙，在内壁墙上可以看到非常短的带状物，但在底面上却无法辨别。尽管它们很短，但这些带状物看起来与撞击坑的中心呈辐射状。科农型带状撞击坑的例子包括：

亚当斯 B

布森戈 D

科农

居维叶 E

居维叶 B

西里勒斯 R

弗拉卡斯托罗 B

弗拉卡斯托罗 K

居里克 B

海丁格

亨利兄弟

开普勒

基歇尔 W

柯尼希

马里纳斯 A

门纳劳斯

诺埃格拉特 J

皮西亚斯

雷亨巴赫 C

特埃特图斯

梯摩恰里斯

威廉 A

威廉 B

第三类：梅西耶

一条宽阔的暗带穿过撞击坑的底面。这是一种罕见的带状撞击坑类型，例子包括：

卡文迪什 E

梅西耶

梅西耶 A

威廉 K

第四类：伯特

长而弯曲的暗带似乎是从一个昏暗的非中心区域辐射出来的。源头撞击坑的亮度和大小与第一类相似。伯特型带状撞击坑的例子包括：

阿本尼兹拉 B

伯特

克拉德尼

希丘斯 C

达尔内

戴维 A

格莱舍 W

赫拉克勒斯 D

马可·波罗

莫里

尼科莱特 W

奥佩尔特 E

托勒密 A

塞比特 A

第五类：西帕路斯 A

这种类型撞击坑的带状结构似乎是从在撞击坑底面黑暗部分的壁墙附近辐射出来的，并且在底面的暗部和亮部都可以看到。这是最罕见的带状撞击坑类型，目前只发现了两个：

贝采利乌斯 H

西帕路斯 A

8.3 月球的测量：计算撞击坑的深度和山的高度

测量月球撞击坑的深度和月球山脉的高度曾经是许多拥有大型天文望远镜和双光测微计的专业天文学家的追求，对于今天的业余月球观测者来说，这也是一种令人愉快和有意义的追求。由于在任何时候太阳在月球任何部位上方的高度已经相当准确地为人所知，因此观测者使用月球地形特征投下的影子的长度来确定它在投下影子的地形上方的垂直高度。

计算机软件，如哈利·杰米逊（Harry Jamieson）的 *Lunar Observer's Toolkit*，使观察者能够绕过许多曾经需要计算月球上垂直高度的数学问题。只需要在软件中输入几个关键的信息，包括观察者的确切地理位置和高度，观察的日期和世界时，投射阴影的确切月面坐标和阴影的测量长度。

阴影的测量可以通过视觉观察或通过分析 CCD 图像来获得。简单地靠视觉估计影子的长度与附近地形特征的关系，可以对地形特征的高度做出合理的估计。使用漂移法可以实现更精确的视觉观察，即允许被测量的影子漂移到高功率目镜的十字线上，并对它的通过行进时间计时。附近的一个已知大小的地形特征也被允许在目镜上漂移并计时，通过比较这两个计时，可以得出阴影长度很好的数值。使用带有精细刻度十字线的目镜，可以更准确地确定月影的长度。

计算地形特征高度

为了准确计算某一地形特征的高度，必须知道所观察到地形特征的月面坐标和太阳的月面余经度，以确定在地形特征之上的入射太阳光的角度。以下是根据测量阴影来计算地形特征高度的简化方法。

对位于北纬 10 度、西经 10 度的一座假想山峰所投下的影子进行观测，使用漂移法，估计它的影子在 2004 年 2 月 14 日世界时的 01：00 有 30 千米长。

太阳在世界时 01：00 的月面余经度 =187.4 度。

经计算，晚间晨昏线的月面经度位于西经 7.4 度。

在该地形特征的位置，即西经 10 度，太阳在地平线以上 2.6 度。

为了计算出该地形特征的高度，将太阳角高度的正切值乘以阴影长度。

$$\mathrm{Tan}\ 2.6° = 0.041 \tag{1}$$

$$0.041 \times 月影长度 = 0.041 \times 30.75 = 1.26（千米）\tag{2}$$

$$山的高度 = 1260（米）\tag{3}$$

当然，上述计算是通过三角法测量地形特征高度的最简单手段。

另一种确定高度的方法是对月球进行成像，并通过其在图像上的测量尺寸确定阴影的长度。这需要知道图像的确切比例，并且通常涉及将成像时的月球视角直径纳入方程式。重要的是，需要在方程中引入一个修正系数，以考虑到月球表面的曲率，因为一个地形特征在经度上离月盘的平均中心越远，给定长度的阴影就越短。质量好的数字图像是最好的工作依据，因为阴影通常比传统的照片更清晰，所需的曝光时间更短，图像漂移对图像清晰度的影响也不明显。确定地形特征高度是一个有用的教学过程，但除此之外，这种练习在今天没有什么科学用途。

第九章

月球观测的设备

9.1 ┃ 对细节的关注

　　无论月球观测者是拥有一个基本的架设在经纬仪上的小型反射镜，还是在一个坚固的计算机控制支架上的大型昂贵的复消色折射镜，到目前为止，属于任何月球观测者的最重要的光学设备是一副小而有力的双筒望远镜，即眼睛。仔细照顾这些珍贵的小仪器，将使它的主人在一生中都能欣赏到月球表面的美丽。

　　虽然月光通过目镜会显得非常明亮，但月光——即使是由真正的大望远镜收集和聚焦的大量月球光子——也不会对人的视力造成任何损害。插入目镜中的月球滤光片只是为了减少眩光和提高对比度，它们并不像太阳滤光片那样是为了防止眼睛受到伤害。

　　人眼是一个球形器官，直径约为 4 厘米。眼睛前面有一层透明的薄膜，即角膜；它将光线通过眼房水（一个充满透明液体的腔室），通过虹膜上的一个开口，即瞳孔，再通过它后面的透明晶状体。晶状体将光线聚焦到充满玻璃体液的腔室中，玻璃体液是一种透明的凝胶体，能使眼球保持形状，这样一个倒立的图像被投射到眼球背面的视网膜上。视网膜包含数以百万计的光敏细胞，即视杆和视锥，它们将光线转化为电脉冲，通过视神经中的100 多万个神经细胞直接发送到大脑的图像处理中心。大脑会自动将图像向右上方翻转并进行处理。

　　在视网膜最中心的是中央窝，这儿是视锥细胞最集中的地方，允许在视野的中心产生高细节的彩色视觉。有三种类型的视锥细胞，它们对红光、黄绿光和蓝光敏感，但在低光照度情况下，视锥细胞不会被触发。不过这并不影响月球观测者，因为月球望远镜图像中的光照度总是很高，足以让人看到详细的颜色。然而，在低光照度情况下，例如，当试图观察昏暗的星系时，只有位于中央窝周围、远离视场中心的视杆细胞被触发了才可以。为了获得一个微弱的深空物体的最佳视野，观察者必须在距离其实际位置约 15 度的地方观察，这种技巧被称为"侧视"（averted vision）。视杆细胞不能传送如此详细的图像，也不能区分不同的颜色，所以从视觉上看，大多数深空天体都是黑白的。

眼睛结构的一个方面确实在某种程度上影响了月球观测，那就是每只眼睛都有一个盲点，这是由于视网膜上视神经侵入的部分缺乏感光细胞造成的。盲点既位于左眼视野的左侧，也位于右眼视野的右侧。通过相当大的广角目镜观察月球地形特征时，有时会发现盲点的存在。例如，一个小撞击坑离被观察的地形特征有一段距离，它可以完全从视线中消失，而撞击坑周围的地形特征仍然可见；当然，这种效果只有通过"侧视"才能注意到，而当眼睛掠过受影响的区域时，这种效果就会立即消失。下面的实验证明了盲点可以导致完全目盲，它通常会让初次尝试的人感到震惊：用左手遮住左眼，用右眼慢慢扫描月球左边几度以外的区域，你最终能够找到一个月球完全消失在视线中的地方，所能看到的只是天空中一个空白点周围的光亮。盲点所覆盖的实际面积约为 6 度，是月球视直径的 10 倍。

许多人都患有飞蚊症，视线中出现微小的黑斑、半透明的蜘蛛网或各种形状、大小的云朵。在观看像月球这样的非常明亮的物体时，飞蚊症就会出现。"飞蚊"是死细胞的残余物在玻璃体中漂浮而投射到视网膜上的影子。每个人都会患飞蚊症，它们可能是令人讨厌的，因为它们会掩盖小的月球地形特征。大多数人都能忍受它们。玻璃体中的漂浮物数量随着年龄的增长而增加，如果对正常视力造成严重影响，可以进行激光眼科手术或玻璃体切割术治疗。

建议每年进行一次眼部检查，一些未被发现但可治疗的疾病可能会因此而暴露出来。吸烟有害于天体观察，更不用说吸烟者的一般健康。眼睛几乎使用了通过血管到达的所有氧气，而吸烟会使血液中的氧气含量减少，每天一包烟大约减少 10% 的氧气——香烟烟雾中的一氧化碳比氧气本身更容易附着在红细胞的血红蛋白上。观测时饮酒会减少从月球上看到的细节，这与饮酒量成正比，而且当观测者尽最大努力，眼睛不能靠近目镜时，观测者的效率会完全受到影响。酒精会使血管扩张，尽管它可能会使酒精消费者暂时感到温暖，但在寒冷的夜晚，身体的额外热量损失可能是危险的。因此，观测者应该避免饮酒，直到观测结束后，在室内安全地饮酒。对健康视力有益的食物包括各种水果和蔬菜，特别是深色的，如胡萝卜和西蓝花，它们是 β-胡萝卜素和许多类胡萝卜素的良好来源。这些元素有助于夜视，并帮助维持良好的视力。维生素 C 有助于保护眼睛免受紫外线辐射，作为一种抗氧化剂，它可以抑制细胞的自然氧化。维生素 E 可以抑制白内障和老年性黄斑变性（AMD）的发展，这种元素存在于小麦胚芽油、葵花籽及其榨成的油、榛子、杏仁、小麦胚芽、强化型谷物和花生酱中。最后，锌有助于维持健康的视网膜，并能在预防 AMD 方面发挥作用。锌存在于小麦胚芽、葵花籽、杏仁、豆腐、糙米、牛奶、牛肉和鸡肉中。如果血糖水平低，视力实际上会下降，所以在观察期间吃点零食既愉快又有益。

9.2 双筒望远镜

双筒望远镜在某种程度上被业余天文学家低估了，很少有人会认真考虑用它来定期观测月球。然而，双筒望远镜比望远镜有许多优势。它们通常要便宜得多，更容易携带（即使有支架），能提供广阔的视野，而且比望远镜更坚固，能够承受偶尔的撞击。

观剧镜（也被称为伽利略双筒望远镜）是最简单的双筒望远镜。在其最基本的形式中，它们由小型双凸物镜和双凹目镜组成，会呈现一个直立的图像。观剧镜的焦距很短，导致低的放大倍率和狭窄的视野。其不成熟的光学结构会产生虚假的颜色（色差），这一点在观看月球等明亮物体时变得很明显。观剧镜在不使用时通常可以折叠成一个很小的尺寸，重量轻，方便放在衣袋或手提包里随身携带。观剧镜能显示出月球是一个崎岖不平的星球，上面布满了撞击坑，被大片黑暗的熔岩平原所包围，其中一些被大的山脉包围。月球观测者会发现这些望远镜很有用，因为它们可以用来快速窥视月球，并辨别月球晨昏线沿线可能出现的地形特征，从而提前计划详细的望远镜观测任务。

为了辨别月球的细节，重要的是要尽可能稳定地拿着双筒望远镜，要么把它牢牢地靠在一个坚固的物体上（如车顶），要么最好是把它固定在三脚架或专用的双筒望远镜支架上。一个稳定的视野可以大大增加观测者的乐趣。那些被限制只能以手持方式观测的人可能一次仅能观测几分钟的天空，但那些能够稳定地拿着双筒望远镜的观测者可能会观测更长的一段时间。当月球被稳定地放置在视野中时，一副优质的双筒望远镜就能显示出大量的月球细节。

双筒望远镜的功率是由两个数字来确定的，这两个数字表示放大倍率和物镜的大小。7×30 的双筒望远镜的放大倍数为 7×，物镜为 30 毫米。中小型双筒望远镜（物镜直径为 25 毫米到 50 毫米）通常提供 7 到 15 倍的低倍率。由于月球是一个非常明亮的物体，而双筒望远镜又有如此低的放大率，所以通过 7×30 的双筒望远镜和 7×50 的双筒望远镜看到的月球细节的差异可能不会立即被注意到。

通过双筒望远镜观察到的真实视野（天空的实际面积）会随着放大倍数的增加而减少。我自己的 7×50 双筒望远镜（经济型品牌，但光学质量很好）提供了 7× 的倍率和一个宽约 7 度的真实视野，因此月球的半度直径占了视野直径的 1/14。通过 7× 双筒望远镜，月球的视直径约为 3.5 度；而通过 15× 双筒望远镜，月球的视直径则为 7.5 度。我的 15×70 型双筒望远镜的真实视场为 4.4 度，约为月球直径的 9 倍。配备广角目镜的双筒望远镜（通常是高端仪器）产生更大的实际视场，明显大于 60 度。由于其宽广的真实视野，双筒望远镜可以观察到月球周围的大片天空。通常情况下，月球的强光会淹没它附近所有的星星，但当月球处于新月期时，它未被照亮的一面在地球反照下发出蓝色的光，还有在明亮的恒星群和偶尔行星活动时，可以看到惊人的美丽景色。双筒望远镜可以用来观察较亮的月掩星。我建议用双筒望远镜观察月食，而不是用单一的望远镜目镜，因为用双眼观察可以增加观察者的乐趣，月球本影中的微妙色彩更加突出，而且用双眼观察时，月食的景象在星星的衬托下看上去几乎是三维的。

小型双筒望远镜将显示出所有的近地端月海（包括一些月海的细节，如靠近晨昏线的皱脊），还有所有月球的主要山脉和几百个撞击坑。月球天平动的影响是可以立即被注意到的，在有利的天平动中，有可能识别出靠近月球东北边缘的洪堡海和靠近西南边缘的东海。双筒望远镜能够从低倍率放大到高倍率，可以更仔细地观察月球表面。大型双筒望远镜（物镜为 60 毫米或更大）具有高倍率，可提供月球表面的详细视图。一架巨大的 25×100 双筒望远镜可以提供美妙的月球景观，尽管在经济型的望远镜中可能会看到大量的内部反射。任何超过 $10 \times$ 倍的双筒望远镜都必须有坚实的支撑，无论它们多么轻巧，因为高倍数的望远镜会加剧受观察者身体轻微运动的影响。但有一个例外，那就是稳像双筒望远镜。稳像双筒望远镜在 20 世纪 90 年代初首次推出，消除了用户身体的轻微晃动。乍一看，它们与相同孔径的普通双筒望远镜相似，但重量稍重，而且可以像普通双筒望远镜一样使用。只要按一下按钮，它们就能通过移动的光学元件提供清晰、无振动的视野（大多数需要电池）。稳像双筒望远镜通常提供相当高的放大率（高达 $18 \times$），光圈从 30 毫米到 50 毫米不等，很适合用来观看月球。

一些观看月球的人想通过使用带有变焦功能的双筒望远镜来寻求两全其美。一副典型的变焦双筒望远镜可以调整放大率，例如从 $15 \times$ 到 $100 \times$。从表面上看，这种仪器是一般月球观测的理想选择，但它也有缺点。当设置为低倍率时，变焦双筒望远镜的视场通常很小，可能小到 40 度，远远小于一副同等倍率的普通双筒望远镜视场。缩放涉及使用外部杠杆物理地改变目镜内镜片之间的距离。这并不是一项简单的操作，因为在改变放大率后，通常需要重新聚焦。最重要的是，任何变焦双筒望远镜的左右光学系统的对准都需要绝对精确，以便大脑能够从两个单独的高功率图像中产生一个合并的图像；这一点是大多数经济型变焦双筒望远镜所不具备的。即使一副双筒望远镜能够提供良好的高倍率月球图像，但地球自转使得月球在视野中的运动速度约为每2分钟移动直径的一倍。例如，在50×的放大倍数下，50度的视场相当于1度的真实视场，而月球将在2分钟内从视场的一个边缘移动到另一个边缘。这意味着，如果要对月球进行长时间的观察，就必须经常调整支架。

双筒望远镜中配备了许多光学元件，这是很明显的，因为它们有各种不同的形状和尺寸。通常情况下，一分钱一分货，但要从有信誉的光学经销商那里购买，现在的经济型光学仪器的质量通常是相当不错的。然而，当廉价的双筒望远镜与高端的双筒望远镜相比时，光学系统的质量、使用的光学材料和双筒望远镜的结构之间的差异是显而易见的。高端双筒望远镜的物镜、内部棱镜和目镜镜片都使用最好的光学玻璃，并按照严格的标准进行调整和校准。其光学表面通常有多重涂层，以尽量减少反射，而内部棱镜可以阻挡杂散光和内部反射，提供更好的对比度。

大多数双筒望远镜使用玻璃棱镜，在物镜和目镜之间折叠光线，它们产生右旋的图像，当然，这对于日常的地面使用是必不可少的。7×50双筒望远镜是理想的通用天文学双筒望远镜。它们提供了一个宽阔的视野，并具有足够低的放大率，使观察者能够在短时间内浏览天空而不需要使用双筒望远镜支架。这些双筒望远镜的出口瞳孔为7毫米。出瞳是指从目镜投射到眼睛里的光圈的直径，其大小可以由双筒望远镜的孔径除以其标度得出。由于适应黑暗的眼睛的平均尺寸为7毫米，因此对于深层次的黑暗天空的天文观测来说，出口瞳孔的最佳尺寸为7毫米。因为月球是一个非常明亮的物体，当观察月球时，观察者的瞳孔会收缩到一个较小的尺寸，不过这与大多数月球观测无关。

有两种基本类型的棱镜双筒望远镜——保罗式（Porro）和屋脊式（Roof）。直到几十年前，大多数双筒望远镜都是保罗棱镜。最常见的是，这些双筒望远镜为一个明显的 W 形，由棱镜的排列产生，将光线从相距甚远的物镜折叠到目镜上。美式保罗棱镜双筒望远镜设计得很坚固，棱镜安装在一个单一的模具箱内的架子上。德国保罗棱镜双筒望远镜的特点是将物镜外壳拧入包含棱镜的主体，其模块化的特点使其在受到撞击后更容易失去准直。近年来，出现了一种新的小型双筒望远镜样式，它采用倒置的保罗棱镜设计，因而具有 U 形外壳，使得物镜可能比目镜更贴合。今天生产的大多数小型双筒望远镜都是屋脊棱镜设计，因为它们体积小、重量轻而且受欢迎。屋脊棱镜双筒望远镜通常是一个独特的 H 形，看起来像两个并排的小望远镜。一个偶然的观察者可能会认为这表示一个没有任何中间棱镜的直通式光学结构。屋脊棱镜双筒望远镜折叠光线的方式决定了它提供的视图通常比保罗棱镜双筒望远镜提供的视图对比度要低。

9.3 ┃ 望远镜

任何通过双筒望远镜欣赏过月球的人都会有一种强烈的愿望，那就是通过天文望远镜观看高倍数的月球表面。没有什么可以和在观测条件良好的夜晚通过望远镜近距离观察月球相比较：当近距离观察时，月球的山脉、山谷、撞击坑和熔岩平原看起来比使用任何其他望远镜都更"真实"。

每个拥有望远镜的业余天文学家都会把望远镜转向月球，很少有人会对看到的景象感到失望。通过望远镜的目镜直接观察月球是无可替代的。如果让他们选择在视觉上欣赏月球还是在舒适的房间里观看 CCD 相机的实时图像，大多数业余月球观察者无疑会选择在野外用望远镜观察，让他们的视网膜直接接受来自月球表面的光子的轰击。很多由当地天文协会安排的公共星空聚会都特意安排在晚间天空有月亮出现的时候举行，这证明月亮确实是天空中最壮观的景象。人们可能会很难看到木星上的云带或火星上的暗斑，但月球上有很多容易观察到的细节，特别是沿着晨昏线，那里的大部分阴影是由地形特征产生的。

人们购买第一台望远镜的主要原因之一就是想看到月球上的细节——事实上，许多入门级仪器的广告中都有令人惊叹的月球表面图片，以此来渲染这一事实。然而，对于新手来说，选择合适的望远镜是一项艰巨的任务。可能一个好的低功率的深空观测望远镜对于观测月球和行星来说，未必是最好的。天文杂志上刊登的各种望远镜的广告令人惊叹。值得庆幸的是，如今这些望远镜（从中国进口的比例越来越高）的光学和制造质量对于一般

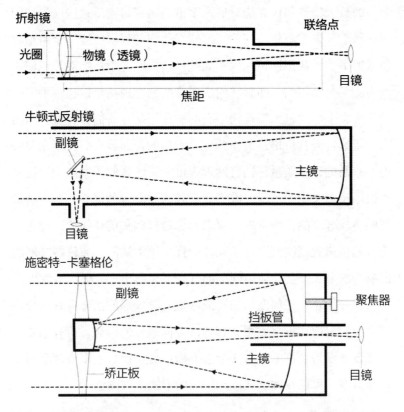

图 9.1 简洁的截面图显示了业余天文学家使用的 3 种主要类型的望远镜：折射望远镜、牛顿式反射镜和施密特 – 卡塞格伦望远镜的光路。折射镜具有固定的光学元件和封闭的系统，对维护的要求最低。牛顿式反射镜需要偶尔进行光学准直、清洁和镜面调整。施密特 – 卡塞格伦望远镜有一个封闭的光学系统，但它们的副镜有时需要准直，以保持光路完全对齐。

的天文观测和在中低功率下观测月球来说是足够的。无论望远镜的孔径或物理尺寸如何，在购买任何望远镜时，最重要的是要注意其光学质量。除了有信誉的望远镜经销商之外，不建议从任何其他渠道购买新的望远镜，我建议应该避免从耸人听闻的报纸广告、百货公司和普通电器商店购买。不幸的是，报纸上有大量清空望远镜和双筒望远镜库存的广告，往往夸张得很离谱，声称有奢侈的放大倍数和仪器能够展示宇宙的所有奇迹。这些广告试图用"科学"来蒙蔽新手，并试图掩盖他们的仪器可能完全由塑料制成的事实，甚至连镜片也是如此！这样的光学怪物对于任何一种观测都是无用的，而且它们所提供的糟糕视场足以让新手完全放弃天文学！通过大型购物中心的家庭用品零售商和百货公司出售的望远镜通常价格过高。此外，大型的普通零售商并不太关心他们商品的光学质量，销售助理很可能无法告知买家该望远镜是否适用于天文用途。检验零售商对其商品质量的信心，还有衡量其顾客友好度的最终标准是要求对你打算购买的任何望远镜进行检查和快速观测测试。光学元件的任何重大缺陷，或仪器外部的凹痕和缺陷，都会在店内明亮的灯光下显露出来并很快被发现。

迄今为止，任何专门销售或制造光学仪器的信誉良好的公司都会给到目前在价格、服务和建议方面最好的待遇。所有主要的天文设备零售商都会在天文杂志上做广告，而且大多数都会制作产品目录，可以在网上或以印刷品的形式供人浏览。

折射望远镜

只要想象一个典型的业余天文学家的望远镜，折射望远镜就会跳入脑海。折射望远镜在一个封闭的管子两端有一个物镜和一个目镜。光线被物镜收集并聚焦（光线被折射，因此被称为光学系统），而目镜则对聚焦的图像进行放大。人们经常提到望远镜的焦距，即镜头和焦点之间的距离，以镜头直径的倍数或毫米为单位表示。一个 100 毫米 f/10 镜头的焦距是 1000 毫米。一个 150 毫米 f/8 镜头的焦距是 1200 毫米。目镜也有焦距，但总是以毫米表示，而不是以焦距比表示，例如，没有 f/10 目镜这样的东西。

伽利略望远镜是折射望远镜最简单的形式，有一个物镜和一个目镜。由于光线在玻璃中折射后分成不同的颜色，它们会受到色差的影响，而由于光线没有聚焦到一个焦点，它们会产生球面像差。通过伽利略望远镜，月球被色彩鲜艳的光条纹包围，整个图像看起来被冲刷得很模糊。廉价的小型望远镜试图通过在望远镜管内放置大的挡板来减轻像差的最坏影响，防止光锥的外侧部分向下移动到目镜中。这种拙劣的伎俩只是让一个差的图像看起来不那么差，而且挡板的存在减小了仪器的孔径，以及对光线的把握和分辨能力。

优质的天文望远镜和单筒望远镜（Monoculars）虽然小，但不应与伽利略望远镜相混淆。寻星镜（Finderscope）是一种低功率的折射镜，它连接在大型望远镜上，并与之精确对齐，以便观察者能够定位天体。当瞄准器的十字线居中时，天体在主仪器中也能以较高的放大倍数看到。寻星镜有消色差物镜（通常为 20 毫米到 50 毫米），并有固定的目镜，可以调整焦点。直通式望远镜（Straight-through finderscopes）可以提供倒置的视野，所以不适合在地球上使用。单筒望远镜是小型的手持式望远镜，具有小型（通常为 20 毫米到 30 毫米）消色差物镜。单筒望远镜使用屋脊棱镜来提供低功率的正上方视图。它们可以放在外套口袋里，是粗略观察月球的好帮手。凭借其巨大的真实视场，可以看到月球附近的明亮恒星和行星。

任何尺寸的制作精良的望远镜都能提供令人愉悦的月球视场。那些声称孔径小于 75 毫米的望远镜对月球观测毫无用处的人，误解了大多数人观察月球的主要原因——他们纯粹是为了用眼睛沿着崎岖的月球晨昏线扫描，为美丽荒凉的月海平原而着迷，为我们姐妹星球的壮丽而震惊。每一种月球地形特征，从广袤的月海到一些错综复杂的狭长山脉，都可以通过 40 毫米的折射镜辨认出来。虽然小型望远镜无法揭示月球上的一些细节，但有足够的细节可以让新手着迷，以至于在很长一段时间内忙于学习关于观察月球的新方法。

在视野不佳的夜晚，当大气层闪闪发光，星星疯狂闪烁时，试图通过大型仪器观察高清晰度的月球可能是徒劳的，因为它可能呈现出一个闪闪发光的、沸腾的物质团，几乎不值得去看。在这些夜晚，小型远程望远镜有时会提供明显比大型望远镜更清晰、更稳定的图像，因为小型望远镜不能像大型望远镜那样分辨大气湍流。小型望远镜还有一些其他的优点：重量轻，非常便于携带，可以携带到观测点周围，以避开当地的天空障碍物，如树木和建筑物；一个小型的、相对便宜的望远镜是可以接受损耗的，因此，观察者实际上可能更倾向于经常地使用它，而不是使用"珍贵的"高端望远镜，一个便宜望远镜的外部结构或光学器件的意外损坏，并不像撞坏一个价值 10 倍的仪器那样令人心碎。

最便宜的小型望远镜，包括那些手持式、老式的黄铜"海军"望远镜，它们使用伸缩管来聚焦图像，并有一个固定的目镜，可以提供恒定的放大倍数。一些固定目镜的望远镜更复杂一些，允许目镜提供一些变化的放大倍数。如果望远镜的目镜可以互换，允许在低功率和高功率之间交替使用，它将是一种更通用的仪器。通常提供两个或三个目镜，也许还有一个称为巴洛透镜的放大目镜；这些通常是小的、塑料材质的目镜，镜筒直径为 0.965 英寸，它们可能是非常基本的光学设计，而且质量很差。这些目镜可能会提供质量很差的视场，视场非常窄，为 30 度甚至更小。

目镜不是配件，它们对望远镜的性能与物镜或镜子一样重要。因此，如果一个小型仪器的性能达不到预期，不要马上把它扔掉，用一些从光学零售商那里购买的质量更好的目镜来替换。最广泛使用的目镜的镜筒直径为 1.25 英寸，这些目镜可以被安装在一个 0.965 英寸的目镜管上，可以使用一个适配器或一个混合天顶镜（一个将图像倾斜 90 度的镜子）。普罗斯尔目镜的视场角约为 50 度，这种目镜设计有高质量的廉价版本。质量好的目镜可以把一个低成本望远镜变成一个中低等放大倍率的、表现出色的望远镜（关于目镜的更多信息见下文）。

优质的天文折射镜有一个消色差物镜，由两个不同类型玻璃的特殊形状的镜片组成，紧密地嵌在一起。这些透镜试图将所有波长的光折射到一个焦点上。消色差物镜并不能完全消除色差，但一般来说，在长焦距折射镜中，其影响不那么明显。许多廉价进口消色差折射镜的焦距为 f/8，短至 f/5，尽管它们确实显示出明显的色差，主要表现为月球和较亮行星周围的紫色边缘，但它们提供良好的分辨率和对比度。减少假色的一个省钱的方法是使用一个拧在目镜上的负紫色对比增强滤光片。另一个更昂贵的方法是使用特殊设计的镜片来减少色差，如康目色镜片（Chromacorr），该镜片可安装在目镜上，从而将一个廉价的消色差折射镜转换为一个接近高端消色差器性能的望远镜。

复消色差折射镜在其两到三片物镜中使用特殊玻璃，使光线达到清晰的焦点，提供几乎没有色差影响的图像。通过消色差仪拍摄的月球图像几乎完全没有失真，并且具有高对比度，可与通过高质量长焦距牛顿式反射镜拍摄的图像相媲美（见下文）。从孔径上看，一个复消色差折射镜的价格是廉价消色差折射镜的 10 倍以上。

折射望远镜几乎不需要维护。它们的物镜在出厂时就已经对准，并密封在一个单元中，开箱就可以立即使用。没有理由把物镜拧开并从它的单元中取出来。尽管由于天生的好奇心，许多业余天文学家都想这样做，只是想看看这个东西是如何组装的，但不建议这样做，因为通常情况下重新组装的镜头不会有很好的表现。随着时间的推移，镜头的外表面会积累相当多的灰尘和碎片，在清洁它们时必须非常小心。大多数镜片都有一层薄薄的抗辐射涂层，如果镜片清洁不当，就会破坏这层涂层。

在任何情况下，都不能用布大力擦拭镜头。灰尘颗粒应该用柔软的光学刷或气枪小心地清除，任何残留的污垢可以用光学镜头擦拭布轻轻地清除，每块布使用一次，一气呵成。镜头上的冷凝水应让其自然干燥，切勿擦掉。

反射望远镜

反射式望远镜是通过一个特殊形状的凹面主镜收集光线，并将其反射到一个清晰的焦点上。反射的光线不受色差的影响，但它们容易出现球面像差，在短焦距系统中更容易出现。最流行的反射式望远镜设计，即牛顿式望远镜，使用一个凹陷的主镜，装在镜筒底部的单元中，一个较小的平面副镜装在靠近镜筒顶部的"蜘蛛"上，它将光线从侧面经镜筒反射到目镜上。观察者看起来并不是直接"通过"望远镜，而是看向它的侧面，这一点似乎让许多外行人感到困惑。一个准直良好的长焦距（f/10 或更长）的牛顿式望远镜可以在高倍率下提供极好的月球细节视图。

卡塞格伦反射镜有一个带中心孔的主反射镜，主镜将光线反射到一个小的凸面副镜上，副镜将光线通过主镜上的孔反射到挡板管里，进入目镜。大多数卡塞格伦望远镜都是大型观测仪器，焦距从 f/15 到 f/25 不等，容易产生散光和弧度的光学畸变，非常适合在高倍率下进行月球研究。

反射镜比折射镜需要更多的维护和关注。振动或突然敲打镜筒会导致主镜在其单元中错位，或者副镜在其滑块中错位。错位的光学器件会产生质量很差的图像，包括暗淡、模糊和焦点附近的多个图像。一个全新的牛顿式镜很可能需要重新校准，以便尽可能精确地对齐光学元件。主镜的对准通常可以用手调整，使用镜格底部的三个蝶形螺母，但副镜通常需要一个小螺丝刀或万能钥匙。准直调整可能很费时，对新手来说有点棘手，但新的望远镜应该有详细的说明，而且有许多互联网资源可以详细解释这个过程。有一些产品可以实现良好的准直，包括激光准直器和一种叫作切希尔（Cheshire）目镜的装置。卡塞格伦镜比牛顿式镜更难准直。大多数反射镜在使用时并不密封，并且涂有一层薄如蝉翼的反射铝，主镜和副镜暴露在空气中，会逐渐变坏。特殊的涂层可以将镜子的寿命延长两到三倍。然而，随着时间的推移，所有的镜子都会积累一层灰尘和碎片，当晚上用手电筒照亮时，主镜会看起来很脏，令人不安。镜子上的碎屑会散射光线，随着镜子变得越来越脏，它的效果也会越来越差，产生的图像对比度也会下降。清洁镀铝镜的表面必须非常小心，因为坚硬的碎片刮过薄薄的镀铝表面会留下像冰上溜冰鞋的痕迹。松散的碎屑可以用吹风机或压缩空气罐吹走，镜子可以用吸水棉和镜片清洁液或镜片擦拭布清洁。擦拭必须非常轻柔地进行，每块清洁布只需划一下。

延长反射镜寿命的方法之一是在望远镜的孔径上拉伸一块光学透镜薄膜，以密封管子的顶部（牛顿式镜的底部通常是开放的，允许空气自由流通以获得更好的图像质量）。这种材料有大尺寸的，可以根据需要切割成合适的尺寸。为了获得最佳的图像质量，材料最好是紧绷的，没有褶皱。当材料本身变脏时，可以很容易地制作另一张。一个保护良好、保养得当的牛顿式镜可以持续使用十年以上才需要重新镀铝（realuminization）。

折反射望远镜

折反射望远镜使用反射镜和透镜的组合来收集和聚焦光线。有两种流行的折反射望远镜：施密特-卡塞格伦望远镜（SCT）和马克苏托夫-卡塞格伦望远镜（MCT）。前者越来越流行。光线通过一块大的校正器板进入望远镜管的顶部，校正器是一块平面玻璃，中间装有一个大的副镜。校正器板实际上是非球面形状，用于将光折射到内部主镜上，内部主镜将光反射到凸形次反射镜上，凸形次反射镜又将光反射回管中，并通过主镜中的中心孔进入目镜。SCT 中相对较大的副镜尺寸会产生一定程度的衍射，这会略微影响图像对比度。光学良好、准直良好的 SCT 将提供极好的月球视图。此外，由于它们独特的设计，许多有用的附件可以连接到"可视背"（目镜通常安装在望远镜的一部分）上，包括对月球观测者有用的滤镜轮、单反相机、数码相机、摄像机、网络摄像头和 CCD 相机。

MCT 使用一个球形主镜和一个位于管道前面的深弧形球形透镜（弯月面）。MCT 中的副镜是一个直接在弯月面内表面镀铝的小点。光线通过弯月面进入镜筒，折射到主镜上，并通过副镜和主镜上的一个中心孔折射到目镜中。尽管 MCT 表面上类似于 SCT，但 MCT 在月球和行星上的表现往往要好得多。MCT 具有长焦距和出色的球面像差校正功能，能够提供出色的分辨率和高对比度的月球表面视图。

望远镜分辨率

从地球上可以看到月球上如此多的细节，以至于有些人认为小到一间房子的地形特征都可以轻易辨认出来（我是根据经验说的）。如果我的望远镜能让我瞥见像吉萨金字塔一样大的月球特征，我会欣喜若狂，因为即使是通过最大的专业望远镜，这种分辨率也达到了所能达到的极限。望远镜的物镜或主镜越大，在月球上看到的细节就越多；然而，这最终受到观测条件质量的限制（见表 9.1）。在真正观测条件良好的夜晚，某个孔径（D，单位为毫米）的望远镜的分辨率（R，单位为角秒）可以使用公式 $R=115/D$ 来计算。

表 9.1　孔径、分辨率和放大极限

孔径（毫米）	分辨率（角秒）	最小的撞击坑（千米）	建议的放大极限
30	3.8	7.2	60
40	2.9	5.5	80
50	2.3	4.4	100
60	1.9	3.6	120
80	1.4	2.7	160
100	1.2	2.3	200
150	0.8	1.5	300
200	0.6	1.1	400
250	0.5	1	500
300	0.4	0.8	600

1 角秒的分辨率约相当于月球上平均视角直径为 31 角分的 1.9 千米。

观测条件

从地球表面，我们通过一层厚厚的大气层来观察太空。地球大气的 99% 都位于厚度仅为 31 千米的大气层。造成最多问题的是大气层底部的 15 千米。云是天文观测最明显的障碍，但即使是完全无云的天空，也无法进行望远镜观测。大气层中充满了不同大小（2—20 厘米）和不同密度的气室，光线在通过每个气室时都会有轻微的折射。当气室剧烈混合时，会产生最差的观察效果，使来自天体的光线看起来四处跳跃。观察到的湍流程度也随着被观测物体在地平线以上高度的变化而变化：指向低的望远镜所看到的空气比指向高的望远镜所看到的厚得多。观测者所处的环境对图像的好坏也起着重要的作用。一个望远镜被带到野外，需要一些时间来冷却。烟囱、房屋和工厂的屋顶会释放出热量，产生热空气柱，热空气与夜晚的冷空气混合，会使图像变形。

视宁度

在世界最好的观测点，视宁度分布从极好夜晚的 0.5 角秒到最差夜晚的 10 角秒不等。在能见度低的夜晚，用最低的功率观测月球几乎不值得，因为地球大气中的湍流会使月球表面出现滚动和闪烁，使任何细微的细节都无法辨别。对于我们大多数人来说，无论使用的望远镜大小如何，观测很少能让我们分辨出超过 1 角秒的月球细节；而在通常情况下，150 毫米的望远镜显示的细节与 300 毫米的望远镜一样多，后者的聚光面积是前者的 4 倍。只有在能见度真正良好的夜晚，才能体验到大型望远镜分辨能力的好处。不幸的是，对于大多数业余天文学家来说，这样的观测条件出现的频率太低了。

9.4 目 镜

　　一个望远镜可以有最完美的镜片或反射镜，但如果使用劣质的目镜，它就不能发挥其最佳性能。一个目镜的放大倍数可以通过望远镜物镜的焦距除以目镜的焦距来计算。物镜焦距为 1500 毫米的望远镜上使用的 20 毫米目镜将提供 75 倍（1500/20=75）的放大倍数。在焦距为 800 毫米的物镜上同样的目镜能提供 40 倍的放大率。

　　对于月球观测来说，最好至少有 3 个质量好的目镜，可以提供低、中、高三档放大倍数。一个低倍目镜是向朋友和家人介绍月球表面奇观的最佳选择。使用焦距为 1000 毫米的望远镜，焦距为 20 毫米、视场为 50 度的目镜将以 ×50 的放大倍数显示出月球两倍大小的实际视场。高倍目镜应该提供两倍于望远镜孔径（以毫米为单位）的放大倍数，例如，100 毫米折射镜的放大倍数为 200。只有在观测条件允许的情况下，才能进行高倍数月球观测。即使在中等观测条件下，也可以使用放大约 ×50（在小于 80 毫米的望远镜上）至 ×100（在较大的望远镜上）的中等倍数目镜来观察月球上令人满意的细节。

　　戴眼镜的人应该考虑他们可能想要购买的任何目镜的良视距。良视距是指为了舒适地看到整个视场，眼睛可距离目镜的最大距离。具有长良视距的目镜可以让佩戴者舒适地观察，而不必取下眼镜让眼睛靠近镜片。有些目镜的设计比其他目镜有更好的良视距。

　　有三种筒径的目镜被制造出来：0.965 英寸、1.25 英寸和 2

英寸。许多廉价的小型望远镜所配备的 0.965 英寸目镜通常是由塑料制成的，设计非常简单，光学质量也很差。现在好的 0.965 英寸目镜已经很难找到了，所以最好是升级到 1.25 英寸的目镜。大多数望远镜的聚焦器都是为容纳 1.25 英寸的目镜而制造的，其中一些还可以容纳 2 英寸的筒状目镜。2 英寸的筒状目镜可能是沉重的怪物，具有令人难以置信的大镜片。它们通常可以容纳非常宽广的、长焦距的光学系统，是深空观测的理想选择。

经济型望远镜通常配备惠更斯式、拉姆斯登式或凯尔纳式目镜，这些目镜的视场都非常有限——与其说是太空漫步，不如说是深海潜水。惠更斯、拉姆斯登和凯尔纳目镜不适合在高光照度下观测月球。

惠更斯式目镜是一种非常古老的设计，由两个平凸透镜组成，凸面都面向入射光线，而焦平面位于两个透镜之间。惠更斯镜的矫正效果不佳（来自透镜外侧区域的光线比来自中央部分的光线焦距短），但是每个镜头的像差都能有效地相互抵消。惠更斯镜的视场非常小，只有 30 度（甚至更小），而且只适合用于焦距为 f/10 或更大的望远镜使用。惠更斯镜的良视距很差。

拉姆斯登式目镜是另一种非常古老的设计。与惠更斯式一样，它们由两个平凸透镜组成，但两个凸面彼此相对（有时透镜可能被粘在一起以提供更好的校正），焦平面位于场镜（首先拦截光线的透镜）前面。拉姆斯登镜的视场比惠更斯镜要大，但容易产生较大的色差，在短焦距望远镜上表现较差，良视距也较差。

凯尔纳式目镜是三种基本设计中最新的一种。与拉姆斯登式类似，它们的目镜（最接近眼睛的透镜）由一个消色差双透镜组成。凯尔纳式比惠更斯式或拉姆斯登式能提供更好的对比度，视场约为 40 度，但在观看月球等明亮物体时，总会出现恼人的内部重影现象。与拉姆斯登式一样，凯尔纳式的焦平面正好位于场镜的前面，所以任何碰巧落在场镜上的微小灰尘颗粒都会被看作月球上的黑暗剪影。焦距超过15毫米的凯尔纳镜表现最好，而焦距较短的凯尔纳镜会在视场边缘产生模糊的效果，同时还有色差。凯尔纳镜有良好的良视距。

单心目镜（monocentric eyepiece）由粘接在双凸透镜两侧的弯月形透镜组成。尽管单心目镜的视场很窄，约为30度，但它们能提供出色的、清晰的、无色的、高对比度的月球图像，完全没有重像，而且它们可以与低焦距望远镜一起使用。

无畸变目镜（Orthoscopic eyepieces）由四部分组成：一个消色差双重目镜和一个胶合三重场镜片。它们产生一个平面的、无像差的视场，并提供非常好的高对比度月球视图。它们的视场从30度到50度不等，有良好的良视距。

尔弗利目镜（Erfle eyepieces）有多个透镜（通常是两个消色差双重透镜和一个单透镜一组，或三个消色差双重透镜），可提供70度的宽视场，具有良好的色彩校正。当与长焦距望远镜一起使用时，尔弗利的性能最好，最好的版本是25毫米焦距或更大。然而，视场边缘的清晰度往往会受到影响，而且在观看月球等明亮物体时，多个镜头会产生内部反射和恼人的重像。

时下最流行的目镜是普罗斯尔目镜，它的四片式设计能产生良好的色彩校正和50度左右的视场，直到视场边缘都很平坦和清晰。普罗斯尔目镜可用于焦距很短的望远镜。长焦距的标准普罗斯尔目镜有一个良好的良视距。标准设计的低焦距普罗斯尔目镜的良视距较差，因此在使用时可能会有点尴尬，无法看到月球的高倍率的视图，但也有良视距较大的版本。

现代人对优质广角目镜的需求导致了Meade UWAs、Celestron

Axioms、Vixen Lanthanum Superwides 和 Tele-Vue Radians、Panoptics 和 Naglers 等目镜设计的发展。这些目镜都能提供出色的校正图像，具有非常大的视场，而且都有良好的良视距。通过目镜观看月球表面是一件令人激动的事，因为目镜的视场为 60 度、70 度或 80 度或更大，而眼睛却不能一下子全部看进去。大视场可以完全吸引观测者，很容易让观测者感到和月球之间没有望远镜。凭借 80 度以上的视场，Naglers 成为一款很棒的目镜，与所有优质超宽视野目镜一样，它们的零售价格也很高。一套四个 Naglers 目镜的价格可能超过一个全新的 200 毫米 SCT。一些老式的长焦距 Naglers 目镜非常大和重，而且更换目镜需要重新平衡望远镜。

变焦目镜（zoom eyepiece）消除了更换不同焦距的目镜以改变放大倍数的必要性。包括 Tele-Vue 在内的许多知名公司都出售优质的变焦目镜。变焦目镜已经存在很多年了，但它们还没有

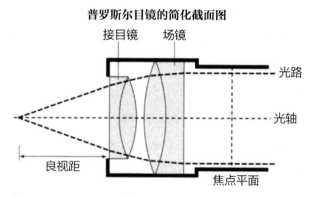

普罗斯尔目镜的简化截面图

图 9.2　普罗斯尔目镜是当今所有目镜设计中最常用的一种。它提供了一个相当均匀的聚焦视场，具有良好的对比度和很少的重影。在不同的焦距范围内，它们有相当宽的视场（通常为 50 度或更宽），这使得它们成为全面的优质目镜，可以在高倍率下对月球地形特征进行近距离观察，也可以在更宽的范围内观察整个月球。

在严肃的业余天文学家中得到广泛普及，也许是因为变焦被认为是与许多经济型双筒望远镜和望远镜相关的一种新奇的现象。优质的变焦目镜绝不是开玩笑的东西。它们通过调整一些镜片之间的距离来实现一系列的焦距。一个流行的优质 8 到 24 毫米焦距的变焦目镜，当设置在其最长的焦距 24 毫米时，视场很窄，只有 40 度，但随着焦距的减小，视场会扩大，在 8 毫米焦距时视场可达 60 度。一个好的变焦目镜可以取代许多普通目镜，而且成本很低。月球上的地形特征可以随意放大，但是每次使用变焦时，必须对望远镜进行重新聚焦。

9.5 ┃ 双眼观测者

　　双筒望远镜将来自望远镜物镜的光束分成两部分，再反射到两个相同的目镜中。大多数双筒望远镜需要一个长的光路，它们只适用于聚焦器能够被架设到足以使主焦点通过双筒望远镜曲折光学系统的仪器。双筒望远镜可能无法通过标准的牛顿式望远镜进行聚焦，最好的仪器是折射镜和折反射望远镜（SCT 和 MCT）。双筒望远镜被设计为两个相同的目镜一起使用（至少是两个相同焦距的目镜）。建议使用焦距为 25 毫米或更短的目镜，因为当焦距更长的目镜出现时，视场边缘的晕影会变得很明显。使用两个高级变焦目镜可以避免更换目镜来改变放大倍数。

　　用两只眼睛而不是一只眼睛近距离观察月球，有明显的优势。使用双眼更舒适，而且景色更赏心悦目。用两只眼睛看，一个二维的图像会呈现出近乎三维的外观。用双眼观看可以辨别更多的细节。

9.6 | 望远镜架台

重要的是望远镜必须安装在一个坚固的支架上，并且能够便捷地移动，以便在地球旋转时月球能保持在目镜中。最简单的安装方式是将望远镜插入一个大球中，这个大球可以在支架中自由平稳地旋转。一些小型反射望远镜就是以这种方式安装的，使用起来非常有趣。

经纬仪架台

经纬仪架台使望远镜可以上下（高度）和左右（方位）移动。小型无驱动台式经纬仪架台通常与小型折射望远镜一起用，但其结构质量可能很差。大多数问题是由高度轴和方位轴上不足的轴承引起的，它们可能太小，而且要达到适当的摩擦力可能很困难。过紧的轴承会导致用太多的力来克服摩擦，无法实现平稳的跟踪。较好的经纬仪架台型号提供了慢动作旋钮，使望远镜在移动时无须推动望远镜管。如果支架本身很轻而且不稳定，那么它很容易被轻微的风吹动，导致它无法在野外使用。将望远镜安装在一个高质量的相机三脚架上可能会更好。

多布森望远镜（Dobsonian）支架是一种梯形支架，几乎只用于短焦距的牛顿式反射镜。自从几十年前发明出来之后，它们已经变得非常流行，因为制造工艺简单，使用方便。多布森望远镜支架由一个带有方位轴承的接地盒和另一个容纳望远镜筒的箱子组成。高度轴承位于望远镜筒的平衡中心，它可以整齐地滑入接地盒的凹槽中。低摩擦材料，如聚乙烯、聚四氟乙烯、防火胶板和乌木被用于承重表面，使最大的多布森望远镜支架可以在指尖的触摸下移动。轻质结构材料，如中密度纤维板和胶合板，使多布森望远镜支架既坚固又便于携带。商业化生产的多布森望远镜包括从 100 毫米到半米口径的牛顿式望远镜。

将月球保持在安装在无驱动经纬仪或多布森架台上望远镜的视野中，放大倍数达到 ×50 并不是一件太难的事。放大倍数越高，月球在视野中的移动速度就越快，需要更频繁地进行小幅调整，以保持月球在视野中的中心位置。如果观察者想对月球地形特征进行观察写生，那么无驱动望远镜的极限是 ×100，再高的话，每次绘制完后都需要对仪器进行调整，这个过程很烦琐，会让观察者绘制的时间增加一倍。在 ×100 的情况下，一个在视野中心的月球地形特征将需要大约 30 秒的时间移动到视野的边缘。使用高倍率的无驱动望远镜还要求有一个在推动时不会过度摇晃的坚固支架，还要有对轻微接触做出反应并产生轻微反冲的光滑轴承——只有最好的经纬仪和多布森支架才有这种品质。

赤道仪架台

严肃的月球观测需要将望远镜安装在一个坚固的台子上，一个轴与地球的旋转轴平行，另一轴与之成直角。在没有驱动的赤道仪望远镜中，月球可以被置于视野的中心，并保持在那里，偶尔触摸一下镜筒或转动一个慢动作的控制旋钮，改变一个轴的指向，比起在经纬仪望远镜的两个轴上调整望远镜以保持有一个天体出现在视野中要容易得多。一个正确对齐、平衡良好的赤道仪架台可以让观测者有更多的时间欣赏月球，而不必担心它很快就会飘出视野。赤道时钟驱动器以"恒星"速率运行，使位于视场中心的天体在较长的时间内保持在那里，这取决于赤道极轴的排列方式、驱动器速率的准确性以及天体的视运动。像近距离的小行星、彗星和月球这样的天体，在一个晚上的观测过程中，会在背景星空中出现移动。月球本身每小时在天球上向东移动大约等于自己直径的距离。一个以恒星速度驱动的望远镜，适用于一般的天文观测，而不能以高精度保持月球的中心位置，因此需要偶尔调整。一些时钟驱动器配备了一个按钮，可以将跟踪由恒星速度改为月球速度，而一台精确设置的高端计算机化望远镜将使数据库中的任何物体在其视野中保持数小时。

安装在铝制三脚架上的德国赤道仪最常用于中型到大型折射望远镜和反射望远镜。安装在德国赤道仪上的望远镜可以转向天空的任何部分，包括天极。施密特－卡塞格伦望远镜通常被固定在一个重型叉形轴架上。望远镜被悬挂在赤经轴之间，底座倾斜指向天极。当它们的视觉背板连接有特别大的附件时，例如CCD相机，这些仪器有时无法观察到天极周围的小区域，因为望远镜不能在叉形轴架和支架底座之间完全摆动。这对月球观测者来说是没有问题的，因为月球从来没有接近过天极！

许多业余爱好者选择把他们的支架和望远镜放在棚子里，只要有一个晴朗的夜晚就把它安装起来。安装需要一些时间，通常分几个阶段进行。架台的赤经轴必须至少与天体的北极大致对齐，以便进行任何程度的精确跟踪。三脚架在倾斜的地面上很难调整，而且在黑暗中绕着仪器走动时，三角架的腿不仅会对导航造成一些危害，而且坐着的观测者总是会不时地撞到脚架上，导致图像产生振动。为了免除每次观测时设置和调整极坐标的费时工作，一些业余爱好者建造了一个永久性镶嵌在混凝土中的墩子，他们的德国赤道仪可以在上面固定和校准，或者他们的整个 SCT 和底座可以快速、安全地固定在上面。

计算机架台

计算机正在以多种方式对业余天文学进行革新，其中最明显的是计算机控制的望远镜越来越多。这些望远镜种类繁多：安装在计算机驱动的经纬仪支架上的小型折射望远镜，安装在计算机控制的叉架上的大型 SCT，以及德国式赤道仪。一些标准的、无驱动的赤道仪架台可以升级，以接受标准的时钟驱动或电脑驱动。当输入观测的细节和准确的时间后，只需触摸键盘上的几个按钮，计算机望远镜可以自动回转到地平线以上任何天体的位置。较小的计算机化的望远镜往往具有相当薄弱的底座，在保持良好的指向和跟踪精度的同时，无法承受比望远镜本身更大的重量，虽然它们可以用于目视月球观测，但它们可能无法承受像数码相机或双筒望远镜这样的重型附件。例如，由米德（Meade）和星特朗（Celestron）生产的较大的 SCT 品种的计算机望远镜，其结构足以容纳沉重的附件。一个计算机化的望远镜可以自动回转到月球的位置，并在触摸一个按钮时准确跟踪它，基本的月球信息可以显示在键盘的视屏上。不足为奇的是，许多使用传统赤道仪的月球观测者可能不会认为这些小优势足以说服他们进行升级。人们经常争论说，计算机化的望远镜支架正在导致实用天文学的简单化，因为能够方便地定位天体，业余爱好者就不需要学习他自己在天空中的方式，也不需要牵星（star-hop）来寻找更暗淡的深空天体。这样的争论无疑将持续很长一段时间。

的例子。

Highlands 高原地区

月球上的重度撞击区域，通常比月海平面高。它们看起来比月海平面要亮得多。

Impact crater 撞击坑

月壳上的坑，由固体物块高速撞击月球而形成的，造成机械性挖掘的坑（流星体撞击）或大型爆炸性挖掘的坑（小行星撞击）。

Lacus 月湖

一种小而光滑的平原。

Lava 熔岩

由火山挤压到月表的熔化的岩石。

Limb 边缘

月球的最边缘。

Lithosphere 岩石圈

月球的固体地壳。

Lunar 月球的

与月亮有关的内容（来自古罗马的月亮女神露娜）。

Lunar eclipse 月食

月球穿过地球阴影的阶段。月食可以分为半影月食、月偏食或月全食，当太阳、地球和月亮几乎完全成一条线时，月食发生在满月。

Lunar geology 月球地质学

研究月球岩石和月面雕琢的过程的学科。有时被称为"月球学"。

Lunation 太阴月

月亮完成一个周期相位的时间，从新月到新月，平均为29天12小时44分。这就是月球的朔望月。月亮是按顺序编号的，从1923年1月16日开始的太阴月1开始。太阴月1000从2003年10月25日开始。

Mare (Maria) 月海

一个大的、黑暗的月球平原。月球上的许多大型多孔盆地中都有月海，总共占整个月球表面积的17%。

Massif 群山

一种大的山地高地，通常是一群山。

Mons (Montes) 山脉

月球山脉的总称。

New Moon 新月

月球的一个月相，在此期间，所有的近地端都是不发光的。从太空上看，月球直接位于地球和太阳之间。

Occultation 掩星

恒星或行星在月球边缘后面消失或重新出现。

Palus 月沼

一种小的月球平原。

Perigee 近地点

月球轨道上最接近地球的点。在近地点月球离地球的距离可以达到356,400千米。

Promontorium 岬

凸显在月海中的山形岬角。

Ray 射线

从许多较新的月球撞击坑中放射出的明亮的平面浮雕状地形特征。作为撞击坑喷出物系统的一部分，明亮的射线物质也会搅动月球表面，从而露出下面的浅色物质。

Regolith 风化层

月球表面的上层，是由长年累月的无情撞击侵蚀而产生的压缩尘埃和岩石碎片的混合物。

Rift valley 大裂谷

由月壳张力、断层和中层月壳块的水平滑移引起的地堑型地形特征。

Rille 月溪

一种狭窄的山谷。一些月溪是线性的或弓状的，是由月壳张力或断层引起的。其他则是弯曲的，据说是由快速移动的熔岩流造成的。

Rima (Rimae) 裂缝

即月溪。

Rupes 峭壁

由月壳张力、断层和两个月壳块之间的相对水平运动产生的悬崖。

附

录

专业术语释义

Albedo 反照率

一个物体反射率的测量指标。一个纯白反射表面的反照率为 1.0（100%）。一个漆黑的、无反射的表面的反照率为 0.0。月球是一个相当黑暗的物体，综合反照率为 0.07（反射 7% 的太阳光）。月海的反照率范围在 0.05 至 0.08。较亮的高原地区反照率范围为 0.09 至 0.15。

Anorthosite 斜长岩

富含矿物长石的岩石，构成了月球大部分明亮的高地区域。

Aperture 孔径

望远镜的物镜或主镜的直径。

Apogee 远地点

月球轨道上离地球最远的地方。在远地点，月球与地球的最大距离为 406,700 千米。

Apollo 阿波罗

美国的载人月球计划。在 1969 年 7 月至 1972 年 12 月期间，6 次阿波罗任务共有 12 名宇航员在月球上登陆，探索了月球表面。

Asteroid 小行星

一种小型行星，围绕太阳运行的大型固体岩石体。

Banded crater 带状撞击坑

一种撞击坑，其内壁或底面显示出昏暗的线状痕迹。

Basalt 玄武岩

一种深色、细粒的火山岩，含硅量低，黏度低。玄武岩物质填充了月球的许多主要盆地，特别是在近地端。

Basin 盆地

一种非常大的圆形撞击结构（通常由多个同心环组成），通常显示出某种程度的熔岩流动。月球上最大和最显眼的熔岩覆盖盆地位于近地端，大多数都是由月海玄武岩填充到外缘。远地端的盆地一般较小，熔岩流动极少，主要在其中心。

Breccia 角砾岩

由各种碎片组成的复合岩，是高能量撞击的结果。

Caldera 破火山口

由沉降或爆炸引起的火山顶上的一种相当大的凹陷。

Capture hypothesis 俘获说

一种关于月球起源的理论，认为月球最初是作为一颗行星在围绕太阳的独立轨道上形成的，但后来被地球的引力俘获。

Catena (Catenae) 坑链

一连串的撞击坑。

Central peak 中央山峰

在撞击坑中心发现的高点，通常由撞击后月壳的弹性反弹形成。

Cleft 裂缝

一种小型月溪。

Co-accretion hypothesis 同源说

一种假设月球由围绕地球轨道的碎片云形成的理论。也被称为"姐妹行星"理论。

Collision hypothesis 撞击说

一种关于月球形成的理论，似乎比任何其他理论更能解释月球及其轨道的特异性。该理论认为，月球是由火星大小的撞击体闪电般地撞击地球后炸出的一团物质形成的。俗称"大撞击"理论。

Colongitude 余经度

日出晨昏线的日晷经度。为了计划或研究月球观测，可以查阅星历中的余经度表。

Crater 撞击坑

一种圆形的地形特征，通常在其周围环境下呈凹陷状，由一个圆形（或接近圆形）

364 | 观测月球

的壁墙所包围。几乎所有月球上可见的大撞击坑都是由小行星撞击形成的，但也有一些较小的撞击坑是内源性的，由火山引起的。

Crescent Moon 眉月

新月和半月之间的月相，这时地球转动到月球半球不到一半光亮的位置。

Cryptomaria 隐月海

一个古老的月海被随后形成的盆地撞击所产生的厚厚喷出物覆盖和掩盖。

Dark halo crater (DHC) 暗色环形撞击坑

一个撞击坑被一圈深色物质包围。在某些情况下，这种物质是由撞击坑抛出的坑灰。其他暗色环形撞击坑是由撞击产生的，是从月球表面下挖掘较深的物质。

Dark side 黑暗面

没有阳光直射的月球半球。

Dichotomy 半月

一半的月相（上弦月或下弦月）。

Dome 穹隆

一种低矮的、圆形的、边角较浅的高地。大多数是由火山活动形成的，但有些也被认为是由于月壳下的压力而产生的。

Earthshine 地球反照

月球未被照亮的部分发出微弱的蓝色光芒，当月球是一个狭窄的新月时，肉眼就可以看到。它是由地球反射到月球上的太阳光引起的。

Eclipse 食

当月球直接穿过太阳之前并将影子投射到地球上（日食）或月球穿过地球的影子（月食）时引起的现象。

Ecliptic 黄道

太阳在一年中对天球的视路径。黄道与天体赤道的倾斜度为 23.5 度。主要行星的路径接近黄道，月球的路径与黄道倾斜约 5 度。

Ejecta 喷出物

从流星体或小行星撞击现场抛出的物质，落在周围的地形上。大型撞击产生的喷出物由熔化的岩石和较大的固体碎片组成，在某些情况下会产生明亮的射线系统。喷出物覆盖层的亮度会随着时间的推移逐渐减弱。

Elongation 距角

从地球上看，月球或行星与太阳的距离，在太阳以东或以西的 0 度和 180 度测量。例如，上弦月向东延伸了 90 度。

Endogenic 内源的

具有内部起源的。月球火山和断层是内源性的。

Ephemeris 星历表

一张数字或图表表格，按日期顺序列出有关天体的信息。例如，月球的上升和下降时间，太阳的月面余经度等。

Evection 出差

在太阳的引力作用下，月球围绕地球的轨道出现了规律性的偏差。

Exogenic 外源的

具有外部来源的。大多月球撞击坑是外源性的。

Far side 远地端

月球上一直远离地球的那一半。远地端与东经 90 度和西经 90 度之间的所有地面特征有关，但天平动使地面观测者能够随着时间的推移瞥见月球表面的大约 59%。

Fault 断层

月壳中由张力压缩或侧向运动引起的裂缝。

First Quarter 上弦月

新月和满月之间的月相，发生在月历 1/4 时。

Fission hypothesis 分裂说

一个古老的、现已被放弃的理论，试图将月球的起源解释为从快速旋转的地球上旋转下来的一大块物质。

Full Moon 满月

当月盘完全被太阳照亮时的月相。从太空上看，太阳、地球和月球成一条线。

Gibbous 凸月

月亮在上下弦月和满月之间的月相。

Graben 地堑

由月壳张力形成的山谷，以两条平行断层为界。在几个月海的边缘可以观察到这样

Satellite 卫星

围绕一个较大天体的轨道运动的物体。月球是地球唯一的天然卫星。

Secondary crarering 次级撞击坑

由大型撞击抛出的大块固体碎片撞击产生的坑洞。次级撞击坑常常以明显的链状出现，其中成堆的物质同时被撞击掘出。

Seeing 视宁度

衡量通过望远镜目镜看到的图像质量和稳定程度。视宁度受到大气湍流的影响，特别受热效应的影响。

Selene 塞琳娜

古希腊的月亮女神。

Selenology 月球学

研究月岩的历史和其表面形成过程的学科。源于古希腊月神塞琳娜。

Sinus 湾

沿着月海边缘的一种压痕。

Synodic month 朔望月

月亮完成从新月到新月的整个阶段所需的时间。

Terminator 晨昏线

分隔月球被照亮和未被照亮半球的线。从新月到满月，我们观察到的是早晨的晨昏线。从满月到新月，我们看到的是晚间的晨昏线。晨昏线以每小时 0.5 度月球经度的速度爬过表面。

Transient Lunar Phenomena (TLP) 月球瞬变现象

罕见的、短暂的、反常的彩色光芒、局部表面细节闪动或模糊化，其原因不甚明了。也被称为月球瞬态现象（LTP）。

Vallis 月谷

月壳中的一种大沟状凹陷。

Volcano 火山

由熔融的熔岩和火山灰的喷发而逐渐形成的高大特征。月球火山通常较低，坡度较浅，顶部有微小的山顶火山口（喷口）。月球上的火山活动在 20 多亿年前就停止了。

Waning Moon 残月

一种月相。从满月到新月的这段时间，地球面向月球的半球被照亮的时间逐渐减少，月面日渐亏损。

Wrinkle ridge (Dorsum / Dorsa) 皱脊

低海拔的线性或蜿蜒的地形特征，横跨了许多泥盆地平原。一些是熔岩流的前沿，其他的则是由于月海表面收缩而压缩形成的特征，还有一些是顺着诸如撞击坑或内盆地环等特征的埋藏轮廓。

Waxing Moon 盈凸月

一种月相。从新月到满月的这段时间，地球面向月球的半球被照亮时间逐渐增加，月面趋于饱满。

参考资料

社会组织

大众天文学协会（SPA）

网站：http://www.popastro.com

地址：The Secretary, 36 Fairway, Keyworth, Nottingham, NG12 5DU, United Kingdom.

电子邮件：membership@popastro.com

SPA 成立于 1953 年，是英国最大的天文学会。它的目标是面向所有水平的业余天文学家。出版物包括季刊《大众天文学》（*Popular Astronomy*）和每年 6 期的新闻通告。SPA 每季度在伦敦举行会议，并在图索德（Tussaud）伦敦天文馆举办免费表演。会员可以享受一系列特殊的会员折扣和 SPA 图书计划，可使用在线设施。SPA 有各种观测分会，其中包括一个活跃的月球分会（自 1984 年起由本书作者指导），有自己的杂志《月球》（*Luna*）。

英国天文学协会（BAA）

网站：http://www.britastro.org

地址：The Assistant Secretary, The British Astronomical Association, Burlington House, Piccadilly, London, W1J 0DU, United Kingdom.

一个以英国为基地的天文学协会，目标是具有高级知识和专业水平的业余爱好者。BAA 月球部有一个活跃的月球地形分部，由科林·埃布登（Colin Ebdon）领导，并有自己的优秀期刊《新月》（*The New Moon*），上面会介绍会员的观察结果。

皇家天文学会（RAS）

网站：http://www.ras.org.uk

地址：Royal Astronomical Society, Burlington House, Piccadilly, London, W1J 0BQ, United Kingdom.

RAS 成立于 1820 年，是英国天文学和天体物理学、地球物理学、太阳和日地物理学、行星科学的主要专业机构。它的双月刊《天文学和地球物理学》（*Astronomy and Geophysics*）不定期刊登有关月球的信息文章。RAS 的会员资格也向非专业人士开放。

国际月球和行星观测者协会（ALPO）

网站：http://www.lpl.arizona.edu/alpo

ALPO 月球部网站：http://www.lpl.arizona.edu/~rhill/alpo/lunar.html

这个大型协会设在美国，有一个由比尔·德姆博夫斯基（Bill Dembowsky）管理的月球地形测量分部。它的通讯杂志《月球观察家》（*The Lunar Observer*）是一份优秀的出版物，会刊登会员的观测图。此外，ALPO 月球部有许多协调员，专门负责穹隆研究和瞬变现象等领域。

美国月球协会（ALS）

网站：http://otterdad.dynip.com/als

ALS 位于美国，是一个致力于通过观察和关注当前学术研究来研究月球的团体。ALS 还培训特定年龄的青少年。ALS 有一个很好的季刊《月球学》（*Selenology*），刊登与月球有关的文章和观察结果。

意大利天体联盟（UAI）

网站：http://www.uai.it/sez_lun/english.html

UAI 总部设在意大利，有一个活跃的月球观测部门，其网站设有内容丰富的英文版本。UAI 的项目包括月球地形测量和瞬变现象研究（包括月球撞击）。

互联网资源

Apollo Image Atlas

网站：http://www.lpi.usra.edu/research/apollo/

一份从轨道上看月球阿波罗图像极出色的合集，可充分搜索的数据库。

Chuck Taylor's Lunar Observing Group on Yahoo

网站：http://groups.yahoo.com/group/lunar-observing/

一个网络上的活跃社区，里面会讨论所有的月球事物。

Chuck Wood's Moon

网站：http://cwm.lpod.org/

关于月球的科学和历史汇编，内容由世界上最重要的月球权威专家之一的查尔斯·伍德（Charles Wood）编撰。伍德是《天空与望远镜》（*Sky and Telescope*）杂志的专栏作家，也是《现代月球》（*The Modern Moon*）和《月球 100 榜》（*Lunar 100*）的作者。

Consolidated Lunar Atlas

网站：http://www.lpi.usra.edu/research/cla/

一组前阿波罗登月计划的摄影图片，涵盖了月球近地端的各种光照和天平动，是通过地球上的大型望远镜拍摄的。

Digital Lunar Orbiter Photographic Atlas of the Moon

网站：http://www.lpi.usra.edu/research/lunar_orbiter/

从 20 世纪 60 年代美国月球轨道探测器返回的全部图像集，每张图像附有有用的标记线图。

Geologic Lunar Research Group

网站：http://glrgroup.org/

这是由拉斐尔·莉娜（Raffaello Lena）和皮尔乔瓦尼·萨林贝尼（Piergiovanni Salimbeni）于 1997 年建立的意大利优秀资源库（有不错的英文文本），供对月球地质学和月球瞬变现象研究感兴趣的观测者使用。

Lunar and Planetary Institute(LPI)

网站：http://www.lpi.usra.edu/

位于得克萨斯州的休斯敦，是学术界参与研究太阳系现状、演变和形成的中心。它拥有大量月球和行星数据收藏，图像处理设施，内容丰富的图书馆，教育和公共推广计划，还有一些相关资源和产品。LPI 还提供出版服务以及供讲习班和会议用的场所。

Lunarobservers.com

网站：www.lunarobservers.com

彼得·格雷戈的网站，里面有很多关于月球和如何观测月球的信息，并且经常开设关于月球（包括月食等特殊事件）和较亮行星的网络直播。

Lunar Photo of the day

网站：http://www.lpod.org/

查尔斯·伍德设立的每日关于月球的视觉刺激网站，里面也有一些培训，它每天提供一张新的月球图片，并附有详细的解释。

NASA Lunar Exploration

网站：http://nssdc.gsfc.nasa.gov/planetary/lunar/apollo_25th.html

里面有美国国家航空航天局所有月球探测任务的描述，其中包括机器人和载人的探测任务。

计算机程序

Lunar Map Pro

开发商：RITI

网站：http://www.riti.com

电子月球地图，能够放大到很高的放大倍数，有两种模式：详细的阴影地图和精确的矢量图形渲染。最新版本包括 3D 地形建模。

Lunar Observer's ToolKit

开发商：H. Jamieson

网站：http://home.bresnan.net/~h.jamieson/

这个流行的程序旨在帮助月球观测者规划和记录，内有一套全面而便捷的工具。

Lunar Phase Pro

开发商：NovaSoft Ltd

网站：http://www.nightskyobserver.com

一个完整的 Windows 月球工具，具有十分广泛的功能。它的特点是有交互式的月球地图集。

Virtual Moon Atlas

开发商：Patrick Chevalley and Christian Legrand

网站：http://www.astrosurf.com/avl/UK_index.html

这个免费软件包是拥有计算机并希望去计划或研究观测月球的人士必备的软件。它功能丰富，包括了整个月球的地图（可与摄影地图切换）和月球地质图。

参考书目

A Portfolio of Lunar Drawings

Harold Hill

Cambridge University Press, 1991. 240 pp.

世界上最有成就的业余月球观测者对各种月球特征所做的精湛观察。

Epic Moon

William P. Sheehan, Thomas A Dobbins

Willmann-Bell, 2001. 363 pp.

用望远镜进行月球探测的历史。

Exploring the Moon Through Binoculars and Small Telescopes

Ernest H. Cherrington Jr.

Dover, 1984. 229 pp.

一本按照太阴历来描写的关于月球和可见地形特征的指南。

Full Moon

主编：Michael Light，Andrew Chaikin

Jonathan Cape, 1999. 243 pp.

艺术家和摄影师迈克尔·莱特（Michael Light）利用美国宇航局的原始摄影档案，以图像的形式组建了一场典型的月球旅行，包含从起飞到着陆的过程。里面有许多华丽的月球表面图片。

Patrick Moore on the Moon

Patrick Moore

Cassell, 2001. 240 pp.

这是一本写得很好、很有娱乐性也不晦涩的关于月球各方面的指南。

Mapping and Naming the Moon

Ewen A. Whittaker

Cambridge University Press, 1999. 242 pp.

月球制图和命名法的历史，由世界范围内这个领域最重要的权威专家撰写。

Moon Observer's Guide

Peter Grego

Philips(UK), Firefly(US), 2004. 192 pp.

本书包含一套完整的观测月球指南，该指南基于定期的每日进度，还有地图部分说明的插图。

Moonwatch

Peter Grego

Philips(UK), Firefly(US), 2004.

丛书套装包括《月球观测指南》，内有飞利浦的月球地图和一张月相画。

Observing the Moon

Peter T. Wlasuk

Springer, 2000. 181 pp.

这是一本关于月球观测技术的可靠指南，里面有一些了不起的观察结果和图像。随书附有光盘。

The Geology of Multi-Ring Impact Basins

Paul D. Spudis

Cambridge University Press, 1993. 263 pp.

一位行星地质学家解释了大型月球盆地是如何形成的。

The Modern Moon

Charles Wood

Sky Publishing, 2004. 228 pp.

伍德的可信性和清楚的文字解释了历代雕琢月球的各种力量。这本书既借鉴了传统望远镜观察月球的方法，也借鉴了阿波罗、克莱芒蒂娜和探月者任务的现代探索。

Atlas of the Lunar Terminator

John E. Westfall

Cambridge University Press, 2000. 292 pp.

内有一系列业余的 CCD 图像，展示了一个月中月球边缘附近的地形特征。其中一些图像经过了过度处理，对比度太高了，无法看到精细的色调细节，但这仍是一本有用的参考书。

Atlas of the Moon

Antonin Rükl

Sky Publishing, 2004. 224 pp.

这是一本非常清晰、详细的月球图集，共分为 76 个部分，展示了通过 100 毫米孔径望远镜可见的大多数物体。

Philip's Moon Map

John Murray

George Philip Ltd, 2004.

月球的近地端被清楚地画了出来，并标明了 500 多个地形特征的索引。其中由彼得·格雷戈作文字描述。

Photographic Atlas of the Moon

S. M. Chong, Albert C. H. Lim, P. S. Ang.

Cambridge University Press, 2002. 145 pp.

对整个月球的逐日摄影报道。

The Hatfield Photographic Lunar Atlas

Henry Hatfield.

Springer, 1998. 130 pp.

一套在 1965 年和 1967 年之间拍摄的月球特写照片，显示了不同角度照明下的区域。这是一本非常有用的参考书，尽管现代 CCD 图像显示的细节要多得多。

月球特征译名对照表

Abenezra 阿本尼兹拉

Abenezra C 阿本尼兹拉 C

Abulfeda 阿布·菲达

Abulfeda E 阿布·菲达 E

Aestatis, Lacus 夏湖

Aestuum, Sinus 浪湾

Agarum, Promontorium 阿格鲁姆岬

Agassiz, Promontorium 阿加西岬

Agatharchides 阿伽撒尔基德斯

Agricola, Montes 阿格里科拉山脉

Agrippa 阿格里帕

Airy 艾里

Albategnius 阿尔巴塔尼

Albategnius B 阿尔巴塔尼 B

Albategnius KA 阿尔巴塔尼 KA

Albategnius Alpha 阿尔巴塔尼 α

Aldrin 奥尔德林

Aliacensis 阿里辛西斯

Almanon 阿尔马农

Al-Marrakushi 阿尔马拉古什

Alpes Montes 阿尔卑斯山脉

Alpes Vallis 阿尔卑斯谷

Alpetragius 阿尔佩特拉吉斯

Alphonsus 阿方索

Alphonsus Alpha 阿方索 α

Alphonsus, Rimae 阿方索月溪

Altai, Rupes 阿尔泰峭壁

Ammonius 阿摩尼奥斯

Amoris Sinus 爱湾

Ampère, Mons 安培山

Amundsen 阿蒙森

Anaxagoras 阿那克萨哥拉

Anaximander 阿那克西曼德

Anaximander B 阿那克西曼德 B

Anaximander D 阿那克西曼德 D

Anguis, Mare 蛇海

Apenninus, Montes 亚平宁山脉

Apianus 阿皮亚纳斯

Arago 阿拉戈

Arago Alpha 阿拉戈 α

Arago Beta 阿拉戈 β

Archerusa, Promontorium 阿切鲁斯岬

Archimedes 阿基米德

Archimedes Montes 阿基米德山

Archytas 阿尔希塔斯

Arduino, Dorsum 阿尔杜伊诺山脊

Argaeus, Mons 阿尔加山

Argand, Dorsa 阿尔冈山脊

Argelander 阿格兰德

Ariadaeus 阿里亚代乌斯

Ariadaeus, Rima 阿里亚代乌斯月溪

Aristarchus 阿里斯塔克

Aristarchus Plateau 阿里斯塔克高原

Aristarchus Rimae 阿里斯塔克月溪

Aristillus 阿里斯基尔

Aristoteles 亚里士多德

Armstrong 阿姆斯特朗

Arzachel 阿尔扎赫尔

Arzachel A 阿尔扎赫尔 A

Arzachel D 阿尔扎赫尔 D

Arzachel E 阿尔扎赫尔 E

Arzachel F 阿尔扎赫尔 F

Arzachel, Rima 阿尔扎赫尔月溪
Asperitatis, Sinus 狂暴湾
Atlas 阿特拉斯
Atwood 阿特伍德
Australe, Mare 南海
Autolycus 奥托里库斯
Autumni, Lacus 秋湖
Azara, Dorsum 阿萨拉山脊
Azophi 阿左飞

Baade 巴德
Baade, Vallis 巴德谷
Babbage 巴贝奇
Babbage A 巴贝奇 A
Baco 培根
Baco B 培根 B
Baillaud 巴约
Bailly 巴伊
Bailly A 巴伊 A
Bailly B 巴伊 B
Balboa 巴尔沃亚
Balmer 巴耳末
Bancroft 班克罗夫特
Barkla 巴克拉
Barnard 巴纳德
Barocius 巴罗夏斯
Barocius B 巴罗夏斯 B
Barocius W 巴罗夏斯 W
Barrow 巴罗
Bartels 巴特尔斯
Beaumont 博蒙
Beer 比尔
Behaim 贝海姆
Belkovich 贝尔科维奇
Berosus 贝罗索斯
Bessel 贝塞尔
Bessel D 贝塞尔 D

Bianchini 比安基尼
Biela 比拉
Biela C 比拉 C
Bilharz 比尔哈茨
Billy 比伊
Birmingham 伯明翰
Birt 伯特
Birt A 伯特 A
Birt E 伯特 E
Birt F 伯特 F
Birt, Rima 伯特月溪
Blanc, Mons 布朗山
Blancanus 布兰卡纳斯
Blanchinus 比安基奴斯
Boguslawsky 博古斯瓦夫斯基
Bohnenberger 波伦伯格
Bohr 玻尔
Bohr, Vallis 玻尔谷
Bond G 邦德 G
Bond G, Rima 邦德 G 月溪
Bond W 邦德 W
Bonitatis, Lacus 仁慈湖
Bonpland 邦普朗
Boole 布尔
Borda 波达
Boscovich 博斯科维奇
Boussingault 布森戈
Boussingault A 布森戈 A
Boussingault B 布森戈 B
Boussingault C 布森戈 C
Boussingault E 布森戈 E
Boussingault K 布森戈 K
Boussingault T 布森戈 T
Bouvard Vallis 布瓦尔月谷
Bradley, Mons 布拉德利山
Bradley, Rima 布拉德利月溪
Brayley 布雷利

Brenner 布伦纳

Brianchon 布利安生

Bucher, Dorsum 布赫山脊

Buckland, Dorsum 巴克兰山脊

Bullialdus 布利奥

Bullialdus A 布利奥 A

Burckhardt 布尔克哈特

Bunsen 本生

Bürg 比格

Bürg, Rimae 比格月溪

Burnet, Dorsa 伯内特山脊

Burnham 伯纳姆

Byrd 伯德

Byrgius 比尔吉

Byrgius A 比尔吉 A

Cabeus 卡比厄斯

Campanus 坎帕努斯

Capella 卡佩拉

Capella, Vallis 卡佩拉月谷

Capuanus 卡普纳斯

Capuanus P 卡普纳斯 P

Cardanus 卡尔达诺

Cardanus, Rima 卡尔达诺月溪

Carpatus, Montes 喀尔巴阡山脉

Carpenter 卡彭特

Casatus 卡萨屠斯

Casatus C 卡萨屠斯 C

Cassini 卡西尼

Cassini A 卡西尼 A

Catharina 凯瑟琳

Catharina B 凯瑟琳 B

Catharina P 凯瑟琳 P

Catharina S 凯瑟琳 S

Cato Dorsa 加图山脊

Caucasus, Montes 高加索山脉

Cauchy 柯西

Cauchy Omega 柯西 ω

Cauchy Rima 柯西月溪

Cauchy Rupes 柯西峭壁

Cauchy Tau 柯西 τ

Cavalerius 卡瓦列里

Cavendish 卡文迪什

Cavendish E 卡文迪什 E

Cayeux, Dorsum 卡耶山脊

Censorinus 肯索里努斯

Censorinus C 肯索里努斯 C

Cepheus 刻普斯

Chacornac 沙科纳克

Challis 查理士

Cichus 希丘斯

Cichus B 希丘斯 B

Clairaut 克莱罗

Clairaut A 克莱罗 A

Clausius 克劳修斯

Clavius 克拉维斯

Clavius C 克拉维斯 C

Clavius D 克拉维斯 D

Clavius J 克拉维斯 J

Clavius JA 克拉维斯 JA

Clavius N 克拉维斯 N

Clerke 克勒克

Cleomedes 克莱奥迈季斯

Cleomedes, Rima 克莱奥迈季斯月溪

Cognitum, Mare 知海

Collins 柯林斯

Colombo 哥伦布

Colombo A 哥伦布 A

Compton 康普顿

Concordiae, Sinus 和谐湾

Conon 科农

Copernicus 哥白尼

Cordillera, Montes 科迪勒拉山脉

Cremona 克雷莫纳

Crisium, Mare 危海

Cruger 克鲁格

Curtius 库尔提乌斯

Cushman, Dorsum 库什曼山脊

Cuvier 居维叶

Cyrillus 西里勒斯

Cyrillus A 西里勒斯 A

Cyrillus Alpha 西里勒斯 α

Cyrillus Delta 西里勒斯 δ

Cyrillus Eta 西里勒斯 η

Daguerre 达盖尔

Dalton 道尔顿

Damoiseau 达穆瓦索

Daniell, Rimae 丹尼尔月溪

Darney 达尔内

Darwin 达尔文

Darwin, Rimae 达尔文月溪

da Vinci 达·芬奇

Davy 戴维

Davy A 戴维 A

Davy, Catena 戴维坑链

Davy G 戴维 G

Davy Y 戴维 Y

Dawes 道斯

de Gasparis 德·加斯帕里斯

de Gasparis A 德·加斯帕里斯 A

de Gasparis, Rimae 德·加斯帕里斯月溪

Delambre 德朗布尔

de la Rue 德拉鲁

Delaunay 德劳奈

Delisle 德利尔

Delisle, Mons 德利尔山

Dembowski 邓波夫斯基

Democritus 德谟克利特

Demonax 泽莫纳克斯

Descartes 笛卡尔

Descartes A 笛卡尔 A

Descartes E 笛卡尔 E

Descensus, Planitia 德森萨斯平原

Deslandres 德朗达尔

Deville, Promontorium 德维尔岬

Diophantus 丢番图

Doloris, Lacus 悲湖

Doppelmayer 多佩尔迈尔

Doppelmayer K 多佩尔迈尔 K

Doppelmayer, Rimae 多佩尔迈尔月溪

Draper 德雷伯

Drebbel B 德雷贝尔 B

Drebbel E 德雷贝尔 E

Drygalski 德里加尔斯基

Eddington 爱丁顿

Eichstadt 埃赫施塔特

Einstein 爱因斯坦

Einstein A 爱因斯坦 A

Elger 埃尔格

Encke 恩克

Encke T 恩克 T

Endymion 恩底弥昂

Epidemiarum, Palus 疫沼

Epigenes 伊壁琴尼

Eratosthenes 厄拉多塞

Euclides 欧几里得

Euclides P 欧几里得 P

Euctemon 优克泰蒙

Eudoxus 欧多克索斯

Euler 欧拉

Ewing Dorsa 尤因山脊

Excellentiae, Lacus 秀丽湖

Fabricius 法布里休斯

Fabricius A 法布里休斯 A

Faraday 法拉第

Fauth 福特

Fauth A 福特 A

Fecunditatis, Mare 丰富海

Felicitatis, Lacus 幸福湖

Fernelius 弗尼利厄斯

Feuilée 弗耶

Firmicus 费尔米库斯

Flamsteed 佛兰斯蒂德

Flamsteed G 佛兰斯蒂德 G

Flamsteed P 佛兰斯蒂德 P

Fontenelle 丰特内勒

Fourier 傅立叶

Fracastorius 弗拉卡斯托罗

Fracastorius D 弗拉卡斯托罗 D

Fracastorius E 弗拉卡斯托罗 E

Fracastorius H 弗拉卡斯托罗 H

Fracastorius M 弗拉卡斯托罗 M

Fracastorius Y 弗拉卡斯托罗 Y

Fra Mauro 弗拉·毛罗

Fra Mauro E 弗拉·毛罗 E

Franklin 富兰克林

Fresnel, Promontorium 菲涅耳岬

Frigoris, Mare 冷海

Furnerius 弗内留斯

Furnerius A 弗内留斯 A

Furnerius B 弗内留斯 B

Furnerius, Rima 弗内留斯月溪

Galilei 伽利莱

Galilei Rima 伽利莱月溪

Galle 加勒

Galvani 加尔瓦尼

Gambart 冈巴尔

Gambart B 冈巴尔 B

Gambart C 冈巴尔 C

Gärtner 格特纳

Gärtner, Rima 格特纳月溪

Gassendi 伽桑狄

Gassendi A 伽桑狄 A

Gassendi, Rimae 伽桑狄月溪

Gast, Dorsum 加斯特山脊

Gaudibert 戈迪贝尔

Gaudii, Lacus 欢乐湖

Gauricus 加夫里库斯

Gauss 高斯

Gay-Lussac 盖·吕萨克

Gay-Lussac, Rima 盖·吕萨克月溪

Geber 基伯

Geikie, Dorsa 盖基山脊

Geminius 杰米纽斯

Gemma Frisius 杰马·弗里西斯

Gemma Frisius A 杰马·弗里西斯 A

Gemma Frisius B 杰马·弗里西斯 B

Gemma Frisius C 杰马·弗里西斯 C

Gerard 杰拉德

Gibbs 吉布斯

Gioja 焦亚

Gilbert 吉尔伯特

Goclenius 郭克兰纽

Goclenius B 郭克兰纽 B

Goclenius, Rimae 郭克兰纽月溪

Goclenius U 郭克兰纽 U

Goddard 戈达德

Godin 戈丁

Goldschmidt 戈尔德施密特

Goodacre 古达克

Gould 古尔德

Grabau, Dorsum 葛利普山脊

Greaves 格里夫斯

Grimaldi 格里马尔迪

Grimaldi, Rima 格里马尔迪月溪

Grove 格罗夫

Gruemberger 格林伯格

Gruithuisen 格鲁苏申

Gruithuisen Delta, Mons 格鲁苏申 δ 山
Gruithuisen Gamma, Mons 格鲁苏申 γ 山
Guericke 居里克
Guericke F 居里克 F
Gutenberg 谷登堡
Gutenberg C 谷登堡 C
Gutenberg E 谷登堡 E
Gutenberg, Rimae 谷登堡月溪
Gylden 吉尔登

Hadley, Mons 哈德利山
Hadley Delta 哈德利 δ
Hadley, Rima 哈德利月溪
Haemus, Montes 海玛斯山
Hagecius 哈格休斯
Hagecius A 哈格休斯 A
Hainzel 海因泽尔
Hainzel A 海因泽尔 A
Hainzel C 海因泽尔 C
Hale 海尔
Hall 霍尔
Halley 哈雷
Hansteen 汉斯廷
Hansteen, Mons 汉斯廷山
Hansteen, Rima 汉斯廷月溪
Harbinger, Montes 哈宾杰山脉
Harker, Dorsa 哈克山脊
Harpalus 哈尔帕卢斯
Hase 哈泽
Hase D 哈泽 D
Hase Rima 哈泽月溪
Hausen 豪森
Hayn 海因
Hecataeus 赫卡泰奥斯
Hecataeus K 赫卡泰奥斯 K
Hedin 赫定
Heim, Dorsum 海姆山脊

Heinsius 海因修斯
Helicon 赫利孔
Hell 赫尔
Helmholtz 亥姆霍兹
Henry 亨利
Henry Frères 亨利兄弟
Heraclides, Promontorium 赫拉克利特岬
Heraclitus 赫拉克利特
Heraclitus D 赫拉克利特 D
Hercules 赫拉克勒斯
Herigonius 赫里戈留斯
Herigonius, Rima 赫里戈留斯月溪
Hermite 埃尔米
Herodotus 希罗多德
Herodotus, Mons 希罗多德山
Herodotus Omega 希罗多德 ω
Herschel 赫歇尔
Herschel C 卡·赫歇尔
Herschel J 约·赫歇尔
Hesiodus 赫西俄德
Hesiodus A 赫西俄德 A
Hesiodus, Rima 赫西俄德月溪
Hevelius 赫维留
Hevelius, Rimae 赫维留月溪
Hiemalis, Lacus 冬湖
Higazy, Dorsa 赫加齐山脊
Hind 欣德
Hippalus 西帕路斯
Hippalus, Rimae 西帕路斯月溪
Hipparchus 依巴谷
Hipparchus C 依巴谷 C
Hipparchus L 依巴谷 L
Hipparchus X 依巴谷 X
Hohmann 霍曼
Holden 霍尔登
Hommel 霍梅尔
Hommel A 霍梅尔 A

Hommel C 霍梅尔 C

Hommel H 霍梅尔 H

Horrocks 霍罗克斯

Hortensius 霍尔登修

Hubble 哈勃

Huggins 哈金斯

Humboldt 洪堡

Humboldtianum, Mare 洪堡海

Humorum, Mare 湿海

Huygens, Mons 惠更斯山

Hyginus 希吉努斯

Hyginus, Rima 希吉努斯月溪

Ibn Rushd 伊本·鲁世德

Il'in 伊林

Imbrium, Mare 雨海

Inghirami 因吉拉米

Inghirami, Vallis 因吉拉米月谷

Insularum, Mare 岛海

Iridum, Sinus 虹湾

Isidorus 依西多禄

Isidorus A 依西多禄 A

Isidorus B 依西多禄 B

Jacobi 雅可比

Janssen 让桑

Janssen, Rimae 让桑月溪

Jenner 詹纳

Julius Caesar 儒略·恺撒

Jura, Montes 侏罗山脉

Kaiser 凯泽

Kapteyn 卡普坦

Kästner 卡斯特纳

Kelvin, Promontorium 开尔文岬

Kelvin, Rupes 开尔文峭壁

Kepler 开普勒

Kies 基斯

Kies Pi 基斯 π

Kiess 凯伊士

Klaproth 克拉普罗特

Klein 克莱因

König 柯尼希

Kopf 科普夫

Krafft 克拉夫特

Krafft, Catena 克拉夫特链坑

Krustenstern 克鲁森施腾

Kuiper 柯伊伯

Kundt 孔特

Kunowsky 库诺夫斯基

la Caille 拉卡耶

Lade 拉德

Lagrange 拉格朗日

Lalande 拉朗德

Lamarck 拉马克

Lamb 兰姆

Lambert 兰贝特

Lambert R 兰贝特 R

Lamé 拉梅

Lamé G 拉梅 G

Lamé P 拉梅 P

Lamont 拉蒙特

Langrenus 朗伦

Langrenus Alpha 朗伦 α

Langrenus Beta 朗伦 β

Langrenus DA 朗伦 DA

Langrenus V 朗伦 V

Lansberg 兰兹伯格

Lansberg C 兰兹伯格 C

Lansberg D 兰兹伯格 D

la Pérouse 拉彼鲁兹

Laplace, Promontorium 拉普拉斯岬

Lawrence 劳伦斯

Lavoisier 拉瓦锡

Lavoisier A 拉瓦锡 A

Lee 李

Lee M 李 M

le Gentil 勒让蒂

Lehmann 勒曼

Lehmann E 勒曼 E

le Monnier 勒莫尼耶

Lenitatis, Lacus 柔湖

Letronne 勒特罗纳

Letronne B 勒特罗纳 B

Letronne W 勒特罗纳 W

Letronne X 勒特罗纳 X

le Verrier 勒威耶

Lexell 莱克塞尔

Licetus 利切蒂

Lichtenberg 利希滕贝格

Liebig 李比希

Liebig, Rupes 李比希峭壁

Lilius 里利乌斯

Lilius A 里利乌斯 A

Lilius C 里利乌斯 C

Lindenau 林德瑙

Linné 林奈

Lister, Dorsa 利斯特山脊

Littrow 利特罗

Littrow, Rimae 利特罗月溪

Loewy 洛威

Lohrmann 罗尔曼

Lohse 洛泽

Longomontanus 隆哥蒙塔努斯

Longomontanus Z 隆哥蒙塔努斯 Z

Lorentz 洛伦兹

Louville 卢维尔

Lubbock 卢伯克

Lubiniezky 卢宾聂基

Lyot 李奥

Maclear, Rimae 麦克莱尔月溪

Macrobius 马克罗比乌斯

Mädler 马德勒

Maestlin 梅斯特林

Maestlin R 梅斯特林 R

Maestlin, Rimae 梅斯特林月溪

Magelhaens 麦哲伦

Magelhaens A 麦哲伦 A

Maginus 马吉尼

Main 曼恩

Mairan 麦兰

Mairan, Rima 麦兰月溪

Mallet 马利特

Manilius 马尼利厄斯

Manzinus 曼齐尼

Marco Polo 马可·波罗

Marginis, Mare 界海

Marinus C 马里纳斯 C

Marius 马利厄斯

Marius, Hills 马利厄斯山

Marius, Rima 马利厄斯月溪

Marth 马斯

Maskelyne A 马斯基林 A

Mason 梅松

Maunder 蒙德

Maupertuis 莫佩尔蒂

Maupertuis, Rimae 莫佩尔蒂月溪

Maurolycus 马若利科

Mawson, Dorsa 莫森山脊

Mayer T 托·迈耶

Medii, Sinus 中央湾

Mee 米

Menelaus 门纳劳斯

Mercator 墨卡托

Mercator, Rupes 墨卡托峭壁

Mersenius 梅森

Mersenius C 梅森 C

Mersenius D 梅森 D

Mersenius, Rimae 梅森月溪

Messala 梅萨拉

Messier 梅西耶

Messier A 梅西耶 A

Meton 默冬

Metius 梅修斯

Metius B 梅修斯 B

Milichius 米利奇乌斯

Milichius Pi 米利奇乌斯 π

Milichius, Rima 米利奇乌斯月溪

Miller 米勒

Mitchell 米切尔

Montanari 蒙塔纳里

Moretus 莫雷

Moro, Mons 莫罗山

Mortis, Lacus 死湖

Moseley 莫塞莱

Mösting 莫斯汀

Moulton 莫尔顿

Murchison 默奇森

Mutus 穆图什

Nasireddin 纳西尔丁

Nasmyth 纳史密斯

Naonubu 纳努布

Naumann 瑙曼

Nearch 奈阿尔科

Nearch A 奈阿尔科 A

Nectaris, Mare 酒海

Neison 尼森

Neper 纳皮尔

Neumayer 诺伊迈尔

Newton 牛顿

Newton A 牛顿 A

Nicol, Dorsum 尼科尔山脊

Nicollet 尼科莱特

Nielsen 尼尔森

Niggli, Dorsum 尼格利山脊

Nonius 努内斯

North pole 北极点

Nubium, Mare 云海

Odii, Lacus 恨湖

Oenopides 恩诺皮德斯

Oken 奥肯

Olbers A 奥伯斯 A

Opelt 奥佩尔特

Oppel, Dorsum 奥佩尔山脊

Orientale, Mare 东海

Orontius 奥龙斯

Owen, Dorsum 欧文山脊

Palisa 帕利扎

Palitzsch 帕雷泽西

Palitzsch, Vallis 帕雷泽西月谷

Pallas 帕拉斯

Palmieri 帕尔梅里纳

Palmieri, Rimae 帕尔梅里纳月溪

Parrot 帕罗特

Parry 帕里

Parry, Rimae 帕里月溪

Pascal 帕斯卡

Peary 皮里

Peirce 皮尔士

Penck, Mons 彭克山

Perseverantiae, Lacus 长存湖

Petavius 培特威物斯

Petavius A 培特威物斯 A

Petavius B 培特威物斯 B

Petavius, Rimae 培特威物斯月溪

Philolaus 菲洛劳斯

Phocylides 福西尼德

Piazzi 皮亚齐
Picard 皮卡德
Piccolomini 皮科洛米尼
Pico, Mons 皮科山
Pico Beta, Mons 皮科 β 山
Pictet 皮克特
Pictet E 皮克特 E
Pitatus 皮塔屠斯
Pitatus, Rimae 皮塔屠斯月溪
Pitiscus 皮蒂斯楚斯
Pitiscus A 皮蒂斯楚斯 A
Piton, Mons 皮通山
Plana 普拉纳
Plato 柏拉图
Playfair 普莱费尔
Playfair G 普莱费尔 G
Plinius 普利纽斯
Plinius, Rimae 普利纽斯月溪
Poisson 泊松
Pomortsev 波莫尔采夫
Poncelet 彭赛列
Posidonius 波西多尼
Posidonius A 波西多尼 A
Posidonius B 波西多尼 B
Posidonius D 波西多尼 D
Posidonius J 波西多尼 J
Posidonius Rimae 波西多尼月溪
Prinz 普林茨
Prinz, Rimae 普林茨月溪
Procellarum, Oceanus 风暴洋
Proclus 普罗克洛斯
Protagoras 普罗泰戈拉
Ptolemaeus 托勒密
Ptolemaeus B 托勒密 B
Puiseux 皮瑟
Purbach 普尔巴赫
Purbach G 普尔巴赫 G

Purbach H 普尔巴赫 H
Purbach L 普尔巴赫 L
Purbach M 普尔巴赫 M
Purbach W 普尔巴赫 W
Putredinis, Palus 腐沼
Pyrenaeus, Montes 比利牛斯山
Pythagoras 毕达哥拉斯
Pytheas 皮西亚斯

Rabbi Levi 拉比列维
Raman 拉曼
Ramsden 拉姆斯登
Ramsden, Rimae 拉姆斯登月溪
Recta, Rupes 直壁
Recti, Montes 直列山脉
Regiomontanus 雷乔蒙塔努斯
Regiomontanus A 雷乔蒙塔努斯 A
Reimarus 赖马鲁斯
Reiner 赖纳尔
Reiner Gamma 赖纳尔 γ
Reinhold 莱因霍尔德
Repsold 雷普索尔
Repsold, Rimae 雷普索尔月溪
Rhaeticus 雷蒂库斯
Rheita 里伊塔
Rheita, Vallis 里伊塔月谷
Riccioli 里乔利
Riccioli, Rimae 里乔利月溪
Riccius 利玛窦
Riphaeus, Montes 里菲山脉
Ritter 里特尔
Ritter, Rimae 里特尔月溪
Rocca 罗卡
Rocca A 罗卡 A
Röntgen 伦琴
Rook, Montes 鲁克山脉
Roris, Sinus 露湾

Rosenberger 罗森伯格

Rosenberger D 罗森伯格 D

Rosse 罗斯

Rost 罗斯特

Rozhdestvenskiy 罗日杰斯特文斯基

Rubey, Dorsa 鲁比山脊

Rümker, Mons 吕姆克山

Russell 罗素

Rutherford 卢瑟福

Sabine 萨宾

Sacrobosco 萨克罗博斯科

Santbech 桑特贝奇

Sasserides 萨瑟里德斯

Saunder 桑德斯

Saussure 索绪尔

Scheiner 沙伊纳

Schiaparelli 斯基亚帕雷利

Schickard 施卡德

Schickard A 施卡德 A

Schickard B 施卡德 B

Schickard C 施卡德 C

Schiller 席勒

Schiller-Zucchius impact basin 席勒－祖基
  撞击盆地

Schlüter 施吕特

Schneckenberg(snail mountain) 施纳肯贝格
  （蜗牛山）

Schomberger 顺拜贝格

Schrödinger 薛定谔

Schrödinger Vallis 薛定谔月谷

Schröter 施洛特尔

Schröteri, Vallis 施洛特尔月谷

Scilla, Dorsum 斯希拉山脊

Scoresby 斯科斯比

Scott 斯科特

Secchi 塞奇

Secchi, Montes 塞奇山

Segner 塞格纳

Seleucus 塞琉古

Serenitatis, Mare 澄海

Shaler 沙勒

Sharp 夏普

Sharp, Rima 夏普月溪

Sheepshanks 希普尚克斯

Sheepshanks, Rima 希普尚克斯月溪

Short 肖特

Short A 肖特 A

Short B 肖特 B

Sikorsky 西科尔斯基

Silberschlag 斯伯奇莱克

Simpelius 辛普路斯

Simpelius C 辛普路斯 C

Simpelius D 辛普路斯 D

Sirsalis 希尔萨利斯

Sirsalis A 希尔萨利斯 A

Sirsalis F 希尔萨利斯 F

Sirsalis, Rima 希尔萨利斯月溪

Sirsalis Z 希尔萨利斯 Z

Smirnov, Dorsa 斯米尔诺夫山脊

Smythii, Mare 史密斯海

Snellius 斯内利厄斯

Snellius, Vallis 斯内利厄斯月谷

Sömmering 索莫林

Somni, Palus 梦沼

Somniorum, Lacus 梦湖

Sosigenes, Rimae 索西琴尼月溪

South 索思

South pole 南极

Spei, Lacus 希望湖

Spitzbergen, Montes 施皮茨贝尔根山脉

Spörer 史波勒

Spumans, Mare 泡沫海

Stadius 斯塔迪乌斯

Stag's Horn Mountains 斯塔格斯－豪尔山脉

Steinheil 施泰因海尔

Stevinus 斯蒂维纽

Stevinus A 斯蒂维纽 A

Stiborius 斯提博腊斯

Stöfler 施特夫勒

Stöfler F 施特夫勒 F

Stöfler K 施特夫勒 K

Stöfler P 施特夫勒 P

Strabo 斯特拉博

Struve 斯特鲁维

Taenarium, Promontorium 泰纳里厄姆岬

Taruntius 塔伦修斯

Taurus, Montes 金牛山脉

Temporis, Lacus 时湖

Teneriffe, Montes 特内里费山脉

Tetyaev, Dorsa 捷佳耶夫山脊

Thales 泰勒斯

Thebit 塞比特

Thebit A 塞比特 A

Thebit L 塞比特 L

Thebit P 塞比特 P

Theon Junior 小塞翁

Theon Senior 大塞翁

Theophilus 西奥菲勒斯

Theophilus B 西奥菲勒斯 B

Theophilus Alpha 西奥菲勒斯 α

Theophilus Phi 西奥菲勒斯 φ

Theophilus Psi 西奥菲勒斯 ψ

Timaeus 蒂迈欧

Timocharis 梯摩恰里斯

Timoris, Lacus 恐湖

Tisserand 蒂斯朗

Tolansky 托兰斯基

Torricelli 托里切利

Torricelli R 托里切利 R

Toscanelli 托斯卡内利

Toscanelli, Rupes 托斯卡内利峭壁

Tralles 特拉勒斯

Tranquillitatis Mare 静海

Tranquillitatis Statio 静海基地

Triesnecker 特里斯纳凯尔

Triesnecker, Rimae 特里斯纳凯尔月溪

Tycho 第谷

Tycho A 第谷 A

Tycho X 第谷 X

Ulugh Beigh 乌鲁贝格

Undarum, Mare 浪海

Valentine, Dome 瓦伦丁穹隆

Vaporum, Mare 汽海

Vasco da Gama 瓦斯科·达·伽马

Vendelinus 文德利努斯

Veris, Lacus 春湖

Very 维里

Vieta 韦达

Vinogradov, Mons 维诺格拉多夫山

Vitello 维泰洛

Vitruvius, Mons 维特鲁威山

Vlacq 佛拉哥

Vogel 沃格尔

Vogel A 沃格尔 A

Von Braun 冯·布劳恩

von Cotta Dorsum 冯·科塔山脊

Voskresenskiy 沃斯克列先斯基

Wallace 华莱士

Walter 瓦尔特

Walter A 瓦尔特 A

Walter E 瓦尔特 E

Walter K 瓦尔特 K

Walter L 瓦尔特 L

Walter W 瓦尔特 W

Wargentin 瓦根廷

Wargentin A 瓦根廷 A

Watt 瓦特

Webb 韦伯

Webb C 韦伯 C

Weigel 韦格尔

Weigel B 韦格尔 B

Werner 维尔纳

Whiston, Dorsa 惠斯顿山脊

Wichmann 维希曼

Wichmann R 维希曼 R

Widmanstätten 魏德曼施泰登

Wilhelm 威廉

Winthrop 温思罗普

Wolf 沃夫

Wrottesley 罗特斯勒

Wurzelbauer 维泽包尔

Yerkes 耶基斯

Young 扬

Zagut 萨库托

Zeno 芝诺

Zupus 祖皮

Zupus, Rimae 祖皮月溪

术语译名对照表

Achromatic objectives 消色差物镜

Afocal photography 无焦摄影

Age, phase and 年龄月相

Agrippa 阿格里帕

Albategnius 阿尔巴塔尼

Albedo 反照率

Albedo features 反照率地形特性

Alphonsus 阿方索

Altazimuth mounts 经纬仪架台

Anomalistic month 近点月

Anorthosite 斜长岩

Antoniadi scale 安东尼阿迪视宁标度

Apochromatic refractors 复消色差折射镜

Apogee 远地点

Archimedes 阿基米德

Arcuate rilles 弓状月溪

Aristarchus 阿里斯塔克

Aristarchus, plateau 阿里斯塔克高原

Aristarchus-type banded crater 阿里斯塔克
    型带状撞击坑

Aristillus 阿里斯基尔

Aristoteles 亚里士多德

Asteroidal impacts 小行星撞击

Asteroids 小行星

Atlantic Ocean 大西洋

Atmospheric effects 大气效应

Atmospheric phenomena 大气现象

Averted vision 侧视

Bailly 巴伊

Baily's Beads 贝利珠

Banded craters 带状撞击坑

Barringer crater 巴林杰撞击坑

Barycenter 质心

Basalt 玄武岩

Basin flooding 盆地淹没

Basins 盆地

-impact 撞击盆地

-multiringed 多环盆地

-ringed 环状盆地

"Big Whack" theory "大撞击"理论

Binocular viewers 双眼观测

Binoculars 双筒望远镜

-image-stabilized 稳像双筒望远镜

-Porro prism 保罗式棱镜双筒望远镜

-roof prism 屋脊式棱镜双筒望远镜

Birt-type banded crater 伯特型带状撞击坑

Blind spots 盲点

Breccia 角砾岩

Burg 伯格

Callisto 木卫四

Caloris Planitia 卡路里平原

Camcorders 摄像机

Capture theory of Moon's formation 月球形
    成俘获理论

Cassegrain reflectors 卡塞格伦反射镜

Catadioptrics 折反射望远镜

Catharina 凯瑟琳

Chicxulub crater 希克苏鲁伯撞击坑

Clavius 克拉维斯

Clementine topographic map 克莱门汀地形图

Cleomedes 克莱奥迈季斯

Co-accretion theory of Moon's formation 月球形成的同源理论

Collimation 准直

Collision theory of Moon's formation 月球形成的撞击理论

Color perception in moonlight 月光下的色彩知觉

Comets 彗星

Computerized mounts 计算机架台

Cone cells 视锥细胞

Conon-type banded crater 科农型带状撞击坑

Conventional photography 常规摄影

Copernican Period 哥白尼纪

Copernicus 哥白尼

Copied drawings 复制的图纸

Corona, lunar 月华

Cosmic impact 宇宙撞击

Crater depths, calculating 撞击坑深度计算

Craters 撞击坑

 -banded 带状撞击坑

 -impact 碰撞撞击坑

Cross-staff, lunar 月球十字杆

Crustal stresses 月壳应力

Cryptomaria 隐月海

Cyrillus 西里勒斯

Danjon scale 丹戎级

Dark-halo craters 暗色环形撞击坑

Deimos 火卫二

Delambre 德朗布尔

Delisle 德利尔

Deslandres 德朗达尔

Digital cameras 数码相机

Digital imaging 数码成像

Dione 土卫四

Domes 穹隆

Dorsa 山脊

Drawings 图纸

Dust transport 尘埃输送

Earth 地球

Earth-Mars centrifugal separation 地球 – 火星离心分离

Earthshine 地球反照

Eclipses 食

 -lunar 月食

 -solar 日食

Ecliptic, plane of 黄道平面

Ejecta blanket 喷射物覆盖层

Endymion 恩底弥昂

Equatorial mounts 赤道仪架台

Equipment, lunar observer's 月球观测的装备

Eratosthenian Period 爱拉托逊纪

Erfle eyepieces 接目镜

Eudoxus 欧多克索斯

Europa 木卫二

Evection 出差

Exposure times 曝光时间

Eye, human 人类眼睛

Eye checkups 眼睛检查

Eyepiece projection 目镜投影

Eyepieces 目镜

Fault planes 断层面

Faults 断层

Feature heights, calculating 地形特征高度计算

Feature names 地形特征名称

Film types 胶卷类型

Fission theory of Moon's formation 月球形成的分裂说

Floaters 飞蚊症

Focal length 焦距

Orthoscopic eyepieces 无畸变目镜

Pacific Ocean 太平洋

Paraselene 近幻月

Pencil sketches 铅笔素描

Penumbra 半影

Perigee 近地点

Perturbations, secular and periodic 长期的和周期性的扰动

Phases 月相

　-age and 年龄和月相

　-observability of 月相的可观察性

Phobos 火卫一

Photography 摄影

　-afocal 无焦摄影

　-conventional 常规摄影

　-prime focus 主焦点摄影

Physical libration 物理天平动

Pickering scale 皮克林视宁标度

Plato 柏拉图

Plinius 普利纽斯

Plössl eyepieces 普罗斯尔目镜

Prime focus photography 主焦点摄影

Prism binoculars 棱镜望远镜

Proteus 海卫八

Ptolemaeus 托勒密

Rainbows, lunar 月亮彩虹

Ramsden eyepieces 拉姆斯登式目镜

Ray systems 射线系统

Reflectors 反射镜

Refractors 折射镜

Regolith 风化层

Retardations 迟滞

Retina 视网膜

Rhea 土卫五

Rilles 月溪

Rima Hyginus 希吉努斯月溪

Rima Sirsalis area 希尔萨利斯月溪地区

Rimae Hippalus 西帕路斯月溪

Ringed basins 环状盆地

Rupes Altai 阿尔泰峭壁

Rupes Recta 直壁

Saturn, satellites of 土星卫星

Schickard 施卡德

Schmidt-Cassegrain telescope(SCT) 施密特－卡塞格伦望远镜

Schrödinger 薛定谔

Secondary craters 次级撞击坑

Seeing conditions 视宁度条件

Selenographic colongitude 月面余经度

Selenographic coordinates 月面坐标

Shadow contact timings 阴影接触计时

Sinuous rilles 弯曲月溪

SLR photography 单反摄影

Soil creep 土壤滑动

Solar eclipses 日食

Solar System 太阳系

South polar region 南极地区

Spring tides 朔望潮

Stöffler region 施特夫勒地区

Summer solstice 夏至

Surface of moon 月球表面

　-physical changes on 月球表面物理变化

　-projection of entire 月球表面的整个投影

　-shaping 月球表面的成型

Synodic month 朔望月

Syzygy 朔望

Tectonic activity 构造活动

Teleconverters 望远倍率镜

Telephoto lenses 长焦镜头

Telescope mounts 望远镜支架

Telescopes 望远镜

Telescopic orientation 望远镜定位

Telescopic resolution 望远镜分辨率

Temperature change 温度变化

Terminator 晨昏线

Terminology, lunar 月球术语

Terrestrial Dynamical Time(TDT) 地球动态
    时间

Tethys 土卫三

Theophilus 西奥菲勒斯

Thermal shock 热冲击

Thermoluminescence 热释光

Tidal cycle 潮汐周期

Tidal forces 潮汐力

Titan 土卫六

Titania 天卫三

Tonal sketches 色调草图

Transient lunar phenomena(TLP) 月球瞬变
    现象

Transparenc 透明度

Triton 海卫一

Tycho 第谷

Umbra 本影

Umbriel 天卫二

Universal Time(UT) 世界时

Uranus 天王星

Variation 二均差

Venus 金星

Vieta 韦达

Vignetting 晕影

Visibility 能见度

Vitamin E 维生素 E

Volcanic activity 火山活动

Volcanoes, lunar 月球火山

Webcams 网络摄像头

Winter solstice 冬至

Wolf Creek Crater 沃尔夫－克里克陨石坑

Wood's Spot 伍德斑

Wrinkle ridges 皱脊

Xenoliths 捕虏岩

Zoom eyepieces 变焦目镜

致

谢

感谢迈克·英格利斯首先邀请我写这本书，也感谢他在项目进行过程中提供的帮助和建议。英国施普林格和美国施普林格的全体工作人员为这本书的出版付出了辛勤的努力，对此我深表感谢。我要特别感谢约翰·华生和路易斯·法卡斯。

我在月球观测方面的所有熟人都给了我巨大的启发。感谢迈克·布朗、道格·丹尼尔斯、克里斯·迪格南、科林·埃布登、迈克·古道尔、布莱恩·杰弗里、奈杰尔·朗肖、达斯科·诺瓦科维奇和格雷姆·惠特利的友好许可，让我使用他们来之不易的月球影像和观测图。

彼得·格雷戈

伯明翰，英国

图书在版编目（CIP）数据

观测月球 ／（英）彼得·格雷戈著；刘晨迪译.

上海：上海三联书店，2025.5. ——（仰望星空）.

ISBN 978-7-5426-8827-9

I.P184

中国国家版本馆 CIP 数据核字第 20255LL365 号

观测月球

著　　者 ／	〔英国〕彼得·格雷戈
译　　者 ／	刘晨迪
责任编辑 ／	王　建　樊　钰
特约编辑 ／	张士超　苏雪莹
装帧设计 ／	字里行间设计工作室
监　　制 ／	姚　军
出版发行 ／	上海三联书店
	（200041）中国上海市静安区威海路755号30楼
联系电话 ／	编辑部：021-22895517
	发行部：021-22895559
印　　刷 ／	三河市中晟雅豪印务有限公司
版　　次 ／	2025 年 5 月第 1 版
印　　次 ／	2025 年 5 月第 1 次印刷
开　　本 ／	960×640　1/16
字　　数 ／	194千字
印　　张 ／	25.25

ISBN 978-7-5426-8827-9／P·19

定 价：59.80元

First published in English under the title

The Moon and How to Observe It

by Peter Grego, edition: 1

Copyright © Springer-Verlag London, 2005

This edition has been translated and published under licence from

Springer-Verlag London Ltd., part of Springer Nature.

Springer-Verlag London Ltd., part of Springer Nature takes no responsibility

and shall not be made liable for the accuracy of the translation.

Simplified Chinese language copyright © 2025

by Phoenix-Power Cultural Development Co., Ltd.

All rights reserved.

著作权合同登记号　图字：10—2022—202 号